全国电力行业岗位胜任力培训教材

智能变电站运维实用技术

国网河北省电力公司培训中心　编

中 国 计 划 出 版 社

图书在版编目（CIP）数据

智能变电站运维实用技术 / 国网河北省电力公司培训中心编. -- 北京 : 中国计划出版社，2017.4
全国电力行业岗位胜任力培训教材
ISBN 978-7-5182-0610-0

Ⅰ. ①智… Ⅱ. ①国… Ⅲ. ①智能系统－变电所－电力系统运行－问题解答 Ⅳ. ①TM63-44

中国版本图书馆CIP数据核字(2017)第084196号

全国电力行业岗位胜任力培训教材
智能变电站运维实用技术
国网河北省电力公司培训中心　编

中国计划出版社出版发行
网址：www.jhpress.com
地址：北京市西城区木樨地北里甲11号国宏大厦C座3层
邮政编码：100038　电话：（010）63906433（发行部）
三河市百盛印装有限公司印刷

787mm×1092mm　1/16　11印张　274千字
2017年4月第1版　2017年4月第1次印刷

ISBN 978-7-5182-0610-0
定价：45.00元

本书编委会

主　任：韩　涛

副主任：张燕兴　赵晓波

成　员：田　青　于洪军　张大刚　杨军强　石玉荣
毕会静　祝晓辉　马　玥　何生贵　刘爱民

本书编写组

主　编：毕会静

主　审：贾志辉

成　员：苗俊杰　高新强　张红艳　纪　璐　白廷玉
李书旺　杨金刚

前　言

国家电网公司在建设统一坚强智能电网的变电环节中，提出建设智能变电站的目标。智能电网中的智能变电站是由智能化一次设备（电子式互感器、智能化断路器等）和网络化二次设备分层（过程层、间隔层、站控层）组合而成，以高速网络通信平台为信息传输基础，以全站信息数字化、通信平台网络化、信息共享标准化为基本要求，自动完成信息采集、测量、控制、保护、计量和监测等基本功能，同时具备支持电网实时自动控制、智能调节、在线分析决策、协同互动等高级功能的变电站。随着大量新投智能变电站和变电站智能化改造的进行，运行人员缺乏运行维护经验、缺乏对新设备的理解的问题凸显，为了让运行人员对智能变电站有更好的理解认识，特编写此书。本书在总结河北南网 220kV 和 110kV 已投运的智能变电站建设、调试、投运的基础上，结合实际运行维护、检修经验编写，具有很强的实用价值和很好的培训指导作用。

本书系统讲解了智能变电站的重要内容，共分七章，主要包括智能电子设备、IEC61850、智能变电站综合自动化体系结构、仿真智能变电站综合自动化体系、智能变电站运行维护、智能变电站异常及事故处理、验收与投运等。在内容上坚持突出重点、与实际设备紧密结合的原则，激发学生兴趣，引导学生积极思考，提高学生对智能变电站的理解和实际运用能力。

本书具体编写工作如下：第一章、第二章由国网邯郸供电公司高新强、杨金刚编写；第三章由国网河北培训中心毕会静、纪璐编写；第四章由国网河北培训中心毕会静、白廷玉、国网河北省电力公司苗俊杰编写；第五章由国网河北培训中心毕会静编写；第六章由国网河北培训中心毕会静、张红艳编写；第七章由国网邯郸供电公司高新强、李书旺编写。由于编者水平有限，书中出现错误和不当之处在所难免，恳请各位同行和读者给予指正。

编　者

2016 年 11 月

目　　录

第一章　智能电子设备

第一节　电子式互感器

一、电子式互感器的优点

目前电力系统电流/电压的测量主要采用传统的电磁式互感器，其缺点是：绝缘结构复杂、体积大、造价高，运输安装维护困难；动态范围小，出现的谐波暂态信号容易使保护产生误动作；线性度不好，电流较大，电磁式电流互感器会出现饱和现象，影响二次保护设备正确识别故障，输出不能直接与微机化计量及保护测控设备接口，须经二次转换和模数转换；电压互感器二次不能短路，电流互感器二次不能开路；电压互感器易产生铁磁谐振等。

与传统的电磁式互感器相比较，电子式互感器有以下几个方面的优点：

（1）电子式互感器的高压侧与低压侧之间只通过光纤连接，实现了高低压的彻底隔离，互感器低压侧不存在开路高压危险。

（2）绝缘性能优良、造价低、动态范围大、无铁芯，不存在铁芯饱和以及铁磁谐振等问题。

（3）频率响应范围宽，暂态响应速度快。电子式互感器测量的频率范围主要由电子线路部分决定，没有铁芯饱和的问题，因此能准确反映一次侧的暂态过程。

（4）体积小、重量轻、结构简单、无渗漏、无污染、安全性能高，不存在因充油而产生的易燃、易爆等危险。

（5）输出形式是高精度的信号，不再是能量形式的输出，不存在负载、容量限制。

（6）输出信号可直接与微机化计量及保护设备接口，简化二次设备。

（7）通信能力强，适应未来数字化、智能化和网络化的生产需要。电子式互感器低压侧可同时输出模拟量和数字量，能实现在线监测和故障诊断，这些都适应了电力系统大容量、高电压，现代电网小型化、微机化和自动化的潮流。

由于传感准确化、传输光纤化和输出数字化需要此种互感器包含电子部件，因此叫电子式互感器。

二、电子式互感器分类及工作原理

根据一次传感器是否需要辅助电源，电子式互感器可分为无源式和有源式两大类，有源式电子式电流互感器（ECT）主要利用电磁感应原理，有源式电子式电压互感器（EVT）则主要采用电阻、电容分压和阻容分压等原理；无源式电子式电流互感器（ECT）主要是利用法拉第（Faraday）磁光感应原理；无源式电子式电压互感器（EVT）主要应用泡克耳斯（Pockels）效应和逆压电效应两种原理，如图 1-1 所示。

（一）无源电子式互感器

基于法拉第（Faraday）磁光效应原理构成的磁光式电流互感器和基于泡克耳斯（Pockels）电光效应原理构成的电光式电压传感器，一次侧测得光学电流，其光信号可直接从高压侧经光纤传送至低压侧二次设备，不需要在高压侧另加辅助电源，故称为无源式互感器。

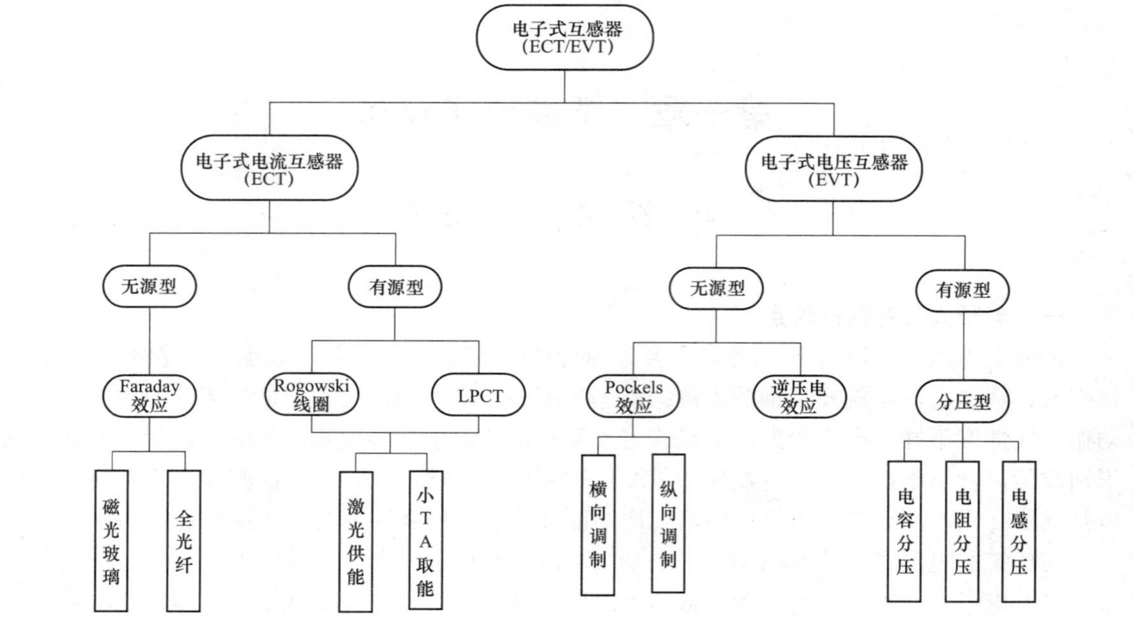

图 1-1　电子式互感器分类

1. 无源式电流互感器

无源式电流互感器也称为光学电流互感器，它是利用法拉第（Faraday）磁光效应测量电流的。磁场不能对自然光产生直接作用，但在光学各向同性的透明介质中，外加磁场 H 可以使在介质中沿磁场方向传播的平面偏振光的偏振面发生旋转，这种现象称法拉第（Faraday）磁光效应。其实质如图 1-2 所示，现行偏振光在透明物质（Faraday 旋光材料）中传播时，光的偏振面在外磁场作用下发生旋转，旋转的角度 θ 正比于磁场强度 H 沿偏振光通过材料路径的线积分，即：

$$\theta = V\oint H \cdot \mathrm{d}l = V \cdot i$$

其中：V 为磁光材料的 Verdet 常数，角度 θ 与被测电流 i 成正比。

基于 Faraday 磁光效应的电流互感器主要由光发射部分、光路部分和光接收部分组成，如图 1-3 所示。

其特点如下：

（1）传感元件和传输元件都是光纤。

（2）输入和输出光路通过同一根光纤，抗干扰能力大大提高，安全可靠性高。

（3）传感光纤环比和结构杜绝了光纤环外的干扰影响。

实际应用中还有一种全光纤式电流互感器，是将传感光纤缠绕在被测通电导体周围，利用光纤的偏振特性，通过测量光纤中的法拉第旋转角间接地测量电流。全光纤式电流互感器的传感头，如图 1-4 所示。

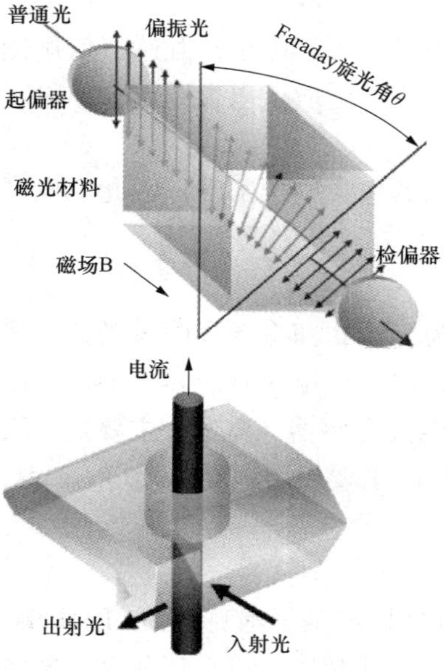

图 1-2　Faraday 磁光效应

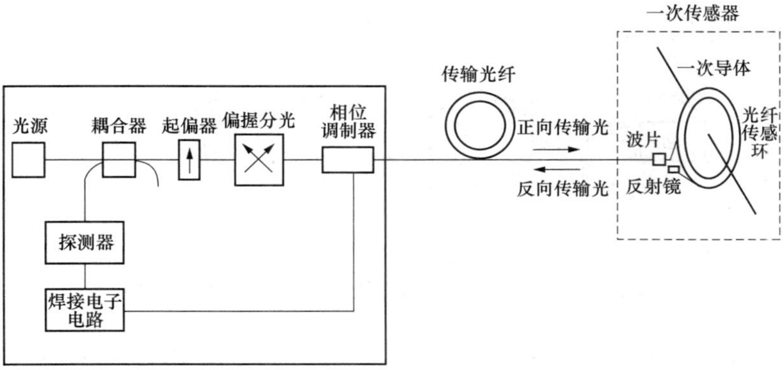

图 1-3　基于 Faraday 磁光效应的电流互感器

2. 无源式电压互感器

无源式电压互感器也称为光学电压互感器，它是利用 Pockles 电光效应测量电压的，Pockles 电光效应原理是电光晶体在电场作用下会发生折射率改变，这将使得沿特定方向的入射偏振光产生相应的相位延迟，且延迟量与外加电场成正比，如图 1-5 所示。

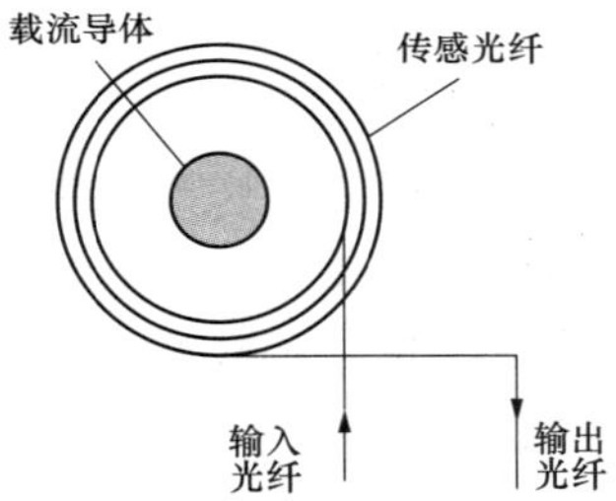

图 1-4　全光纤式电流互感器的传感头

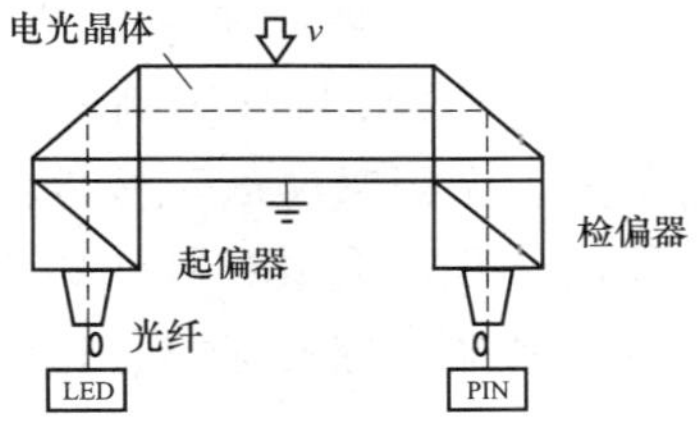

图 1-5　光学电流互感器的传感头

LED 发光二极管发出的光经起偏器后为一线性偏振光，在外加电压作用下，线偏振光经电光晶体（如 BGO 晶体）后发生双折射。双折射两光束的相位差 δ 与外加电压 V 有如下关系：

$$\delta = \frac{2\pi}{\lambda} n_0^3 \gamma_{41} \frac{l}{d} V$$

式中　λ——入射光波长；

n_0——电光晶体的折射率；

γ_{41}——电光晶体的电光系数；

l——电光晶体的光路长度；

d——施加电压方向的电光晶体的厚度。

相位差 δ 与外加电压 V 成正比，利用检偏器将相位差 δ 的变化转换为输出光强的变化，经光点变换及相应的信号处理便可求得被测电压。

基于 Pockles 电光效应的电压互感器原理，如图 1-6 所示。

光源发出的单色光通过偏振器后变成线偏振光，由于双折射效应，入射电光晶体的光束会变为互相垂直偏振的两束光；由于电光效应的作用，它们在晶体中传播速度不同，出射时有一定的相位差，与晶体外加电场成正比；可用检偏器把它们变成偏振相同的相干光，从而产生干涉，将相位调制光变成强度调制光，通过光强度测量可获得电压数据。

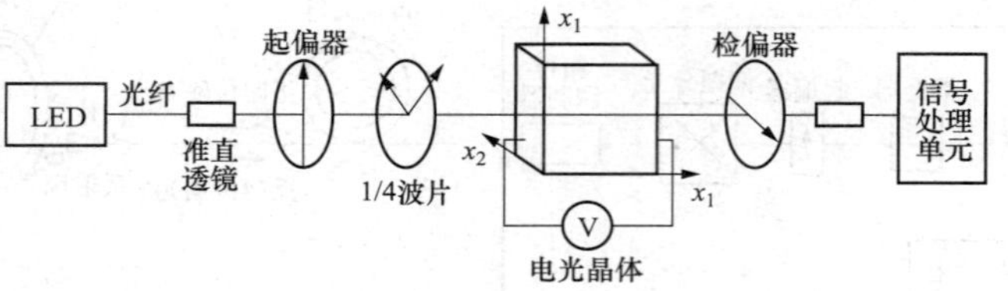

图 1-6 基于 Pockles 电光效应的电压互感器原理

但由于温度对晶体和光线的影响比较大，对晶体加工的工艺要求很高，因此长期运行中的稳定性问题是无源电子式互感器实用化和产品化的一个技术难点。

（二）有源电子式互感器

采用罗氏线圈或低功率铁芯线圈、阻容分压器等原理构成的电子式互感器，仍基于常规互感器测量技术，通过传感器采样的被测电流或电压量为弱电电信号，在高压侧需设置转换设备将电信号转为光信号，再经光纤传送至低压侧二次设备，因此需要在高压侧配备辅助电源，故称为有源式电子互感器。

1. 有源式电流互感器

有源式电流互感器基于法拉第（Faraday）电磁感应原理，利用有源器件调制技术以及光纤进行信号传输，将高压侧转换得到的光信号送到低压侧解调处理并得到被测电流信号。它既发挥了光纤系统的绝缘性能好、抗干扰能力强的优点，又明显降低了高电压等级电流互感器的体积、重量和制造成本，同时还利用了传统互感器原理技术成熟的优势，避开了纯光学互感器光路复杂、稳定性差等技术难点，生产制造工艺相对简单，总体技术比较成熟。

有源式电流互感器一次侧传感单元采用基于低功率铁芯线圈或罗氏（Rogowski）线圈。

低功率线圈电子式电流互感器（简称 LPCT），是传统电磁式电流互感器的一种改良型产品。工作原理与传统电流互感器的原理相同，只是 LPCT 的输出功率要求很小，因此其铁芯截面就很小，它还集成了一个取样电阻，将电流输出转换成电压输出。其原理示意图及等效电路，如图 1-7、图 1-8 所示。

低功率电流互感器（LPCT）的优点是使传统电磁式互感器在非常高（偏移）的一次电流下出现饱和的基本特性得到改善，并因此显著扩大测量范围。总消耗功率的降低，使 LPCT 有可能准确地测量短路电流，甚至是全偏移短路电流。除了量程比较宽，LPCT 的尺寸还可以设计的比传统电磁式电流互感器小。此外，还具有输出灵敏度高、技术成熟、性能稳定、易于大批量生产等特点。但由于有铁芯的存在，无法从根本上解决饱和的问题，所以常用于测量或计量用电流互感器。

罗氏（Rogowski）线圈是由俄国科学家罗格夫斯基在 1921 年发明的，二次绕组均匀缠绕在一环形非磁性材料骨架上，相当于空心线圈，从而避免了磁路饱和现象。其测量原理是当均匀绕制在非磁性截面积相同骨架上的线圈中间流过电流时，线圈上感生出来的电压正比于所穿过电流的变化率，由于它不与被测电路直接接触，可以方便地对高压电路进行隔离测量，因此可以将其作为传感元件，用于电子式电流互感器，如图 1-9 所示。

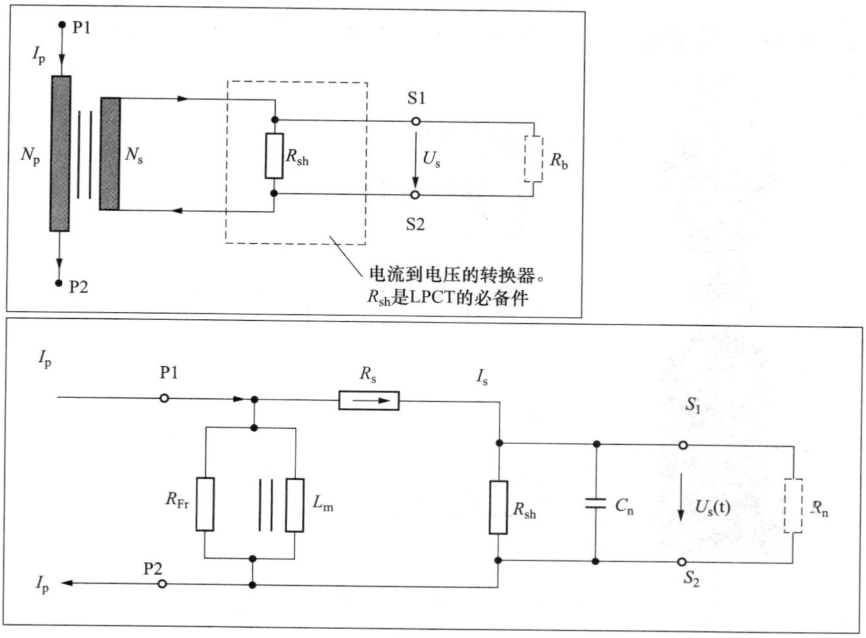

图 1-7　低功率线圈原理示意图

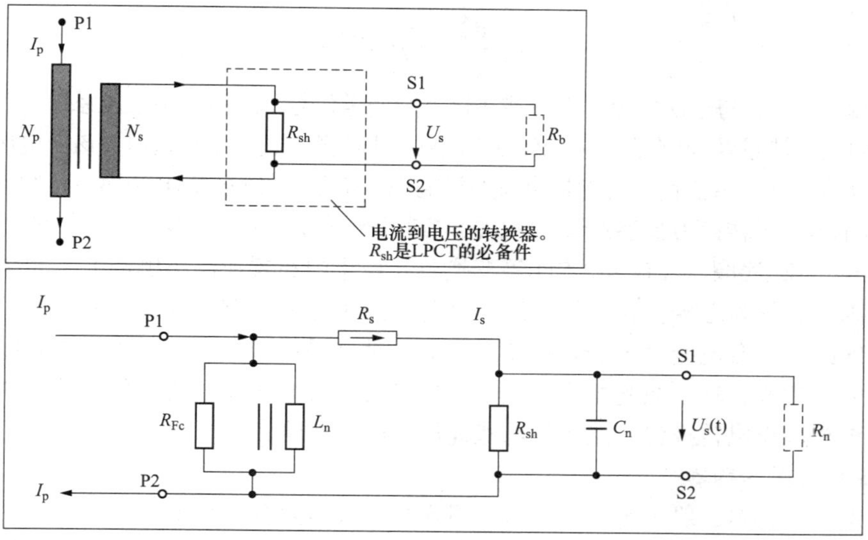

图 1-8　低功率线圈等效电路图

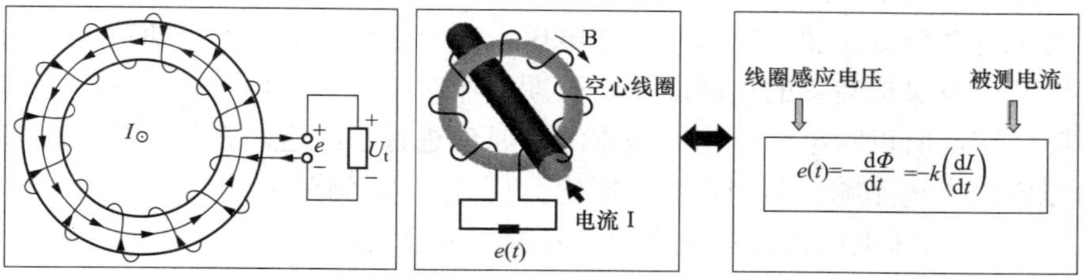

图 1-9　Rogowski 线圈

罗氏（Rogowski）线圈通常由三部分组成，高压侧部分、传导光纤部分和低压侧部分。结构示意图如图 1-10 所示。

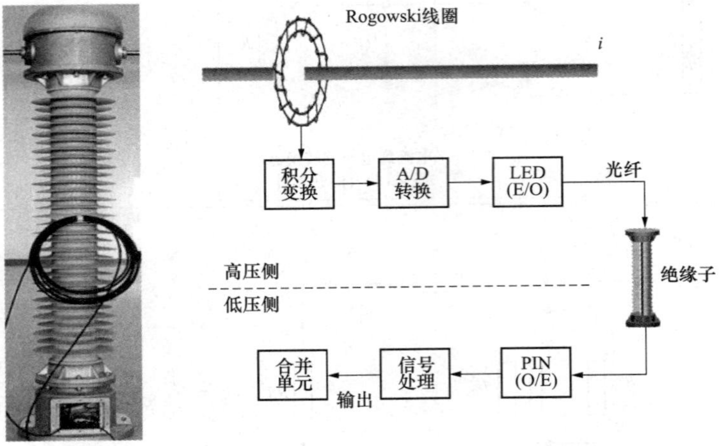

图 1-10 罗氏线圈结构示意图

若线圈的匝数密度 n 及截面积 S 均匀，罗氏（Rogowski）线圈的输出信号 e 与被测电流 i 有如下关系：

$$e(t) = -\frac{\mathrm{d}\phi}{\mathrm{d}t} = -\mu_0 nS\frac{\mathrm{d}i}{\mathrm{d}t}$$

线圈的输出 e（t）与一次电流的微分成正比，为弱电信号，应用于中低压系统时，可直接作为测量信号引接至测量及控制保护等二次回路，应用于高压、超高压系统时，该低电压信号需要增加一个积分器，使传感器输出与测量电流匹配的电压信号。经过 A/D 转换后，驱动发光二极管 LED 将数字电信号转换为数字光信号（E/0），通过光纤传输到互感器低压侧信号处理电路。

由于 Rogowski 线圈、A/D 和 LED 等变换单元均集中布置在高压侧，并且完全是由电子电路构成，因此必须为之提供相应的电源。目前电源供能方式有两种：一种是采用小的感应线圈从高压线路上获取电能供电子电路使用；另一种是采用激光供电方式，电源能量由低压侧提供，在低压侧的大功率激光器推动激光二极管发光，激光能量通过传送信号的光缆传送到高压侧，再经过光电转换将光能变为电能提供给电子电路。

2. 有源式电压互感器

有源式电压互感器一般采用电容分压、阻容分压或电阻分压技术。

电容分压是通过将柱状电容环套在导电线路外面来实现的，柱状电容环及其等效接地电容构成了电容分压的基本回路。考虑到系统短路后，若电容环的等效接地电容上集聚的电荷在重合闸时还未完全释放，便会在系统工作电压上加一个误差分量，严重时还会影响到测量结果的正确性及继电保护装置的正确动作，长期工作时等效接地电容也会因温度等因素的影响而变得不够稳定，所以对电容分压的基本测量原理进行了改进。在等效接地电容上并联一个小电阻 R 以消除上述影响，从而构成了阻容分压式电压互感器。

电阻上的电压 U_0 即电压传感头输出的信号有如下公式：

$$U_0 = RC_1\frac{\mathrm{d}U_1(t)}{\mathrm{d}t},\quad R \ll 1/C_2$$

原理图如图 1-11 所示。

阻容分压式电压互感器是利用 GIS 的特点，将一次导体、中间环形电极及接地壳体构成同轴电容分压器，在低压电容 C_2 上并联精密电阻 R 可以消除导线等分布电容的影响，结构图如图 1-12 所示。

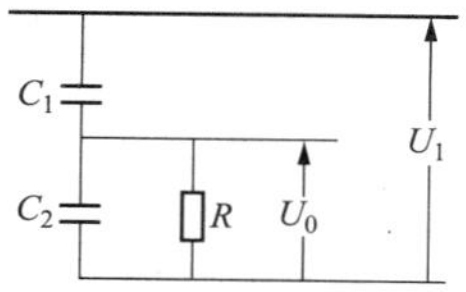

图 1-11　阻容分压式电压互感器原理

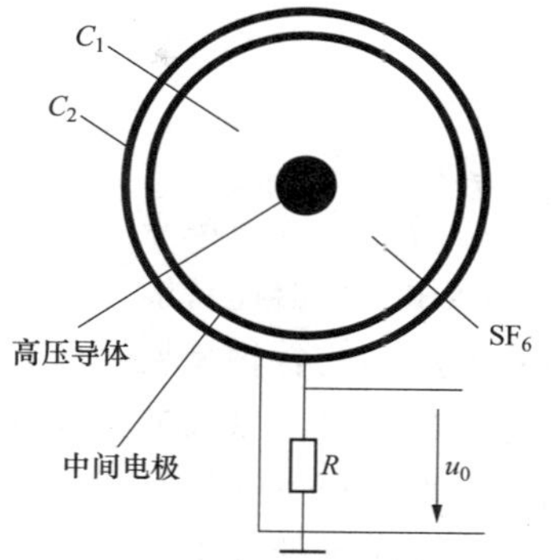

图 1-12　阻容分压式电压互感器结构

其特点是高压低压间以 SF_6 气体绝缘，绝缘结构简单可靠；采用基于气体介质的电容分压测量技术，精度高、稳定性好；可将电流互感器与电压互感器组合为一体，可实现对一次电流及电压的同时检测。

三、电子式互感器配置原则及技术要求

（1）电子式互感器（含 MU）应能真实地反映一次电流或电压，额定延时时间不大于 2ms，唤醒时间为零。电子式电流互感器的复合误差不大于 5%，电子式电压互感器的复合误差不大于 3%。

（2）一套 ECT 内应具备两个保护用电流传感元件，每个传感元件由两路独立的采样系统进行采集（双 A/D 系统），进入一个 MU，每个 MU 输出的两路数字采样值由同一路通道进入一套保护装置。

（3）一套 EVT 内应由两路独立的采样系统进行采集，每路采样系统应采用双 A/D 系统，进入相应 MU，每个 MU 输出的两路数字采样值由同一路通道进入一套保护装置。

（4）一套 ECVT 内应同时满足上述（2）、（3）的要求。采样信号进入相应的 MU，每个 MU 输出的两路数字采样值由同一路通道进入一套保护装置。

（5）用于双重化保护的电子互感器，其两个采样系统应由不同的电源供电并与相应保护装置使用同一直流电源。

（6）对于 3/2 接线方式，其线路 EVT 应置于线路侧。

（7）电子式互感器采样数据的品质标志应实时反映自检状态，不应附加任何延时或展宽。

根据保护双重化要求，有源电子式互感器采集模块结构图，如图 1-13 所示。

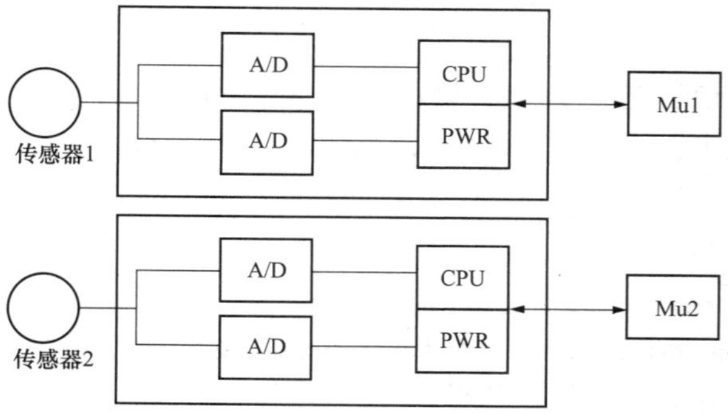

图 1-13　有源电子式互感器采集模块结构图

第二节　智能变压器

一、基本含义

能够在智能系统环境下，通过网络与其他设备或系统进行交互的变压器。其内部嵌入的各类传感器和执行器在智能化单元的管理下，保证变压器在安全、可靠、经济条件下运行。出厂时将该产品的各种特性参数和结构信息植入智能化单元，运行过程中利用传感器收集到实时信息，自动分析目前的工作状态与其他系统实时交互信息，同时接收其他系统的相关数据和指令，调整自身的运行状态。

智能化变压器的实现是在传统变压器基础上植入传感器，增加智能组件，利用数字化和网络化技术通过变压器状态传感器和指令执行元件，实现变压器状态的可视化、控制的网络化和自动化，为智能变电站提供最基础的功能支撑。智能组件需要与变压器主体进行一体化的统一设计，并承担过程层或间隔层的全部计量、检测、控制和保护等功能。

二、智能化变压器的功能

变压器智能组件能够自动获取变压器的各种运行参数，同时根据运行参数，结合评估诊断关键技术模型（热平衡模型、冷却模型、过负荷模型、老化模型、故障分类模型和综合状态评估模型），对变压器当前运行状态、过负荷能力、老化率、紧急过载时间等进行有效评估，并形成评估诊断报告。具体功能如下：

变压器智能化单元：集成主 IED 和测量 IED 功能，含冷却装置智能监控，有载断路器智能监控，铁芯接地电流监测，变压器振动监测；

变压器智能化诊断单元：集成主 IED 功能，含铁芯接地电流监测，变压器振动监测；

变压器智能化测控单元：集成测量 IED 功能，含冷却装置智能监控，有载断路器智能监控；

局部放电监测单元：8 通道，每个通道可接超高频、超声或脉冲电流传感器；

冷却装置智能控制箱：含电控元件（继电器、接触器等），带本地控制器。

三、智能变压器组成

智能变压器主要由变压器主体、检测设备各种状态的传感器、执行器、通讯网络、变压器智能化单元（TIED）、智能化辅助设备等组成。

智能化辅助设备主要包括：智能组件柜、主 IED（用于综合分析）、测控 IED、局部放电监测 IED、油气监测 IED、光纤绕组测温监测 IED、其他监测 IED、非电量保护装置、传感器、合并单元、执行机构、通信网络。

1. 传感器

智能变压器传感器通过在变压器内部或本体上集成的电压、电流、油温油压、绕组温度等各类型传感器获得低压模拟信号直接接入智能化单元（TIED），数字化后作为 TIED 的分析输入参数或打包通过网络向系统传送的信号，能实时反映变压器的运行状态。智能变压器传感器布置图如图 1-14 所示。

2. 变压器智能化单元

可简称 TIED（Transformer Intelligent Electric Device），这是整个智能化变压器的核心，其内部潜有数据管理、综合数据统计分析、推理、信息交互管理等。变压器出厂时将各种技术参数、极限参数、结构数据、推理判据等，通过专家知识库的数据组织形式植入智能化单元，用标准协议与其他智能系统交换信息。各种传感器、执行器通过各自的数字化或智能化单元接入。一些简单的模拟量、开关量可直接接入 TIED。智能单元的主要功能有：

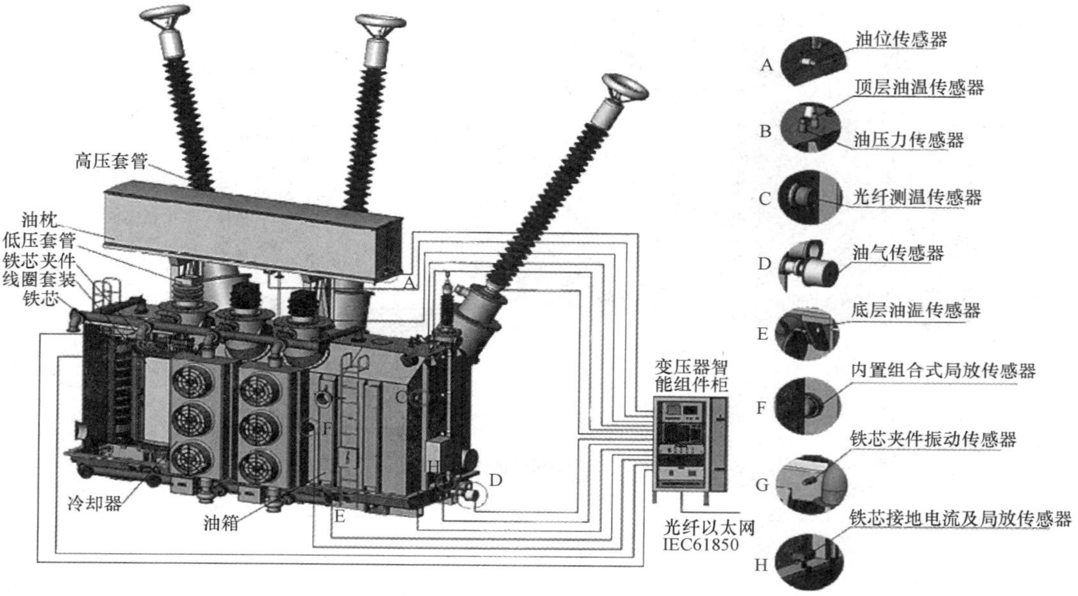

图 1-14　智能变压器传感器布置图

（1）监测顶层油温、底层油温、环境温度和开关室油温度；
（2）监测高、低压侧电压、电流；
（3）监测铁芯接地电流；
（4）监测油压力、油位；
（5）监测负荷状况；
（6）评估过负载能力和紧急过载时间；
（7）统计电量，电能质量分析；
（8）计算绕组热点温度；
（9）评估变压器寿命损失和老化率；
（10）监测局部放电；
（11）监测油中气体和微水；
（12）监测非电量保护跳闸信号；
（13）冷却器智能监控；
（14）冷却效率评估；
（15）有载断路器智能监控；
（16）评估有载断路器触头寿命；
（17）综合分析、评估变压器状态；
（18）内置 Web 服务器；
（19）通讯符合 IEC 61850 标准。

变压器智能化单元布置示意图，如图 1-15 所示。

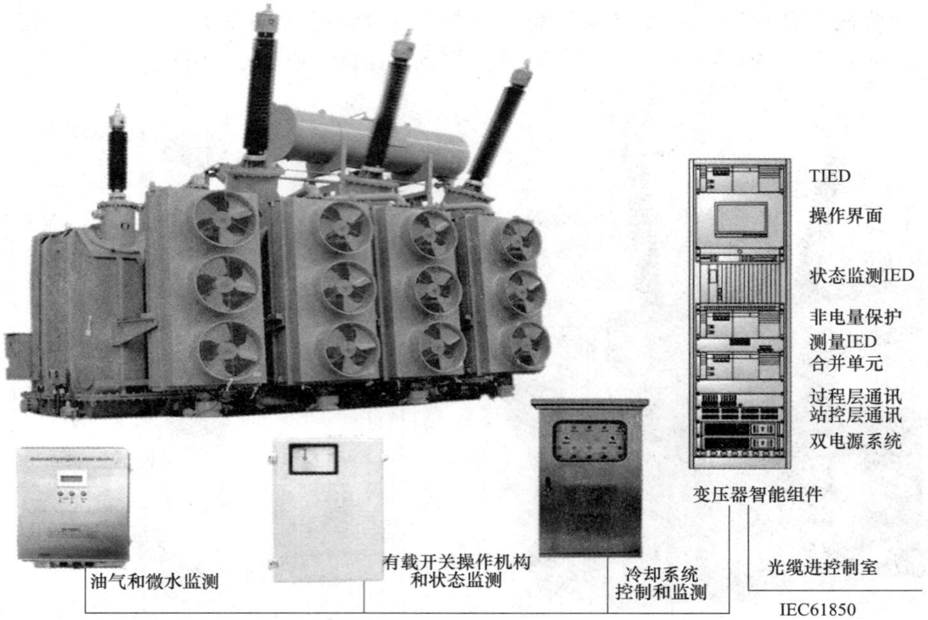

图 1-15 变压器智能化单元布置示意图

智能化变压器网络拓扑图，如图 1-16 所示。

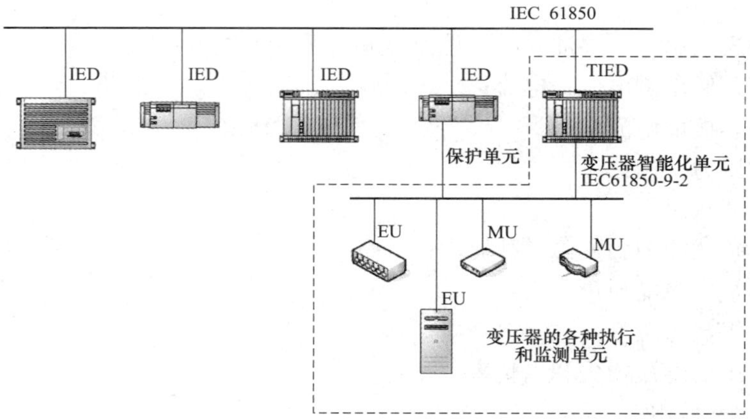

图 1-16 智能化变压器网络拓扑图

对 TIED 的其他要求：

（1）支持标准通讯协议 IEC 61850 和 TCP/IP；

（2）具有互操作性，能够与同一厂家或不同厂家的 IED 互联；

（3）内嵌 Web 维护界面，支持远程维护功能；

（4）带有跟踪自诊断功能，确保系统异常后实时报警；

（5）满足室外长期运行要求，必须保证能够在恶劣环境或极端环境和变电站强电磁干扰环境下，安全可靠运行。

四、智能变压器信号检测技术要求

智能变压器与传统变压器最大的区别除所有信号采用统一标准的数字化传输外，在运行过程中应能将运行状态通过智能化单元实时反馈给系统，涉及的关键参数及检测方法如下：

1. 电压

目前变压器各绕组的工作电压不在本体上监测或检测，而是由专门的 PT 完成，供二次系统使用。

智能变压器在运行过程中各绕组的工作电压需要反映到智能化单元（TIED），这是评估自身运行状态的重要参数之一，变压器承受的电压、电压谐波、过励磁状态、传输容量计算、调压过程监测都需要通过电压分析计算。

各绕组电压参数的获取方法：

（1）在变压器内部或本体上集成电压传感器，具体传感器形式可不限制（电磁式、电容式、光电式等），目前可采用技术成熟的检测方法。传感器获得的低压模拟信号直接接入智能化单元（TIED），数字化后作为 TIED 的分析输入参数或打包通过网络向系统传送的信号。传感器无论采用电磁式或电容式，其容量与传统 PT 相比很小。在满足精度和信噪比要求的前提下，仅供 A/D 转换用，低压侧小于 1mA 即满足要求。

（2）变压器状态评估所需的各绕组的电压实时信号，通过网络从其他智能化单元（IED）上获取。如独立的智能化电压、电流测量单元。但必须是实时信号，而不是有效值信号。TIED 中应支持以上两种电压信号获取方式。

2. 电流

传统变压器各绕组的工作电流，无论是本体上带套管 CT 还是独立测量，都是供二次保护或测量、计量系统使用，套管 CT 的二次通过变压器端子箱，以模拟信号的形式（0～1A 或 0～5A）传给控制室。

智能变压器在运行过程中各绕组工作电流的稳态或暂态量必须实时反映到智能化单元（TIED），用于评估自身的运行状态，分析变压器负荷、电流谐波、调压过程监测等。

电流信号的获取方法：

（1）在变压器内部集成电流互感器，具体形式不限制（电磁式、电子式、光纤式等）。目前套管 CT 技术成熟，而且数字化后 CT 的容量很小，目前还应以这种形式为主，将其在变压器本体安装优于其他形式。从套管 CT 获取的模拟电流信号（0～10mA 或 0～5mA）直接送 TIED 数字化，作为 TIED 的分析输入信号或打包通过网络向系统传送。

与电压信号类似，电流信号本地直接数字化，在满足精度和信噪比要求的前提下，容量可以很小。

（2）外部获取，与电压信号外部获取相同。在变压器智能化单元中应支持以上两种电流信号获取方式。

3. 油温

传统变压器的油温检测采用油面温度计（机械或电子式），输出触点控制信号或模拟信号（如 4～20mA）直接控制冷却器或通过端子箱接入主控室，有些变压器根据用户要求检测油面温度和油箱底部温度。

智能变压器油温检测采用 PT100 监测油面温度、油箱底部温度和环境温度。PT100 直接接到 TIED 或温度监测智能化单元。

智能化单元最少应具备 5 路 PT100 温度检测输入接口。

油面温度：2 路，底部温度：2 路，环境温度：1 路。

各路温度信号直接在 TIED 数字化，控制冷却器或打包传输，冷却器控制指令由智能化单元给出。

4. 绕组热点温度

目前变压器绕组温度检测主要采用绕组温度计间接检测，即通过电流补偿的形式反映绕组温度，不能真正反映绕组的热点温度。新技术主要以光纤测温为研究热点。

光纤测温是通过预埋在绕组上的多个光纤温度探头实现测温的，但由于存在很多问题，有待进一步完善和探讨。

将光纤探头预埋在绕组上，目前需要在变压器线圈绕制过程中预埋，工艺难度较大，且线圈绕完后需要经过多道工序处理（整形、干燥、吊装等），进入总装后还有多道工序才能完成整体装配。光纤细而强度低，在此过程中很容易损坏，实际工程中光纤完好率较低。

光纤在变压器绕组内部受振动、温度、油浸等多种因素影响，寿命和精度都很难保证。由于在线圈内部，损坏后根本无法修复或更换。有些在 3～5 年后基本都退出运行了。总之，用光纤测量绕组热点温度是发展趋势，但需要在测量方法和安装工艺上进行改进，才能进入实用阶段。

变压器绕组热点温度测量要用改进的光纤测温方法实现。

5. 绕组变形

智能变压器需要监测绕组变形情况，目前还没有带电在线监测手段。非带电检测绕组变形也处于评估水平。如频响法、阻抗法、高压脉冲法等。这些手段也仅限于非带电评估检测。真正的绕组变形检测需要内置传感器，可以考虑采用光纤检测绕组变形。

第一阶段的智能变压器可以不考虑绕组变形检测。

6. 油压

与传统变压器不同，智能变压器油箱内部的油压需要通过传感器以模拟信号或数字信号的形式反映给 TIED。同时还要保留气体继电器的接点信号（轻瓦斯和重瓦斯），油压如果采用模拟传感器，可在 TIED 内直接量化，也可通过 A/D 转换层量化。

油压传感器配置要求，目前为气体继电器加模拟压力传感器。

7. 油中气体

反映变压器运行状态的重要分析数据是油中气体含量，目前不但有相关标准和问题分析基本判据，也有大量的经验积累。在现有技术上开发的油气监测装置，从原理上主要有四种：

（1）传统气象色谱法：精度高，能准确分析多种气体含量，但用于在线监测，结构复杂、故障率高、消耗载气，色谱柱寿命短。

（2）光声光谱法：精度适中，可分析多种气体，但对环境要求高，稳定性一般，但不需要载气和耗材。

（3）燃料电池法：仅能反映综合气体，且以氢气为主，精度一般。

（4）气体传感器法：多种传感器，分别检测不同气体成分。目前技术不成熟，主要是单组分传感器。

智能变压器在第一阶段可采用目前成熟的多组分气象色谱法在线监测装置。在线监测装置内置 IED 单元，通过标准总线与 TIED 通讯。数据包格式需要进一步详细定义。

8. 局部放电

在智能化变压器中局部放电监测是必不可少的。与油气相比，反应速度快、灵敏度高、可实现定位。近年来，随着检测方法和手段的改进，局部放电逐步受到重视，已成为衡量变压器绝缘性能的关键指标。随着在线监测和分析方法的改进，已完全进入实际应用阶段。

目前变压器局部放电监测主要有以下几种方法：

（1）脉冲电流法：这是标准指定的方法，校验和检测都有标准，通过视在放电量衡量变压器的放电水平。频段在 20～400kHz，此方法是变压器出厂试验和验收试验指定的方法。用于在线监测如何克服现场干扰是关键问题，随着滤波和放电信号识别算法的改进，已进入实用阶段。检测传感器安装在套管末屏或铁芯（夹件）接地线上。

（2）超高频（或特高频）法：这是为克服现场干扰问题而开发的一种方法。频带在 20～1500MHz 之间，通过高频天线接收某个干扰小的频段信号，检测放电量。这种方法用于变压器局部放电在线监测还存在很多问题：①高频信号尤其是特高频，传播衰减很快，受被测设备结构影响很大，变压器内部主要是金属部件，监测天线无论装在什么位置都会有盲区；②定量困难，不但非线性，而且受放电位置影响很大，目前没有标准；③在变压器上安装困难，需要开安装孔，对保证高压变压器内部油质有影响，且在单一点检测有盲区。

（3）超声法：与超高频法类似，存在定量困难、检测有盲区的缺点。目前主要用于局部放电定位，这是由于局部放电信号声电传输速度差明显，超声法可实现局部放电定位，受各种电信号干扰小。大型变压器在箱体外部检测超声，由于油箱磁屏蔽和箱壁的影响，灵敏度较低，一般可检测量在 1000pC 以上（受放电性质和位置影响）。

鉴于上述特点，智能变压器局放检测传感器应采用内外结合放置：

1）外置传感器。

①铁芯接地线上安装高频电流传感器。实践证明对于变压器本体破坏性放电，铁芯接地线上都能检测到；

②高压套管末屏上安装高频电流传感器，植于套管末屏引出线端，监测变压器本体的同时，监测套管放电；

2）内置传感器：必须在保证变压器运行安全可靠的基础上，植入内部传感器，且更换或维护不能停运或吊开变压器。满足上述条件的传感器必须是无源的，并且在变压器内部不能有电子线路。内置传感器采用内外分置安装法。因为脉冲电流传感器内外安装没有区别，仅考虑在外部安装。

①超声波传感器的分置安装。在变压器箱壁上选定 2～6 个位置安装广角超声波导杆，将局部放电超声信号传导至油箱外部的传感器。波导杆组件与箱壁通过法兰连接，外部安装超声传感器；

②超高频传感器的分置安装，在变压器箱壁上选定 2～4 个重点检测部位，安装平板型高频接收天线，天线组件与箱壁通过法兰连接，外部设传感器安装法兰。在智能变压器中内外分置的两种传感器，超声优于超高频，因为超声可同时评估放电部位。但对电抗器的局部放电监测，内置传感器应采用超高频。智能变压器局部放电监测装置（内置 IED）将各传感器接收到的信号分析处理后，通过标准通讯协议送 TIED 单元。

局部放电监测主要技术要求：

在线监测灵敏度：铁芯接地线检测 500pC；

箱壁超声或超高频监测：小于 1000pC；

具备位置评估和放电统计分析功能。

9. 铁芯接地电流

铁芯接地电流由接地电流互感器转换成（0～10mA）模拟信号或数字化信号直接接入TIED单元。

10. 油质监测

目前可与油气在线监测集成在一起，监测油含水量，分析结果通过自身的IED单元送TIED，作为评估变压器绝缘状态的参数之一。

11. 内部振动监测

主要检测运行中变压器内部零部件的松动，目前还处于探索阶段，传感器可分置安装。

12. 其他接点状态信号

气体继电器：重瓦斯、轻瓦斯；

压力释放器：状态量；

压力继电器：状态量；

油位：上限、下限；

油流：油流状态；

充氮灭火：状态信号；

电吸湿器：状态量；

预留状态输入信号：8个。

这些断路器量直接通过无源接点方式送TIED，由TIED直接打包。

13. 有载断路器

有载断路器具有独立的操作机构和控制装置，目前这些操作和控制信号以断路器或模拟量方式直接接入控制室。

智能变压器中有载断路器内配有一个智能单元（IED），接受TIED的指令，将断路器状态实时反馈给TIED，有载断路器内含执行机构和状态监测单元。反馈给TIED的状态包括：

（1）当前断路器位置。

（2）操作电源状态。

（3）机械操作机构是否正常。

（4）断路器室油质。

（5）切换断路器触头状态。

以上所有信息由断路器智能化单元（IED）打包，实时传给TIED，统一管理和控制。

14. 冷却器

冷却器的所有控制和状态信息由冷却器智能控制单元（IED）实现，冷却器智能控制单元接收TIED指令，优化投切冷却器，并将状态实时反馈给TIED。

主要信息包括：

（1）冷却器电源状态：正常、故障、断相、停电。

（2）油泵状态：正常、故障。

（3）各组冷却器状态：工作、备用、故障、全停。

五、智能变压器执行器

由变压器智能化单元（TIED）直接管理的执行单元有三个：

（1）冷却器控制单元。

（2）有载断路器控制单元。

（3）充氮灭火控制单元。

（4）电吸湿器控制。

TIED 通过网络向冷却器控制单元发送投切操作指令，并将冷却器当前状态反馈给 TIED。同样 TIED 也是通过网络向有载断路器控制单元发送调节指令，并将状态反馈给 TIED。

以上执行器自带智能化单元，主要考虑其独立性，并符合 IEC 61850 标准架构。第一阶段的智能化变压器可通过中间转换单元实现。

六、智能变压器的保护

传统变压器保护其保护逻辑是由二次保护系统完成的，对于智能变压器，保护也应该由一个单独的变压器智能保护单元完成，因为各种断路器的动作不能由 TIED 完成。TIED 将目前变压器的状态反馈给系统，变压器智能保护单元接收状态信息后，由预先设定的保护策略发出相应的动作指令。

变压器智能保护单元应提供以下基本保护：

（1）反映变压器油箱内部故障和油面降低的瓦斯保护，状态信号来自 TIED。

（2）相间短路保护。

（3）后备保护，包括过流、复合电压启动过流、负序电流、阻抗等。

（4）零序电流保护。

（5）过负荷保护。

（6）过激磁保护。

（7）电压频率保护。

（8）事件及故障录波。

七、功能集成

全数字化变电站乃至智能化变电站要解决的关键问题是过程信息共享和设备之间的互操作性，从而提高设备的重用性、电站运行的可靠性、设备的可接入性、可维护性，使其能够更安全可靠、经济地运行。

一个智能化电站应是由各智能化设备（IED）在统一信息模型和服务模型的网络环境下实现信息共享和互操作。采用统一建模的网络协议（如 IEC 61850）通过网络实现集成。这样可解决灵活性、接入性、可靠性、经济性、安全性问题。

第三节　智能断路器

一、智能化断路器的简介

具有较高性能的断路器和控制设备，配有电子设备、传感器和执行器，不仅具有断路器的基本功能，还具有附加功能，尤其在检测和诊断方面。

由电力电子技术、数字化控制装置组成执行单元，代替常规机械结构的辅助断路器和辅助继电器。可按电压波形控制跳、合闸角度，精确控制跳、合闸过程的时间，减少瞬时过电压幅值。

断路器操作所需的各种信息由装在断路器设备内的数字化控制装置直接处理，使断路器装置能独立地执行其当地功能，而不依赖于变电站级的控制系统。

新型传感器与数字化控制装置相配合，独立采集运行数据，可检测设备缺陷和故障，在缺陷变为故障之前发出报警信号，以便采取措施避免事故发生。

断路器具有数字化接口，可收发 GOOSE 消息以实现断路器控制。

二、智能断路器工作原理与工作模式

智能断路器的技术基础是：

（1）基于微机、电力电子技术和新型传感器（电子互感器、光学互感器）建立新的断路器二次系统。

（2）基于 IEC 61850，保护和控制命令可以通过光纤网络实现与断路器操作机构的数字化接口。这些技术使得变电站的过程层也得以数字化，以太网构成全变电站的神经中枢。

其主要特点是由电力电子技术、数字化控制装置组成执行单元，代替常规机械结构的辅助断路器和辅助继电器。新型传感器与数字化控制装置相配合，独立采集运行数据，可检测设备缺陷和故障，在缺陷变为故障前发出报警信号，以便采取措施避免事故发生。智能断路器实现电子操动，变机械储能为电容储能，变机械传动为变频器经电机直接驱动，机械系统可靠性提高。

在目前阶段，智能断路器得到了相应的发展，具有智能操作功能的断路器是在现有断路器的基础上引入智能控制单元，它由数据采集、智能识别和调节装置 3 个基本模块构成。工作原理如图 1-17 所示，图中实线部分为现有断路器和变电站的有关结构和相互关联。智能识别模块是智能控制单元的核心，由微处理器构成的微机控制系统，能根据操作前所采集到的电网信息和主控制室发出的操作信号，自动地识别操作时断路器所处的电网工作状态，根据对断路器仿真分析的结果决定出合适的分合闸运动特性，并对执行机构发出调节信息，待调节完成后再发出分合闸信号；数据采集模块主要由新型传感器组成，随时把电网的数据以数字信号的形式提供给智能识别模块，以进行处理分析；执行机构由能接收定量控制信息的部件和驱动执行器组成，用来调整操动机构的参数，以便改变每次操作时的运动特性。此外，还可根据需要加装显示模块、通信模块以及各种检测模块，以扩大智能操作断路器的智能化功能。

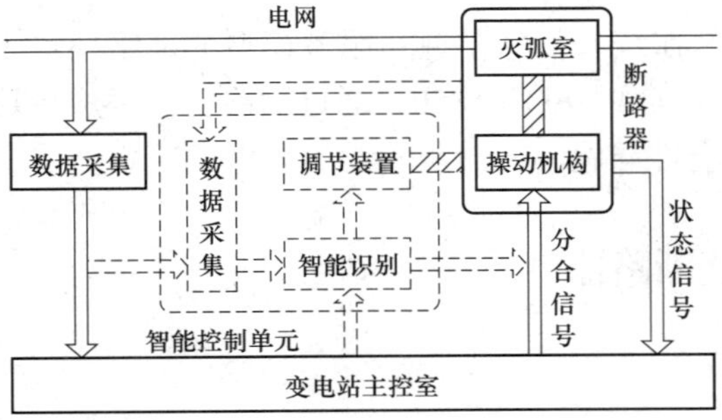

图 1-17 智能断路器工作原理

智能断路器基本工作模式是根据监测到的不同故障电流，自动选择操作机构及灭弧室预先设定的工作条件，如正常运行电流较小时以较低速度分闸，系统短路电流较大时以较高速度分闸，以获得电气和机械性能上的最佳分闸效果。

这种智能操作要求断路器具有机构动作时间上的可控性，目前断路器常用的气动操作机构、液压操作机构和弹簧操作机构由于中间转换介质等因素，控制时间离散性大，其运动特性很难达到理想的可控状态。采取电磁操作机构的断路器利用电容储能、永磁保持、电磁驱动、电子控制等技术，当机构确定后运动部件只有一个，没有中间转换介质，分合闸特性仅与线圈参数相关，可以通过微电子技术来实现微秒级的控制，通过对于速度特性控制实现断路器的智能化操作。

智能操作断路器的工作过程是：当系统故障由继电保护装置发出分闸信号或由操作人员

发出操作信号后，首先启动智能识别模块工作，判断当前断路器所处的工作条件，对调节装置发出不同的定量控制信息而自动调整操动机构的参数，以获得与当前系统工作状态相适应的运动特性，然后使断路器动作。

智能控制单元是断路器智能控制化的核心，以微处理机为核心部件，综合应用传感技术、光电转换技术、数字控制技术、微电子技术和信息技术等多种现代技术，完成断路器的智能操作，实现断路器的智能化。它不断从电力系统采集某些特定信息，并据此来判别断路器当前的工作状态，同时处于操作的准备状态。当系统故障由继电保护装置发出分、合闸信号或正常操作向断路器发出操作命令后，控制单元根据一定的算法，求得与断路器工作状态对应的操动机构预定的最佳状态，并驱动执行机构操动机构调整至该状态，从而实现最优操作，如图 1-18 所示。

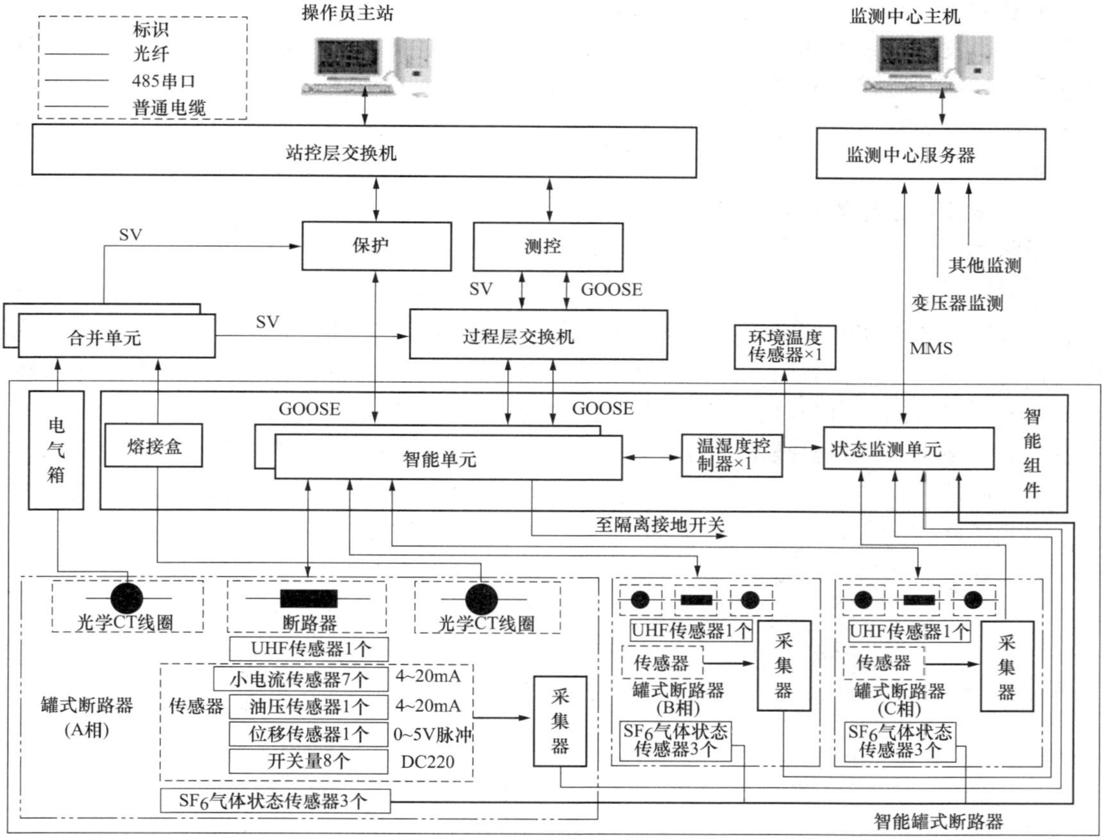

图 1-18　智能断路器设备的系统结构

三、智能断路器技术的优点

和传统的断路器相比较，智能断路器有着其自身的优点：

（1）采用智能断路器技术后，对于非故障性的操作，断路器都可以在较低的速度下断开，减少断路器断开时的冲击力和机械磨损，从而提高断路器的使用寿命，在工程上达到较好的经济效益和社会效益。

（2）采用智能断路器技术可以实现有关高压断路器设备的检测、保护、控制和通信等智能化功能。

（3）传统的重合闸采用重合闸继电器，正常运行时，重合闸继电器的电容进行充电，当发生故障断路器断开后，电容进行瞬间放电从而达到重合目的，当重合于故障时，由于电容未再进行充电，因此重合闸只能进行一次。采用智能断路器技术后有可能改变目前的试探性自动重合闸的工作方式，实现自适应自动重合闸，即做到在短路故障开断后，如故障仍存在则拒绝重合闸，只有当故障消失后才进行重合。采用智能技术后就会避免传统重合闸只能重合一次的弊端。

（4）实现定相合闸，降低合闸操作过电压，取消合闸电阻，进一步提高可靠性；实现选相分闸，控制实际燃弧时间，使断路器起弧时间控制在最有利于燃弧的相位角，不受系统燃弧时差要求限制，从而提高断路器实际开断能力。

随着微机技术、微电子技术、计算机网络和数字通信技术的飞速发展，以及人工智能技术在产品研发和研究领域的应用，智能断路器将会从简单的采用微机控制取代传统继电器功能的单一封闭装置，发展到具有完整的理论体系和多学科交叉的电器智能化系统，成为电气工程领域中电力断路器设备、电力系统继电保护、工业供配系统及工业控制网络技术新的发展方向。

四、智能断路器的发展展望

断路器智能化是一项更新换代的工作，它涉及很多领域的技术进步和创新发展，如传感技术、微电子技术、计算机技术、信息技术以及断路器本身及操动机构等方面，需要更多的投入和开发。微控制器技术的不断发展又为智能断路器功能的多样化、可靠性的提高、性能优化提供了技术保障。智能断路器的核心是智能控制器，其性能的高低是判断智能断路器是否先进的主要依据。自 20 世纪 70 年代开始出现了智能控制器，随着各项技术的广泛应用和发展，如微电子、计算机技术、网络通信技术和新型传感器技术的快速发展和综合应用，使得智能控制器出现了突飞猛进的发展。作为智能断路器技术的补充，断路器智能监视和控制技术得到了相应的发展并在工程上得到了广泛的利用。因此随着各项技术的发展和各种产品的研发，智能断路器将逐步进入实用化阶段。

第二章　IEC 61850

一、IEC 61850 标准简介

IEC 61850 标准是电力系统自动化领域唯一的全球通用标准。它通过标准的实现，实现了智能变电站的工程运作标准化。使得智能变电站的工程实施变得规范、统一和透明。不论是哪个系统集成商建立的智能变电站工程都可以通过 SCD（系统配置）文件了解整个变电站的结构和布局，对于智能化变电站发展具有不可替代的作用。

IEC 61850 是一个网络和计算机技术高度发展的产物。从 2000 年开始的嵌入式硬件技术、实时操作系统、通信技术的快速发展和广泛应用，为 IEC 61850 在电力系统的应用创造了有利条件。IEC 61850 不仅仅是一个通信规约，它指导了变电站自动化系统的设计、开发、工程、维护等各个领域。该标准通过对变电站自动化系统的面向对象统一建模，采用独立于网络结构的抽象通信服务接口，增强了设备之间的互操作性，可以在不同厂家的设备之间实现无缝连接。

作为未来智能电网领域的主要标准，凭借良好的可扩展性和体系结构，IEC 61850 将为全世界所有电力相关行业的信息共享、功能交互以及调度协调做出重大的、决定性的影响。同时，由于世界范围内能源变革和智能电网建设的兴起，IEC 61850 作为智能电网中连接电力生产和消费环节的纽带，将担当起越来越重要的角色。

二、变电站三层两网体系架构

如图 2-1 所示，IEC 61850 的“站控层+间隔层+过程层”的分层模式与现有的变电站综自系统不同。常规站的综自系统采用“站控层+间隔层”的两层体系结构，“过程层”功能都是在间隔层设备中实现的。随着电子式互感器和智能断路器的工程应用，现代电力技术的发展

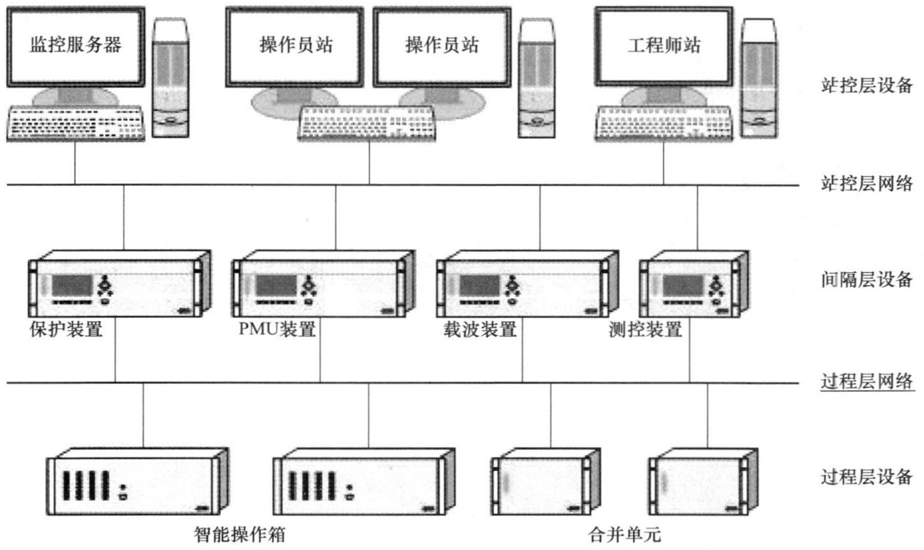

图 2-1　IEC 61850 的“站控层+间隔层+过程层”的分层模式

趋势是将越来越多的间隔层功能下放到过程层中去，由此可见 IEC 61850 是个面向未来开放的标准。

三、IEC 61850 配置文件的概念

从工程应用的角度看，IEC 61850 为变电站设备建立分层信息模型的目的是为了利用它描述变电站及站内 IED 的实际配置信息，如变电站开关场一次接线拓扑、站内 IED 的 IP 地址、GOOSE 联线信息等。因此分层信息模型中的逻辑节点、数据、数据属性以及 ACSI 服务均需要根据变电站实际情况进行配置。

配置文件是利用 SCL 语言描述变电站设备对象模型后生成的文件，用于在不同厂商的配置工具之间交换配置信息。通过一系列配置文件的传递，不同厂商的智能设备就能知道与对方通信所需要的数据信息，从而实现通信双方配置信息的交换。

四种配置文件：ICD 文件、SSD 文件、SCD 文件、CID 文件。如图 2-2、表 2-1、图 2-3 所示。

图 2-2　IEC 61850 分层信息模型

表 2-1　四种配置模型

智能变电站	传统变电站
ICD 模型	单装置
SSD 模型	设计蓝图（一次接线图）
SCD 模型	变电站
CID 模型	接好电缆变电站运行的装置

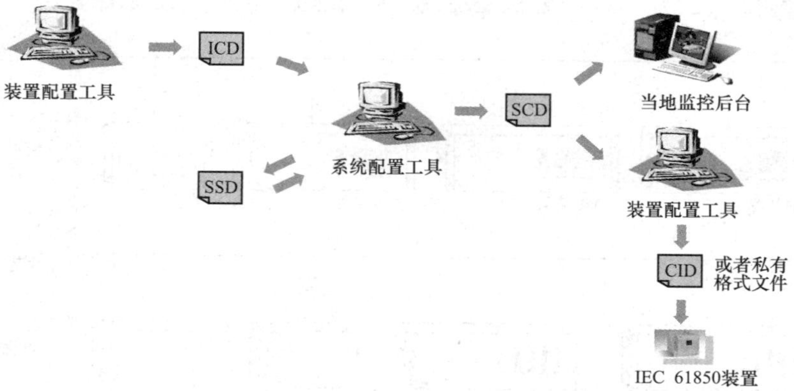

图 2-3　IEC 61850 工程配置流程

ICD 与 ICD 配置工具：

（1）ICD－IED Capability Description。

（2）和装置类型关联的预定义装置模板配置。

（3）配置内容：

1）LD、LN、DO、DA 定义及 LN 类型模板的定义。

2）数据集 dataset 预定义。

3）控制块的配置如 brcb、urcb 等定义。

（4）文件结构：

1）有且只有一个 IED 元素，且名称必须为 TEMPLATE。

2）可以有 Substation，名称必须为 TEMPLATE。

3）可以有 Communication 元素。

4）包括 DataTypeTemplates 定义。

（5）ICD 描述了 IED 装置的基本功能，通过 ICD 文件我们就能知道装置的用途以及其输入输出，随装置出场，现场一般不做修改。

SCD 与 SCD 配置工具：

（1）SCD－Substation Configuration Description。

（2）描述全站所有配置的文件。

（3）配置内容：

1）一次系统模型。

2）通信网络配置。

3）所有装置的实例配置。

4）一次系统对象的 LN 绑定。

5）GOOSE 配置。

（4）文件结构：包含 SCL 文件的完整结构，包括 HEAD、一个 Communication 元素，一个 Substation 元素，N 个 IED 元素，一个 DataTypeTemplates 元素。

（5）从模型的角度讲这就是变电站。GOOSE 配置及 MMS 通讯参数的配置都是在这一阶段完成，作为系统集成商所需完成的工作，最主要的就是通过 SCD 工具配置全站的 SCD 文件。各 IED 厂家及后台监控系统将拿到统一配置好的 SCD。

（6）CID 与 CID 配置工具：

1）CID－Configured IED Description。

2）装置实例化的配置定义。

3）文件结构与 ICD 文件一致，即实例化后的 ICD。

4）最终从变电站模型 SCD 中导出的 CID 就带有了变电站内连接关系，包括与后台通讯的 MMS 信息，与其他装置连接的 GOOSE 信息及采样信息。由于 IEC 61850 标准对 CID 的表现形式没有具体定义，为提高装置的性能，将 GOOSE 部分单独导出为 goose.txt 文本，CID 本身只给 MMS 与后台通讯用。

（7）由于 CID 及 GOOSE 文本都使用工具自动导出，减小了出错的可能性；而且所有厂家使用同一个 SCD，减少了互操作过程中的分歧。

四、MMS、GOOSE和SV的映射

1. GOOSE基础知识

（1）面向通用对象的变电站事（GOOSE—Generic Object Oriented Substation Event）是IEC 61850标准中用于满足变电站自动化系统快速报文需求的机制。主要用于实现在多IED之间的信息传递，包括传输跳合闸信号（命令），具有高传输成功概率。基于GOOSE网络传输代替传统的硬接线实现断路器位置、闭锁信号和跳闸命令等实时信息的可靠传输（相当于传统保护的开入开出回路），如图2-4所示。

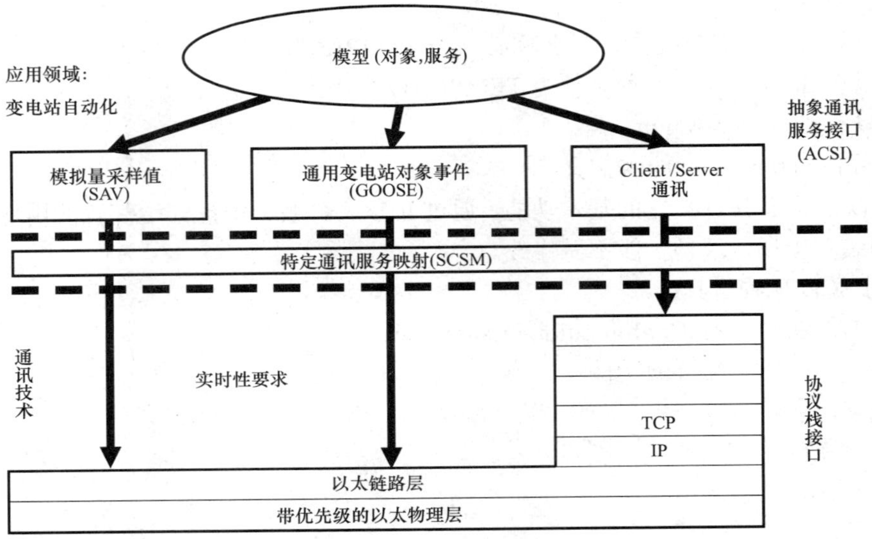

图2-4 面向通用对象的变电站事

GOOSE采用网络信号代替了常规变电站装置之间硬接线的通信方式，大大简化了变电站二次电缆接线，一方面降低了工程造价，另一方面简化了工程实施；而且GOOSE通过通信过程的不断自检，实现了装置间二次回路的智能化监测。

目前GOOSE通信机制在智能变电站中获得了广泛的应用，如保护、测控装置跳合闸命令的输出，不同保护装置之间的闭锁、启动失灵，监控系统不同间隔之间的联闭锁等。

（2）GOOSE实现原理。

如图2-5所示，GOOSE采用组播方式传送数据，以太网传输方式有：单播、广播、组播。GOOSE采用连续多次传送的方式实现可靠传输：T1=2ms，T2=4ms，T3=8ms，T0=5s。

（3）GOOSE虚端子。

在传统变电站中，保护屏柜内设有开入、开出、出口等端子排，微机保护装置的各开关量、跳合闸出口都一一对应于具体的端子。在设计保护回路时，保护装置之间的联系，以及保护装置到一次设备的跳合闸出口都通过端子到端子的电缆实现。

由于继电保护原理并没有因为采用GOOSE而改变，对于每一台保护装置而言，其GOOSE输入输出与传统屏柜的端子之间仍然存在对应关系。如果ICD文件对应整台装置，则GOOSE数据集可以看作是屏柜上的端子排。GOOSE输出信号对应着传统装置的开关量输出端子，GOOSE输入信号对应着传统装置的开关量输入端子。为了更形象地理解和应用

GOOSE 信号，将这些输入输出信号的逻辑连接点称为“虚端子”。如图 2-6、图 2-7 所示。

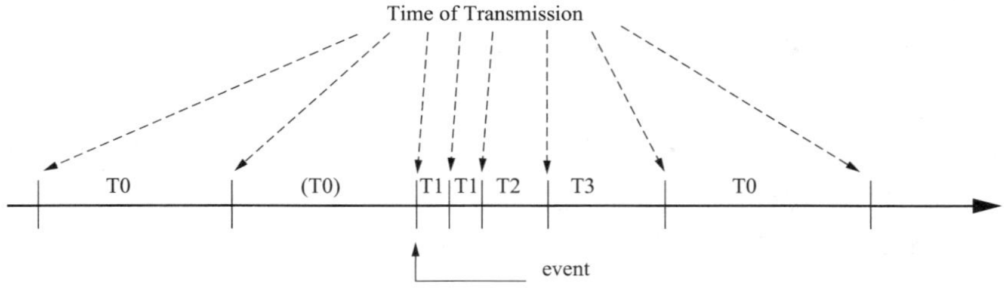

T0: retransmission in stable conditions(no event for a long time)

(T0): retransmission in stable conditions may be shortened by an event

T1: shortest retransmission time after the event

T2,T3: retransmission times until achieving the stable conditions time

图 2-5 GOOSE 连续多次可靠传输

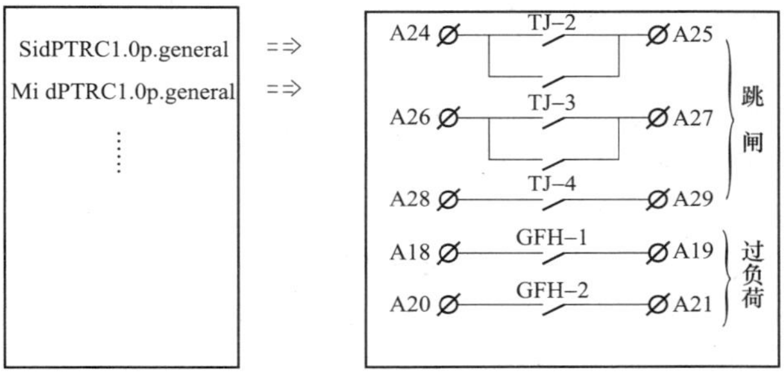

图 2-6 “虚端子”——GOOSE 输出部分与传统节点映射

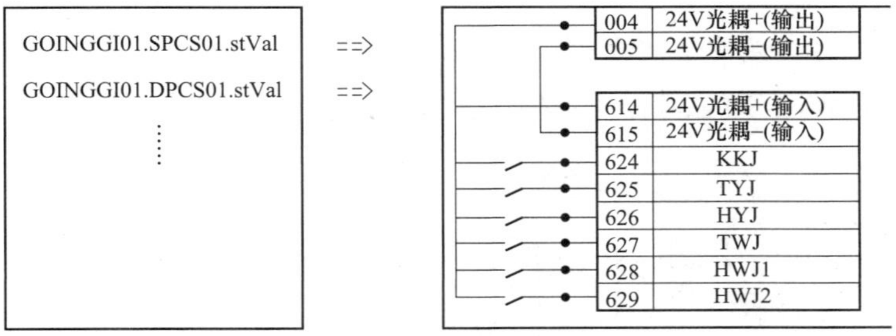

图 2-7 “虚端子”——GOOSE 输入部分与传统开入映射

（4）GOOSE 虚端子连线。

系统集成商完成全站 GOOSE 连线后，各装置厂家使用各自的装置配置工具从 SCD 文件中提取出本装置的 GOOSE 连线配置信息，并下载到装置；调试人员接着进行保护逻辑校验、信号对点和传动试验工作。因此引入虚端子概念将使现有二次设计规范的改变最小。

传统二次设计的过程是：装置研发人员设计和定义装置的端子，工程设计人员根据用户或设计院的要求将相关的端子引到屏柜的端子排，并根据需要在端子排和装置之间加入连接片；设计院设计各个屏柜的端子排之间的二次电缆连线；施工单位根据设计院的设计图纸进行屏柜间接线；调试单位根据图纸对相关接线和应用功能进行测试和检查。经过多年传统二次设计的实践，特定功能的装置需要引出的端子和需要加入的连接片已经逐渐确定并形成设计规范。

采用 GOOSE 后，二次电缆的设计和连接工作变成了 GOOSE 通信组态和 GOOSE 配置文件下载的工作。各个二次设备厂家可以根据传统设计规范设计并提供出其装置的 GOOSE 输入输出端子定义（通过在 ICD 文件中预定义 GOOSE 数据集和控制块、预定义 GOINGGIO 实现）；设计院根据该定义设计 GOOSE 连线，以表格的方式提供；工程集成商通过 GOOSE 组态工具和设计院的设计文件，组态形成项目的 SCD 文件；二次设备厂家使用装置配置工具和全站统一的 SCD 文件，提取 GOOSE 收发的配置信息并下发到装置；调试人员进行测试。

2. SV 基础知识

作为实时性要求比较高的两种通信服务，采样值传输 SV 和 GOOSE 均采用了发布方/订阅者通信模式。

和 GOOSE 一样，采样值 PDU 在经过表示层 ASN.1 基本编码规则 BER 编码后，生成的数据包不经 TCP/IP 协议，直接映射到数据链路层，以保证数据传输的实时性。

与 GOOSE 类似，目前国内在数字化变电站的实施中引入了采样值输入“虚端子”的概念。

3. MMS 基础知识

MMS（Manufacture Message Specification）通过对实际设备进行面向对象建模的方法，实现了网络环境下不同制造商设备之间的互操作。现在已经广泛应用在工厂制造、石油化工和太空探索等领域，在工业自动化领域获得了巨大的成功。IEC 61850 标准把 MMS 引入电力自动化领域，将其核心 ACSI 服务直接映射到 MMS 标准。MMS 规范位于 OSI 七层参考模型的第七层——应用层。它是一个非常庞大的协议集。它由六个部分组成。第 1 部分和第 2 部分是 MMS 的核心部分，高度抽象，不涉及具体的应用。第 3～6 部分为伴同规范，完成具体领域的应用。在一定程度上 IEC 61850 标准也可看作是 MMS 核心部分的伴同规范。

（1）MMS 通信流程。

MMS 通信采用客户端/服务器模式；

如图 2-8 所示，MMS 服务可分为带确认（Confirmed）和不带确认（Unconfirmed）两类。

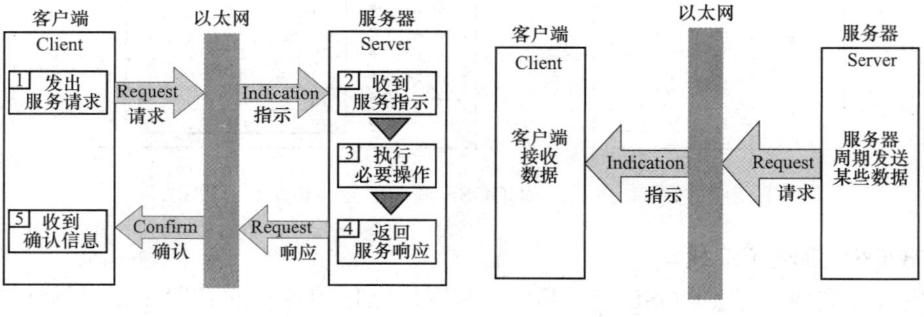

图 2-8　MMS 通信流程

（2）MMS 的基本思想。

MMS 的基本思想就是定义一种大家都能理解的公共语言。如图 2-9 中所示，世界语就类似于 MMS 所定义的通信协议和服务，翻译器的作用就和 MMS 中的虚拟设备类似。

假设图的各个装置来自不同的生产厂家。这些装置可能运行着不同的操作系统和程序，硬件结构也可能存在千差万别，甚至同一厂家不同时期生产的不同型号的装置在硬件和软件上也可能存在差异。

要达到互操作的目的，就必须首先考虑“屏蔽”掉各装置的具体技术细节（如 CPU 型号、操作系统、程序编程语言、开关量子系统），使各装置在网络通信方式上遵守统一的规定，具有相同或相近的外部接口（外部视图）。

MMS 采用构建虚拟设备（即 VMD）的方法来达到隐藏各装置技术细节的目的。虚拟设备由实际设备映射得到，它和装置的具体细节无关，具体通信时信息交互在客户端和虚拟设备之间进行。这样就“屏蔽”掉了装置的技术细节，客户端就可以和不同厂家、不同型号的多种装置进行通信。如图 2-10、图 2-11 所示。

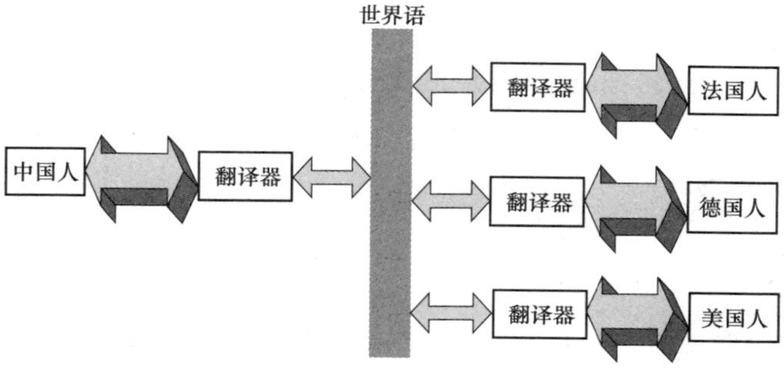

图 2-9　MMS 的基本思想

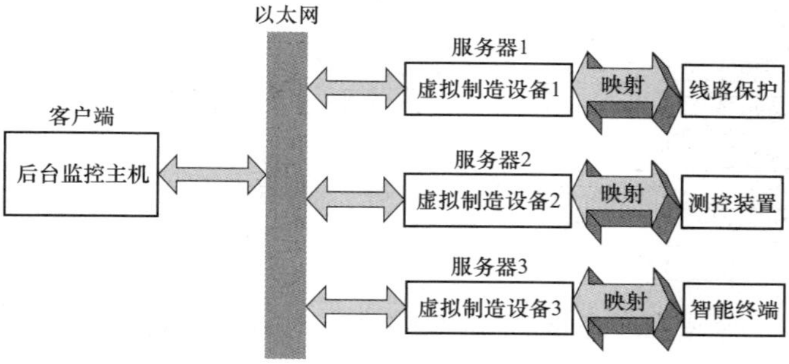

图 2-10　MMS 采用构建虚拟设备

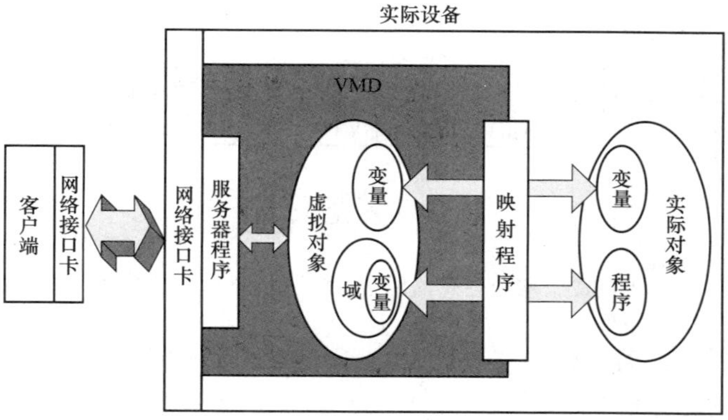

图 2-11　MMS 实际设备

第三章　智能变电站综合自动化体系结构

第一节　合并单元

一、合并单元的概念及功能

（一）合并单元的概念

合并单元又称为 MU（Merging Unit），在智能变电站继电保护技术规范中，合并单元的定义如下：用以对来自二次转换器的电流和/或电压数据进行时间相关组合的物理单元。合并单元可以是互感器的一个组成件，也可以是一个分立单元。既可以接收光信号，也可以接收电信号。因此合并单元既可以与电子式互感器接口，也可以与常规互感器接口。其硬件结构框如图 3-1、图 3-2 所示。

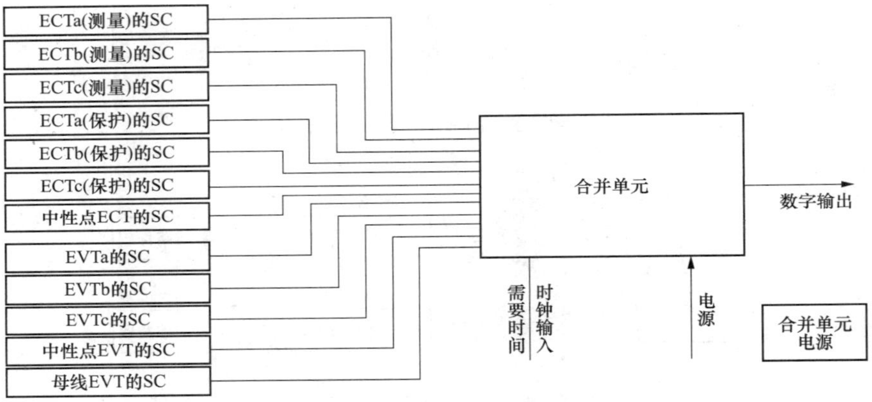

图 3-1　电子式互感器用合并单元的硬件结构框图

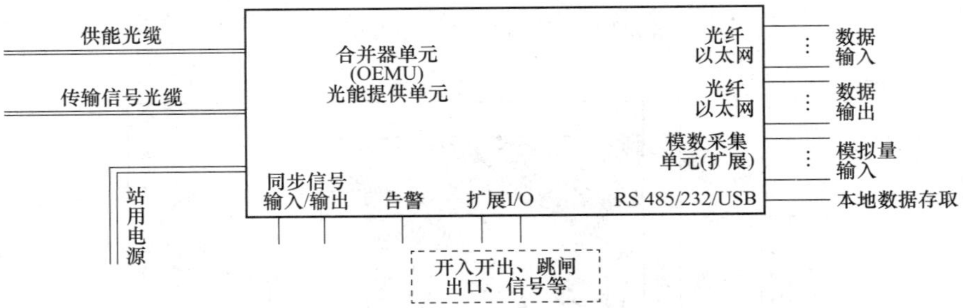

图 3-2　常规互感器用合并单元的硬件结构框图

与电子式互感器接口时，信号采集是由电子式互感器完成的。合并单元的主要功能是对电子式互感器传输的数据解码并组帧发送给测控、保护等装置。而与常规互感器接口时，信号采集是合并单元完成的，合并单元采集经过小电压互感器、小电流互感器变换后的模拟量直接将数据组帧发送给测控、保护等装置。如图 3-3、图 3-4 所示。

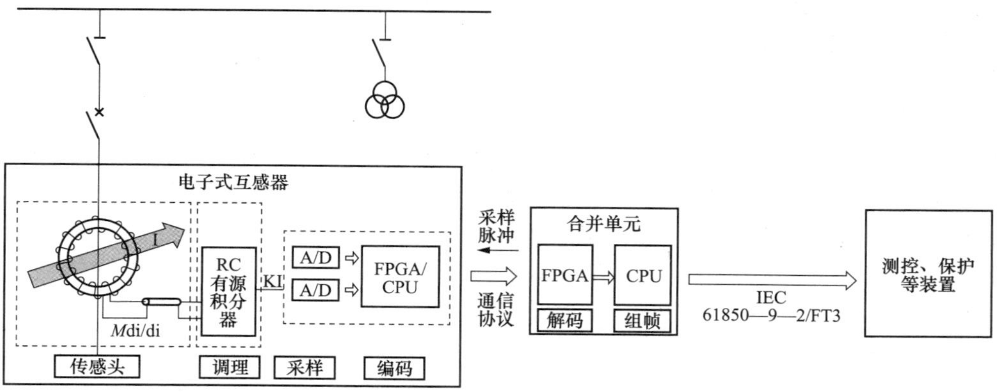

图 3-3　电子式互感器与合并单元接口

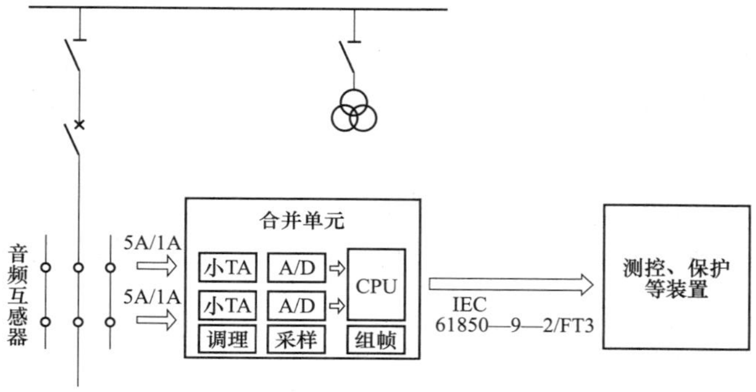

图 3-4　常规互感器与合并单元接口

（二）合并单元基本工作原理

合并单元的交流模件从互感器采集模拟量信号，对一次互感器传输的电气量进行合并和同步处理。母线合并单元称为一级合并单元，间隔合并单元称为二级合并单元。二级合并单元接收一级合并单元级联的数字量采样，再通过插值法对模拟量信号和数字量信号进行同步处理。同步处理的作用是消除模拟量采样与数字量采样之间的延时误差，从而消除相位误差。

对于需要做电压并列和切换的合并单元，需采集开关量信号（断路器、隔离开关位置）。装置完成并列、切换功能后，将采样数据以 IEC 61850—9—2 或 IEC 60044—7/8 格式输出。在组网模式下，为了使不同合并单元的采样数据能够同步，还需接入同步信号。合并单元基本工作原理，如图 3-5 所示。

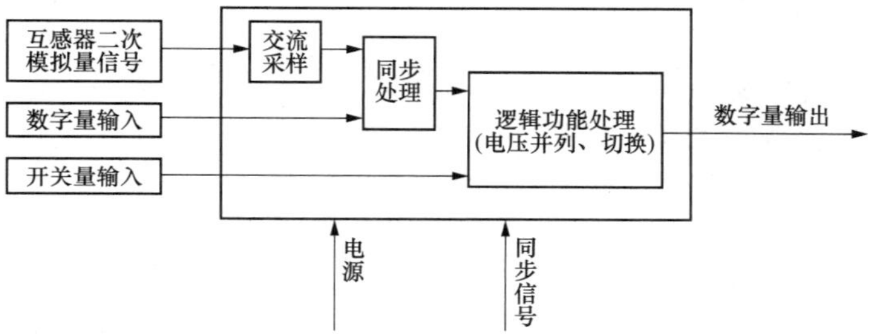

图 3-5　合并单元基本工作原理

（三）合并单元的分类

根据用途可将合并单元分为间隔合并单元和母线合并单元。

1. 间隔合并单元

间隔合并单元用于线路间隔、主变压器和母联间隔。接收来自线路、主变压器或母联间隔电流互感器提供的三相保护电流、三相测量电流及线路耦合电容器的线路单相电压，同时接收来自母线合并单元的母线电压，并根据采集到的母线侧隔离开关位置完成电压切换的逻辑。

2. 母线合并单元

母线合并单元用于母线间隔。至少接收来自 2 组母线电压互感器的母线电压，并支持向其他合并单元提供母线电压数据的功能，根据采集到的电压互感器隔离开关位置、母联断路器位置及其隔离开关位置、电压互感器二次并列把手位置，完成电压并列逻辑。各间隔合并单元所需母线电压量通过母线电压合并单元转发。

不同母线接线方式，母线电压合并单元应按以下原则配置。

（1）3/2 接线：每段母线配置合并单元，母线电压由母线合并单元点对点通过线路电压合并单元转接。

（2）双母线接线：两段母线按双重化配置两台合并单元。每台合并单元应具备 GOOSE 接口，以及接收智能终端传递的母线电压互感器隔离开关位置、母联断路器位置及其隔离开关位置，用于电压并列。

（3）双母单分段接线：按双重化配置两台母线电压合并单元，不考虑横向并列。

（4）双母双分段接线：按双重化配置四台母线电压合并单元，不考虑横向并列。

（5）用于检同期的母线电压由母线合并单元点对点通过间隔合并单元转接给各间隔保护装置。

（四）合并单元的功能

合并单元是用以对来自电子式互感器远端模块的电流、电压数据进行时间相干组合的物理单元。其主要功能是汇集（或合并）多台电流互感器和/或电压互感器的数据，取得电力系统电流和电压瞬时值，进行数据同步后按照规定的格式发送给保护/测控装置。

接入合并单元的互感器可以是电子式互感器，也可以是传统互感器。目前在已投运的智能变电站工程中，大部分采用传统互感器通过模拟式合并单元转换为数字量。

合并单元一般安装在就地汇控柜中，工作环境恶劣，由于合并单元采集的数据提供给继电保护装置作动作逻辑计算，因此对数据传输的可靠性、实时性、一致性要求极高，其重要度与继电保护装置相当。其主要功能有：

1. 模拟量信号输入功能

合并单元通过自身的交流模件采集一次互感器的电流、电压量。根据接入互感器的不同类型，合并单元的模拟量输入通道可分为保护电流、测量电流、电压（对于合并单元而言，一般不必区分保护电压和测量电压）、零序电压等四种。

2. 数字量输入功能

在作为二级合并单元时，装置需要接收上一级合并单元发送的数字量采样。通常该采样以 IEC 61850—9—2 或 IEC 60044—7/8（FT3）的报文格式发送。装置对输入的数字量采样需要做插值同步。

3. 开关量输入功能

为了完成电压并列和电压切换功能，装置需要接收母联/分段断路器及其隔离开关的位置信号、电压互感器一次隔离开关位置信号、母线侧隔离开关位置信号。

4. 母线合并单元的电压并列功能

智能变电站不再独立配置电压并列装置。以双母线主接线为例，母线电压合并单元集成电压并列逻辑，需采集母联断路器、母联Ⅰ母隔离开关位置、母联Ⅱ母隔离开关位置，同时配置并列把手。并列把手采用硬电缆接入母线合并单元，断路器及隔离开关位置通过电缆接入智能终端再转发给母线合并单元。

并列逻辑：并列把手位置和母联断路器位置，母联断路器位置等于母联断路器位置和母联Ⅰ母隔离开关位置和母联Ⅱ母隔离开关位置。逻辑真值见表3-1。

表3-1　电压并列逻辑真值

把手位置		母联断路器位置	Ⅰ母电压输出	Ⅱ母电压输出
Ⅰ母强制用Ⅱ母	Ⅱ母强制用Ⅰ母			
0	0	任何位置	Ⅰ母	Ⅱ母
0	1	合位	Ⅰ母	Ⅰ母
0	1	分位	Ⅰ母	Ⅱ母
0	1	无效位置	保持	保持
1	0	合位	Ⅱ母	Ⅱ母
1	0	分位	Ⅰ母	Ⅱ母
1	0	无效位置	保持	保持
1	1	合位	保持	保持
1	1	分位	Ⅰ母	Ⅱ母
1	1	无效位置	保持	保持

5. 间隔合并单元的电压切换功能

智能变电站保护装置不再集成电压切换功能，由间隔合并单元集成切换逻辑。母线合并单元通过光纤级联，将两段母线电压传递给间隔合并单元，间隔合并单元接收电压数字信号，同时采集Ⅰ母隔离开关、Ⅱ母隔离开关位置，完成电压切换功能。

数字信号级联采用IEC 61850—9—2报文格式或IEC 60044—7/8格式。

Ⅰ母隔离开关、Ⅱ母隔离开关位置通过电缆直接接入间隔智能终端再转发给间隔合并单元，此接入方式下Ⅰ母、Ⅱ母隔离开关位置GOOSE报文采用双点信息（00：中间态，01：分位，10：合位，11：无效态）。逻辑真值如表3-2所示。

表3-2　母线侧隔离开关位置逻辑真值

Ⅰ母隔离开关		Ⅱ母隔离开关		母线电压输出	报警说明
合	分	合	分		
1	1	1	0	Ⅱ母电压	延时1min以上报警“隔离开关位置异常”
1	0	0	0	Ⅰ母电压	

续表 3-2

Ⅰ母隔离开关		Ⅱ母隔离开关		母线电压输出	报警说明
合	分	合	分		
1	0	1	1	Ⅰ母电压	延时 1min 以上报警“隔离开关位置异常”
1	1	0	0	保持	
1	1	0	1	保持	
1	1	1	1	保持	

注 1．母线电压输出为“保持”，表示间隔合并单元之前隔离开关位置正常时切换选择的Ⅰ母或Ⅱ母的母线电压，母线电压数据品质应为有效。

2．间隔合并单元上电后，未收到隔离开关位置信息时，输出的母线电压带“无效”品质；上电后，若收到的初始隔离开关位置与上表中“母线电压输出”为“保持”的隔离开关位置一致，输出的母线电压带“无效”品质。

6．数字量输出功能

在完成对采样数据的处理后，装置将采样数据以 IEC 61850—9—2 或 IEC 60044—7/8 形式输出。为满足采样数字信号离散性要求，发送的采样报文间的间隔时间应是基本固定的，以 4kHz 采样频率为例，采样报文帧与帧间的时间间隔应为 250μs，误差不超过±10μs。合并单元采样响应时间不大于 1ms，两级级联母线合并单元的间隔合并单元采样响应时间不大于 2ms。

7．同步信号输入及守时功能

装置能接收外部同步信号完成同步功能目前最常用的同步信号为 IRIG-B 码，其他常见的同步信号有 IEEE1588 及 PPS。同时，装置在满足守时条件后（通常是对时时间达到一定要求后）应能进行守时，守时的指标要求为时钟信号丢失后 10min 内时钟误差不超过±4μs。

8．自检功能

具有多种硬件和软件自监视措施，以便在远端模块和合并单元发送硬件、软件故障时及时被发现。

（五）合并单元功能示意

1．合并单元数据转换、同步、合并及分配功能

合并单元数据转换、同步、合并及分配功能如图 3-6 所示。母线电压互感器将母线电压提供给母线合并单元，母线合并单元将其转换为光信号并通过光纤提供给各间隔合并单元，各间隔合并单元除接收母线合并单元提供的母线电压之外还接受本间隔电流互感器提供的间隔电流，并将其转换为光信号，然后各间隔合并单元将电流、电压数据进行同步合并处理，最后再通过光纤将其分配给母线保护、线路保护、线路测控、电能表、故障录波及网络分析仪等二次装置。

母线保护利用各间隔提供的间隔电流进行母线差流计算；线路保护利用本间隔合并单元提供的电流电压数据进行故障判别；线路测控收到电流电压数据之后将其转换再通过网线提供给后台监控，从而实现远方监视遥测值功能；电能表利用接收到电流电压数据完成电量计算；故障录波、网络分析仪则可以详细记录电流电压变化情况，用于故障波形分析。

2．双母线接线电压切换功能

双母线接线最大的特点是每个间隔都是通过两组隔离开关分别连接到两条母线，运维人员可以通过改变母线侧隔离开关位置来改变运行方式。因此，线路保护需要根据其运行方式来决定将 1 母线电压用于保护计算还是将 2 母线电压用于保护计算，母线保护也需要根据其运行方式决定该支路电流计入 1 母小差回路，还是计入 2 母小差回路。

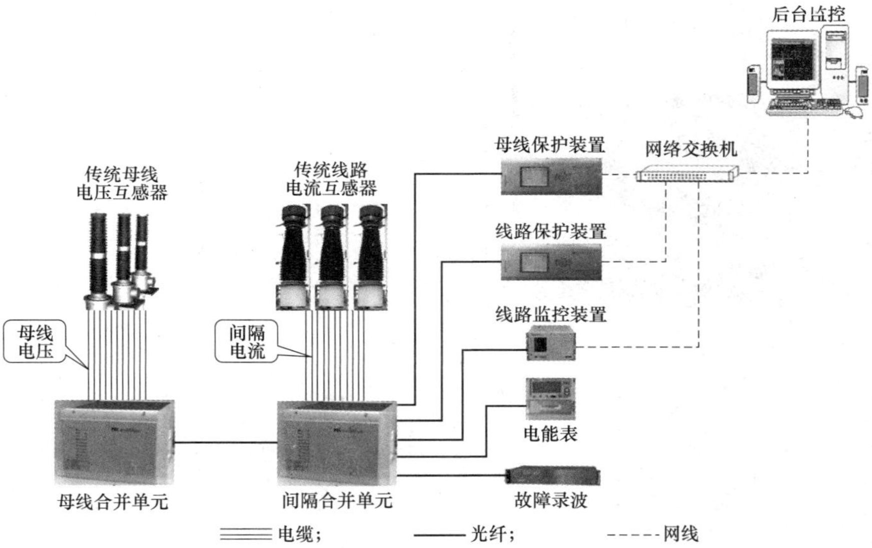

图 3-6　合并单元数据转换、同步、合并及分配功能

（1）传统变电站。

对于传统变电站，分别通过电压切换箱和位置切换箱来实现。

1）电压切换。

如图 3-7、图 3-8 所示。1 母电压互感器二次电压、2 母电压互感器二次电压分别经–1、–2 隔离开关辅助触点引入线路保护装置，正常运行过程中，如果–1 隔离开关在分位，–2 隔离开关在合位，则线路保护装置中的“1 母”指示灯熄灭，“2 母”指示灯点亮，对应 2 母电压互感器二次电压被用于保护计算。相反，如果–1 隔离开关在合位，–2 隔离开关在分位，则线路保护装置中的“1 母”指示灯点亮，“2 母”指示灯熄灭，对应 1 母电压互感器二次电压被用于保护计算，因此可以通过改变–1、–2 隔离开关位置实现电压切换。

2）电流切换。

如图 3-9、图 3-10 所示，线路支路 CT 中的电流分别经–1、–2 隔离开关辅助触点引入Ⅰ母小差和Ⅱ母小差，正常运行过程中，如果–1 隔离开关在合位，–2 隔离开关在分位，则母差隔离开关位置切换箱中对应该支路的 G1 指示灯点亮，G2 指示灯熄灭，对应该支路电流被用于Ⅰ母小差计算。相反，如果–1 隔离开关在分位，–2 隔离开关在合位，则母差隔离开关位置切换箱中对应该支路的 G1 指示灯熄灭，G2 指示灯点亮，对应该支路电流被用于Ⅱ母小差计算。因此可以通过改变–1、–2 隔离开关位置实现电流切换。

（2）智能变电站电压电流切换。

1）电压切换。

智能变电站电压切换功能由各间隔合并单元实现，如图 3-11 所示。

1 母电压互感器、2 母电压互感器将 1 母线电压、2 母线电压通过电缆提供给母线合并单元，母线合并单元将其转换为光信号并进行同步合并处理再通过光纤提供给各间隔合并单元。

各间隔电流互感器将本间隔电流通过电缆提供给本间隔合并单元，本间隔合并单元将其转换为光信号并进行同步合并处理。

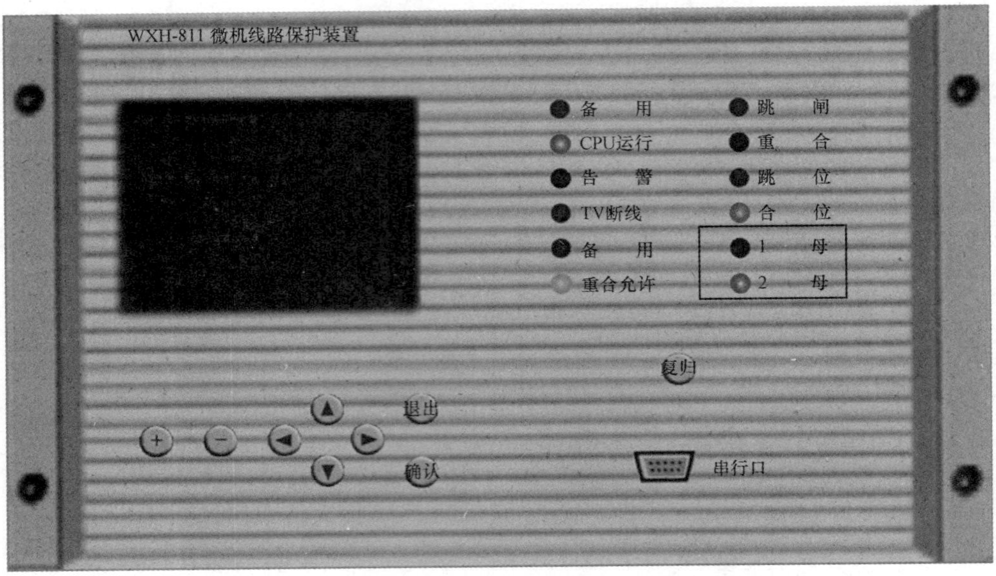

图 3-7 某 110kV 线路保护装置

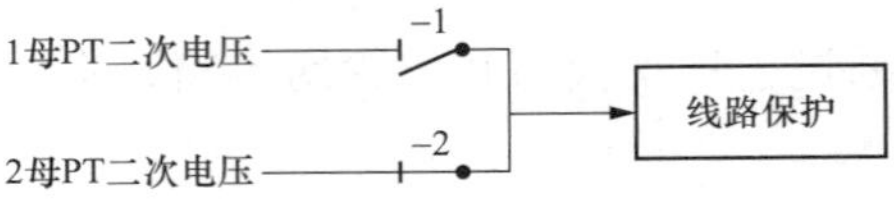

图 3-8 线路保护二次电压切换示意图

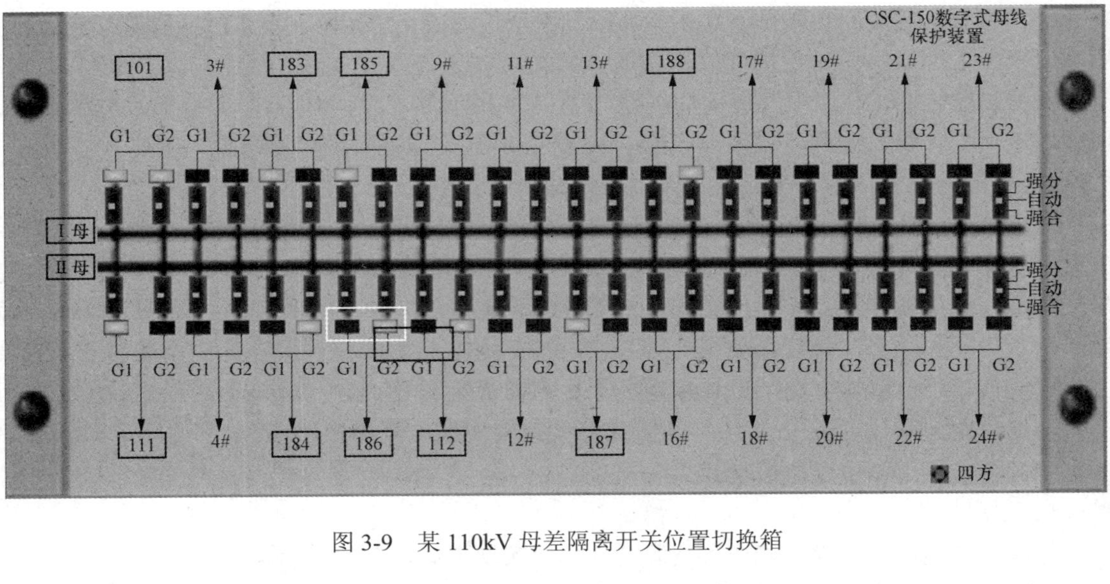

图 3-9 某 110kV 母差隔离开关位置切换箱

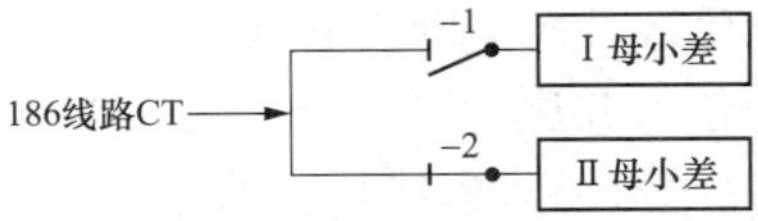

图 3-10 母线保护二次电流切换示意图

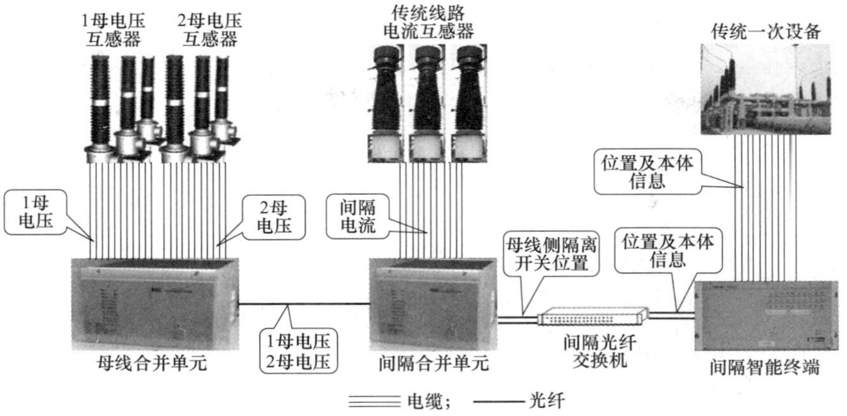

图 3-11　智能变电站电压切换功能

一次设备本体通过电缆将断路器、隔离开关、接地隔离开关位置及本体信息提供给本间隔智能终端，本间隔智能终端将一次设备提供的所有信息提供给本间隔的光纤交换机。

各间隔合并单元除了接收母线合并单元提供的 1 号、2 号母线电压和本间隔电流外，还通过光纤组网从本间隔光纤交换机上（或通过光纤直连的方式）取得本间隔智能终端提供的母线侧隔离开关位置，如果接收到的–1 隔离开关在合位、–2 隔离开关在分位，则将本间隔电流及 1 母线电压提供给线路保护；如果–1 隔离开关在分位、–2 隔离开关在合位，则将本间隔电流及 2 母线电压提供给线路保护，从而完成线路保护的电压切换功能。

2）电流切换。

同理，母线保护通过光纤组网（或光纤直连）方式从各间隔智能终端取得各间隔母线侧隔离开关位置，并根据母线侧隔离开关位置决定该间隔电流计入 1 母小差或 2 母小差，如图 3-12 所示。

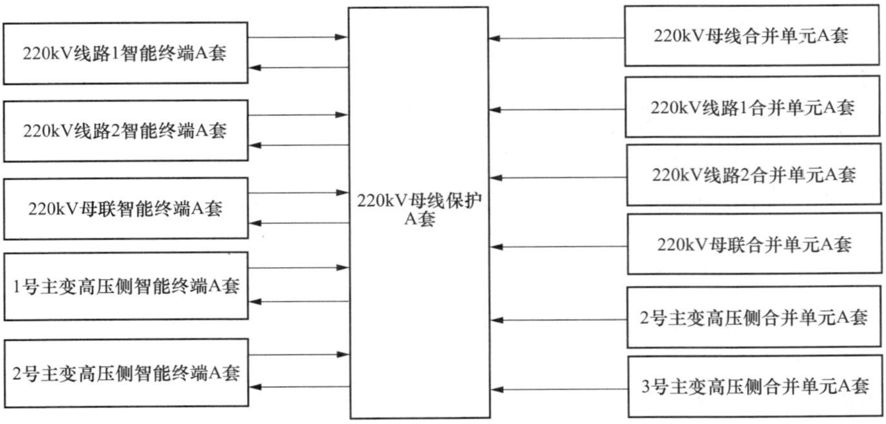

图 3-12　智能变电站电流切换功能

220kV 母线合并单元 A 套、220kV 线路合并单元 A 套、220kV 母联合并单元 A 套、主变压器高压侧合并单元 A 套分别把 220kV 母线电压、220kV 线路间隔电流、220kV 母联间隔电流、主变压器高压侧电流提供给 220kV 母线保护 A 套用于进行差流计算，220kV 线路智能终端A套、220kV母联智能终端A套、主变压器高压侧智能终端A套分别把220kV线路间隔母线侧隔离开关位置、220kV母联间隔母联断路器位置、主变压器高压侧母线侧隔离开关位置提供给220kV母线保护A套用于运行方式判别，从而决定各支路电流计入Ⅰ母小差还是Ⅱ母小差。

3. 电压互感器二次并列功能

以单母线分段为例说明，如图3-13所示，110kV 1号母线带185线路运行，110kV 2号母线带186线路运行，110kV分段101断路器热备用，正常运行过程中110kV 1号母线电压互感器将1母线电压从高电压变为低电压，经1母电压互感器二次空开提供给1母电压互感器，二次小母线再提供给185线路保护装置使用，110kV 2号母线电压互感器将2母线电压从高电压变为低电压，经1母电压互感器二次空开提供给2母电压互感器二次小母线，再提供给186线路保护装置使用。

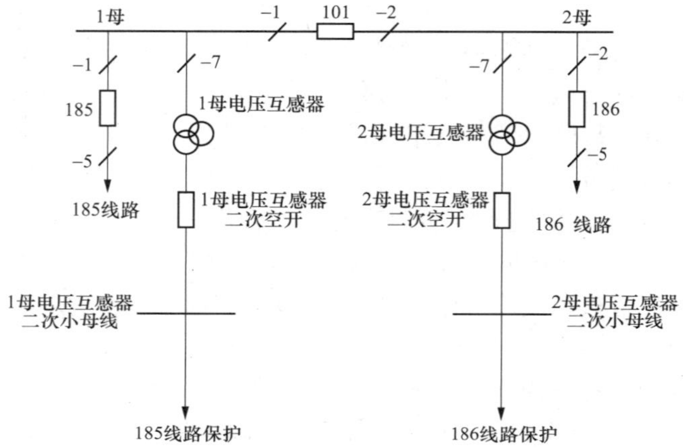

图3-13 单母线分段接线电压互感器接线

当1母电压互感器本身发生异常需停电检修，1母线可正常运行时，如果通过直接断开1母电压互感器二次空开，拉开1母电压互感器一次侧隔离开关的方法将其停电，将造成185线路保护失压，有可能造成保护误动。因此在停电压互感器之前需将其二次进行并列。

（1）传统变电站电压互感器二次并列。

对于传统变电站，电压互感器二次并列是通过将电压互感器二次并列把手切至“并列”位置接通电压互感器二次并列回路来实现的。其并列回路中除串有电压互感器二次并列把手还串有分段断路器及其两侧隔离开关的常开辅助触点，如图3-14所示。

图中所画常开辅助触点和设备的实际位置一致，即一次设备在合位，其常开辅助触点就在合位，一次设备在分位，其常开辅助触点就在分位。从图中可以看出，只有分段断路器及其两侧隔离开关都在合位时，将电压互感器二次并列把手切至“并列”位置，才能实现电压互感器二次并列。相反，如果分段断路器及其两侧隔离开关任意一个在分位，即使将电压互感器二次并列把手切至“并列”位置也不能实现电压互感器二次并列。这就在回路上防止了电压互感器一次未并列二次并列。

（2）智能变电站电压互感器二次并列。

智能变电站电压互感器二次并列由母线合并单元来实现，如图3-15所示。

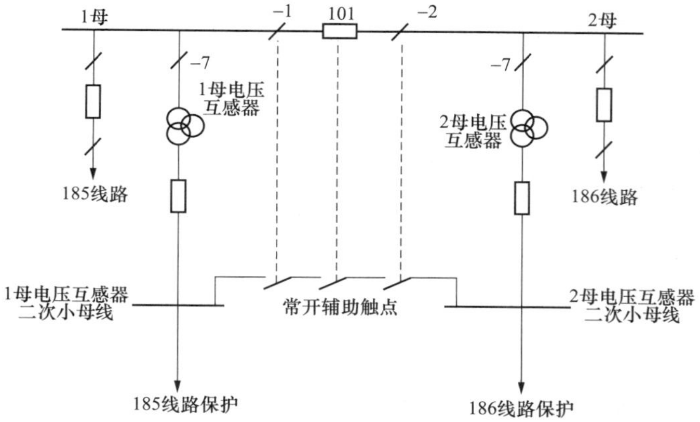

图 3-14　单母线分段接线电压互感器二次并列回路示意图

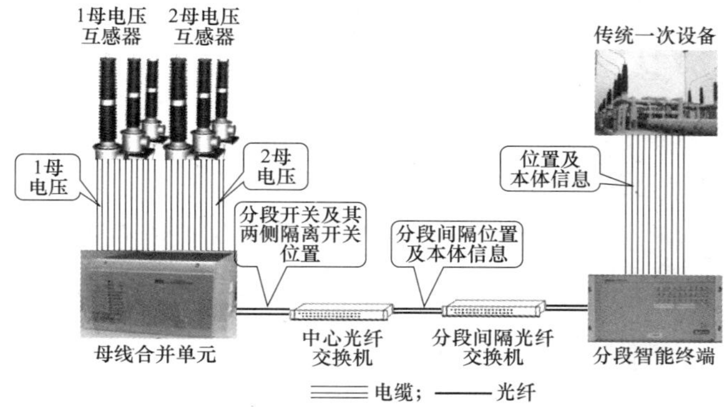

图 3-15　智能变电站电压互感器二次并列示意图

母线合并单元除接收对应各段母线电压之外，还通过光纤组网方式从光纤交换机取得分段（母联）断路器及其两侧隔离开关位置再通过切换电压互感器并列把手实现电压互感器并列。

4. 合并单元告警功能

合并单元的告警功能应满足以下技术要求：

（1）合并单元的自检应能对装置本身的硬件或通信方面的错误进行自诊断，并能对自检事件进行记录、追溯，通过直观的方式显示。记录的事件包括数字采样通道故障、时钟失效、网络中断、参数配置改变等重要事件。

（2）在合并单元故障时输出报警接点或闭锁接点。

（3）合并单元具备装置运行状态、通道状态等 LED 显示功能。

（4）宜具有完善的闭锁告警功能，能保证在电源中断、电压异常、采集单元异常、通信中断、通信异常、装置内部异常等情况下不误输出。

合并单元将采样异常等告警信息通过光纤组网方式经本间隔光纤交换机提供给本间隔线路测控装置，再由测控装置通过网线提供给后台监控，如图 3-16 所示。

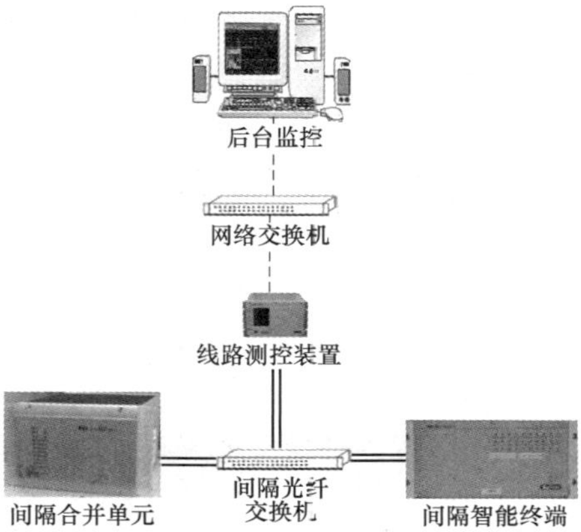

图 3-16　合并单元告警信息传输示意图

二、合并单元的配置及技术要求

（一）合并单元的配置要求

1. 500kV 变电站

（1）220～500kV 各间隔合并单元宜冗余配置。

（2）35kV 各间隔合并单元宜单套配置。

（3）主变压器各侧、中性点（或公共绕组）合并单元宜冗余配置。

（4）各电压等级母线电压互感器合并单元宜冗余配置。

2. 220kV 变电站

（1）220kV 各间隔合并单元宜冗余配置。

（2）110kV 及以下各间隔合并单元宜单套配置。

（3）主变压器各侧、中性点（或公共绕组）合并单元宜冗余配置。

（4）各电压等级母线电压互感器合并单元宜冗余配置。

3. 110kV 及以下变电站

（1）主变压器各侧合并单元宜冗余配置。

（2）其余各间隔合并单元宜单套配置。

（二）合并单元技术要求

（1）应能提供点对点和组网输出接口，需要时可接入常规互感器或模拟小信号互感器输出的模拟信号。

（2）宜具备多个光纤接口，满足保护直接采样要求（每个合并单元应能满足最多 12 个输入通道和至少 8 个输出端口的要求）。整站输出采样速率宜统一，额定数据速率宜采用《变电站通信网络和系统》DL/T 860 推荐标准。

（3）宜具备电压切换或电压并列功能，宜支持以 GOOSE 方式开入断路器或隔离开关位置状态。

（4）宜具有完善的闭锁告警功能，能保证在电源中断、电压异常、采集单元异常、通信中断、通信异常、装置内部异常等情况下不误输出。

（5）合并单元宜设置检修连接片。

（6）宜具备合理的时间同步机制和采样延时补偿机制，确保在各类电子互感器信号或常规互感器信号在合并单元输出后的相差保持一致；多个合并单元之间的同步性能也须能满足现场使用要求。

（7）宜具备光纤通道光强监视功能，实时监视光纤通道接收到的光信号的强度，并根据检测到的光强度信息，提前预警。

（8）需要时可接入常规互感器或模拟小信号互感器输出的模拟信号。

第二节 智能终端

一、智能终端概念及功能

（一）智能终端的概念

在智能变电站继电保护技术规范中，智能终端的定义如下：智能终端（smart terminal），一种智能组件，与一次设备采用电缆连接，与保护、测控等二次设备采用光纤连接，实现对一次设备（如断路器、隔离开关、主变压器等）的测量、控制等功能。

（二）智能终端的基本工作原理

智能终端通过开关量采集模块采集断路器、隔离开关、变压器等设备的信号量，通过模拟量小信号采集模块采集环境温、湿度等直流模拟量信号，这些信号经处理后，以 GOOSE 报文形式输出。

智能终端还接收间隔层发来的 GOOSE 命令，这些命令包括保护跳合闸、闭锁重合闸、遥控断路器/隔离开关、遥控复归等。装置在接收到命令后执行相应操作。

同时，智能终端还具备操作箱功能，支持就地手动的开关操作。

智能终端的基本工作原理如图 3-17 所示。

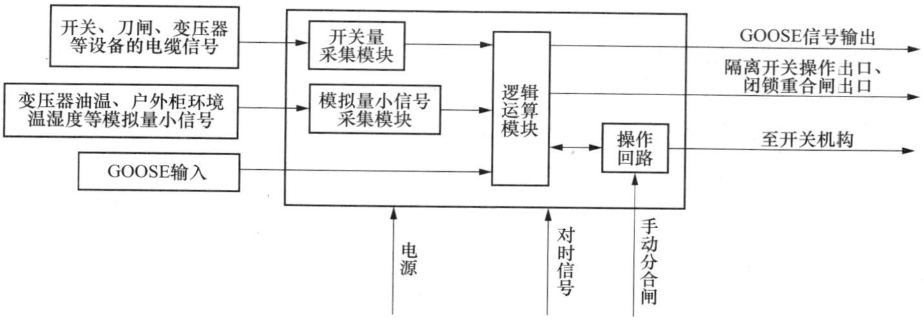

图 3-17　智能终端基本工作原理

（三）智能终端功能

智能终端作为现阶段智能变电站过程层设备，主要完成一次设备断路器、隔离开关、主变压器的数字化接口改造，可实现一次设备信息的就地采集和上传，并接受下传命令完成对一次设备执行机构的驱动，兼有传统的操作箱功能和部分测控功能，其功能完全取代了传统的操作箱功能，解决了目前智能变电站的过程层数字化需求。装置一般就地安装于开关场或主变压器旁的户外智能控制柜中，断路器、隔离开关等一次设备的位置信号、异常告警信号等硬接点信号通过电缆就地接入高压智能终端。高压智能终端与测控装置、保护装置通过光纤连接，接收测控装置或保护装置发出的遥控指令，控制指令通过控制电缆接入一次设备机构箱，实现对设备的控制操作。其具体功能表现在以下几个方面：

（1）开关量（DI）和模拟量（AI）采集功能。输入量点数可根据工程需要灵活配置，开关量输入宜采用强电方式采集，主要包括断路器位置、隔离开关及接地隔离开关位置、断路器本体信号如压力低闭锁重合闸等；可实现模拟量的采集，包括温度、湿度、压力、密度、绝缘、机械特性以及工作状态等。模拟量输入应能接收 4～20mA 电流量和 0～5V 电压量。

（2）开关量（DI）输出功能。输出量可根据工程需要灵活配置，继电器输出接点容量应满足现场实际需要。输出开关量信息分为两类，一类是包含断路器位置、隔离开关位置、接地隔离开关位置等供继电保护用的信号，另一类是包含各种位置和告警信息供测控装置用的信号。

（3）断路器控制功能。可根据工程需要选择分相控制或三相控制等不同模式。可实现保护跳合闸、遥控分合闸。

（4）断路器操作箱功能。它包含分合闸回路、合后监视、重合闸、跳合闸自保持功能、跳合闸压力监视与闭锁功能、操作电源监视和控制回路断线监视等功能。智能终端不实现防跳功能，断路器的防跳功能宜在断路器本体机构中实现。

（5）信息转换和通信功能。支持以 GOOSE 方式上传一次设备的状态信息，同时接收来自二次设备的 GOOSE 下行控制命令，实现对一次设备的实时控制功能。智能终端收到 GOOSE 跳闸报文后，以遥信的方式转发跳闸报文来进行跳闸报文的返校。GOOSE（通用面向对象变电站事件）是 IEC 61850 定义的一种通信机制，用于快速传输变电站事件，诸如命令、告警、指示、信息，用于保护跳闸、信息闭锁。

（6）GOOSE 命令记录功能。可记录收到 GOOSE 命令时刻、GOOSE 命令来源及出口动作时刻等内容。

（7）闭锁告警功能。它包括电源中断、通信中断、通信异常、GOOSE 断链、装置内部异常等信号，其中装置异常及直流消失信号在装置面板上宜直接有 LED 指示灯。

（8）主变压器本体智能终端应包含完整的本体信息交互功能（非电量动作报文、调档及测温等），并可提供用于闭锁调压、启动风冷、启动充氮灭火等出口接点，同时还宜具备就地非电量保护功能，所有非电量保护启动信号均应经大功率继电器重动，非电量保护跳闸通过控制电缆直跳方式实现。

（9）对时功能。能接收 IEC 61588 或 B 码时钟同步信号功能，装置的对时精度误差不应大于±1ms。

（四）智能终端功能描述

智能终端功能示意图如图 3-18 所示。

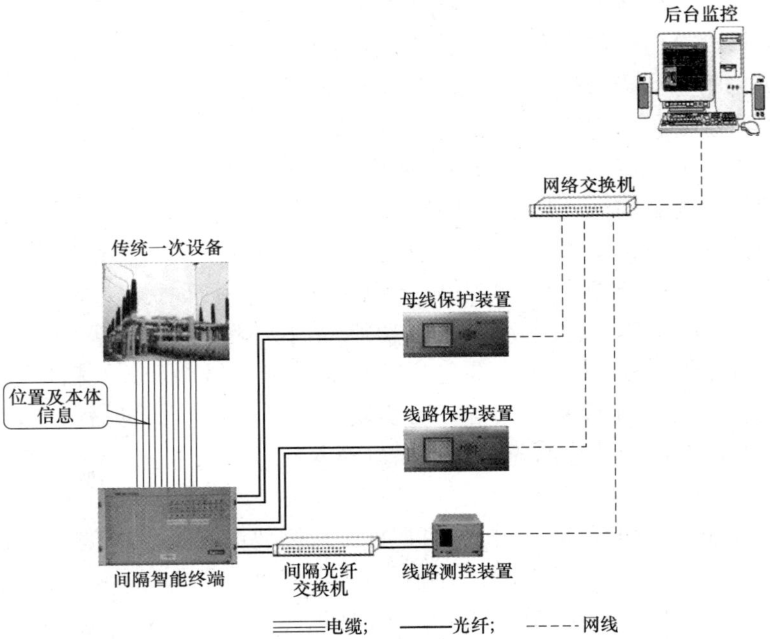

图 3-18 智能终端功能描述示意图

智能终端和母线保护、线路保护一般通过光纤直连方式通信，智能终端和测控装置一般通过间隔光纤交换机以光纤组网的方式通信。因此智能终端背板接线一般共 7 根光纤，分别是母线保护直采直跳、线路保护直采直跳、智能终端光纤组网和对时光纤。

（1）测量功能。传统的一次设备本体将断路器、隔离开关、接地隔离开关的位置信息及一次设备本体的告警信息通过电缆提供给智能终端，智能终端将其转换为光信号，一方面通过光纤直连方式将断路器位置、隔离开关位置等信息提供给母线保护、线路保护；另一方面通过光纤组网方式将所有信息提供给测控装置，测控装置收到这些信息之后将其转换再利用网线提供给后台监控，从而实现对一次设备实际位置及其运行工况的远方监视。

（2）控制功能。包括正常遥控操作和保护跳合闸。

1）正常遥控操作。运维人员在主控室利用鼠标键盘将分合闸命令输入到后台监控，后台监控通过网线将该命令提供给测控装置，测控装置收到该命令之后将其转换为光信号，再通过光纤组网方式将其提供给智能终端，智能终端收到该命令之后将其转换为电接点输出接通设备的分合闸回路，实现设备的分合闸。设备分合闸后，将位置信息通过电缆提供给智能终端，智能终端再通过光纤组网方式提供给测控装置，测控装置再提供给后台监控。

2）保护跳合闸。设备发生故障时，保护装置动作发出跳闸命令，该跳闸命令通过光纤直连方式提供给智能终端，智能终端收到该命令之后将其转换为电接点输出接通分合闸回路，实现设备分合闸。设备分合闸后，将位置信息通过电缆提供给智能终端，智能终端再通过光纤组网方式提供给测控装置，测控装置再提供给后台监控。保护动作的同时，会将保护动作信息通过网线提供给后台监控。

二、智能终端的配置及技术要求

（一）智能终端的配置

双套配置的保护对应智能终端也应该双套配置，本体智能终端宜集成非电量保护功能单套配置。

智能终端的双重化配置是指两套智能终端应与各自的保护装置一一对应，两套操作回路的跳闸硬接点开出应分别对应于断路器的两个跳闸线圈，合闸硬接点则并接至合闸线圈，双重化智能终端跳闸线圈应保持完全独立。

1．500kV 变电站

（1）220～500kV（除母线外）智能终端宜冗余配置。

（2）35kV 及以下（主变压器间隔除外）配电装置若采用户内开关柜布置时不宜配置智能终端，采用户外敞开式布置时宜配置单套智能终端。

（3）主变压器高、中、低压侧智能终端宜冗余配置，主变压器本体智能终端宜单套配置。

（4）每段母线智能终端宜单套配置，35kV 及以下配电装置若采用户内开关柜布置时母线不宜配置智能终端。

（5）智能终端宜分散布置于配电装置场地。

2．220kV 变电站

（1）220kV（除母线外）智能终端宜冗余配置，220kV 母线智能终端宜单套配置。

（2）110kV 智能终端宜单套配置。

（3）35kV 及以下（主变压器间隔除外）若采用户内开关柜保护测控下放布置时，可不配置智能终端；若采用户外敞开式配电装置保护测控集中布置时，宜配置单套智能终端。

（4）主变压器高、中、低压测智能终端宜冗余配置，主变压器本体智能终端宜单套配置。

（5）智能终端宜分散布置于配电装置场地。

3. 110kV 及以下变电站

（1）110kV 智能终端宜单套配置。

（2）35kV 及以下（主变压器间隔除外）若采用户内开关柜保护测控下放布置时，可不配置智能终端；若采用户外敞开式配电装置保护测控集中布置时，宜配置单套智能终端。

（3）主变压器高、中、低压侧智能终端宜冗余配置，主变压器本体智能终端宜单套配置。

（4）智能终端宜分散布置于配电装置场地。

（二）智能终端技术要求

（1）支持以 GOOSE 方式进行信息传输，GOOSE 信息处理延时应小于 1ms。

（2）智能终端应具备三跳硬接点输入接口，可灵活配置的保护点对点接口（最大考虑 10 个）和 GOOSE 网络接口。

（3）至少提供两组分相跳闸接点和一组合闸接点。

（4）智能终端的动作时间不应大于 7ms。智能终端的动作时间一般是指智能终端收到 GOOSE 跳闸命令时刻至智能终端出口动作的时间。通常包括智能终端订阅 GOOSE 信息后的 CPU 处理延时和出口继电器的动作时间。

（5）当智能终端接收到跳闸命令后，应通过 GOOSE 网发出收到跳令的报文，且宜具备 GOOSE 命令记录功能，记录收到 GOOSE 命令时刻、GOOSE 命令来源及出口动作时刻等内容，并能提供便捷的查看方法。

（6）智能终端不配置液晶显示屏，但应具备（断路器位置）指示灯位置显示和告警。

（7）宜保留检修连接片、断路器操作回路出口连接片和操作把手/按钮。

（8）宜能接收传感器的输出信号，宜具备接入温度、湿度等模拟量输入信号，并上传自动化系统。

（9）主变压器本体智能终端宜具有主变压器本体/有载断路器非电量保护、上传本体各种非电量信号等功能，非电量保护跳闸通过控制电缆直跳方式实现。

（10）宜能接入站内时间同步网络，通过光纤接收站内时间同步信号。

三、智能终端的结构原理

智能终端的典型结构主要由以下几个模块组成：电源模块、CPU 模块、智能开入模块、智能开出模块、智能操作回路模块等，部分装置还包含模拟量采集模块。CPU 模块一方面负责 GOOSE 通信，另一方面完成动作逻辑，开放出口继电器的正电源；智能开入模块负责采集断路器、隔离开关等一次设备的开关量信息，再通过 CPU 模块传送给保护和测控装置；智能开出模块负责驱动隔离开关、接地隔离开关分合控制的出口继电器，智能操作回路模块负责驱动断路器跳合闸出口继电器。

现阶段生产智能终端的厂家较多，装置型号也较多，但其功能相似，这里以南京南瑞继保公司生产的 PCS-222 型智能终端举例说明。

PCS-222 是新一代全面支持数字化变电站的智能终端设备，适用于双重化配置的场合，支持基于 IEC 61850 的 GOOSE 通信协议，具有两个独立的光纤 GOOSE 接口，可分别接入两个保护 GOOSE 网。

（一）装置的功能

（1）断路器操作功能。

1）一套分相的断路器跳闸回路，一套分相的断路器合闸回路。

2）支持保护的分相跳闸、三跳、重合闸等 GOOSE 命令。

3）支持测控的遥控分、合等 GOOSE 命令。

4）具有电流保持功能。

5）具有压力监视及闭锁功能。

6）具有跳合闸回路监视功能。

7）各种位置和状态信号的合成功能。

（2）开入开出功能。

（3）断路器、隔离开关、接地隔离开关的控制和信号采集功能。

（4）支持联锁命令输出。

（二）装置的面板布置图

智能终端装置面板布置图，如图 3-19 所示。

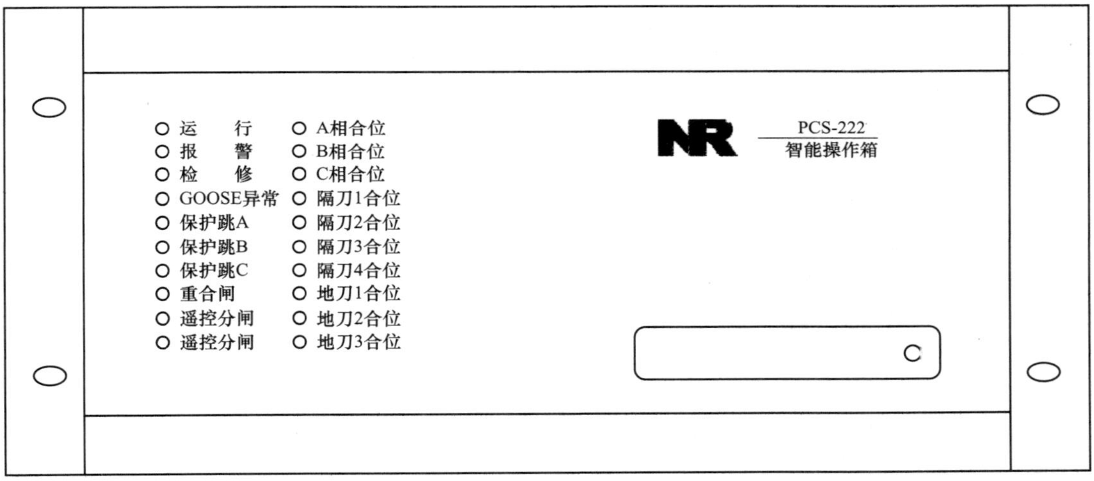

图 3-19　智能终端装置面板布置图

（1）“运行”灯为绿色，正常运行时常亮；装置未上电或正常运行时检测到装置严重故障时熄灭。

（2）“报警”灯为黄色，正常运行时熄灭，当装置异常或告警（硬件或软件自检或内部通讯异常）时点亮。

（3）“检修”灯为黄色，正常运行时熄灭，装置检修投入时点亮。

（4）“GOOSE 异常”灯为黄色，正常运行时熄灭，当检测到 GOOSE 配置错误时常亮，当检测到 GOOSE 通讯异常时闪烁。

（5）“保护跳 A”“保护跳 B”“保护跳 C”“重合闸”灯为红色，正常运行时熄灭，当装置收到保护跳合闸命令而动作时点亮并保持，在“信号复归”后熄灭。

（6）“遥控分闸”、“遥控合闸”灯为红色，正常运行时熄灭。当装置收到测控跳合闸命令而动作时点亮。

（7）“A 相合位”、“B 相合位”、“C 相合位”灯为红色，指示当前断路器位置。

（8）“隔刀 1 合位”、“隔刀 2 合位”、“隔刀 3 合位”、“隔刀 4 合位”、“地刀 1 合位”、“地刀 2 合位”、“地刀 3 合位” 灯为红色，指示当前 4 把隔离开关、3 把接地隔离开关的位置。

（三）装置软件原理

1. 跳闸逻辑

（1）跳闸输入信号。

装置能够接受保护测控装置通过 GOOSE 报文送来的跳闸信号，同时支持手跳接点输入，如图 3-20 所示。

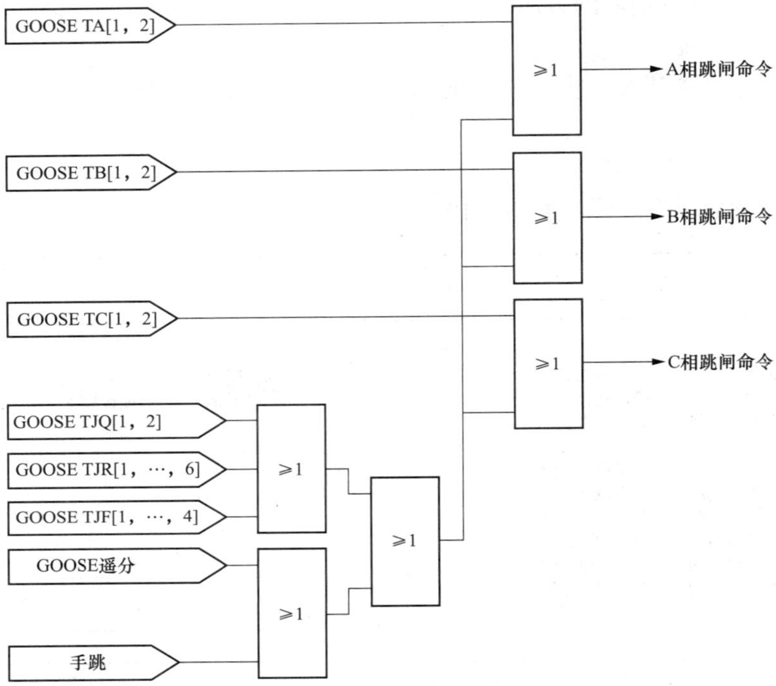

图 3-20 智能终端跳闸输入

图 3-20 给出的是一组跳闸回路的所有输入信号转换成 A、B、C 分相跳闸命令的逻辑图，包括：

1）保护分相跳闸 GOOSE 输入。

①“GOOSE TA1”、“GOOSE TA2” 是两个 A 相跳闸输入信号。

②“GOOSE TB1”、“GOOSE TB2” 是两个 B 相跳闸输入信号。

③“GOOSE TC1”、“GOOSE TC2” 是两个 C 相跳闸输入信号。

每相提供了 2 个输入接口，可同时与两套保护相配合，第一套保护使用第一组分相跳闸输入接口，第二套保护使用第二组分相跳闸输入接口。

2）保护三跳 GOOSE 输入。

①“GOOSE TJQ1”、“GOOSE TJQ2” 是两个三跳启动重合闸的输入信号。

②“GOOSE TJR1”、“GOOSE TJR2”、“GOOSE TJR3”、“GOOSE TJR4”、“GOOSE TJR5”“GOOSE TJR6” 是六个三跳不启动重合闸而启动失灵保护的输入信号。

③“GOOSE TJF1”、“GOOSE TJF2”、“GOOSE TJF3”、“GOOSE TJF4” 是四个三跳既不启动重合闸，又不启动失灵保护的输入信号。

3）测控 GOOSE 遥分输入。

4）手跳硬接点开入。

（2）跳闸逻辑。

智能终端跳闸逻辑，如图 3-21 所示，图中“跳闸压力低”、“操作压力低”为装置通过光耦开入方式监视到的断路器操作机构的跳闸压力和操作压力不足信号。

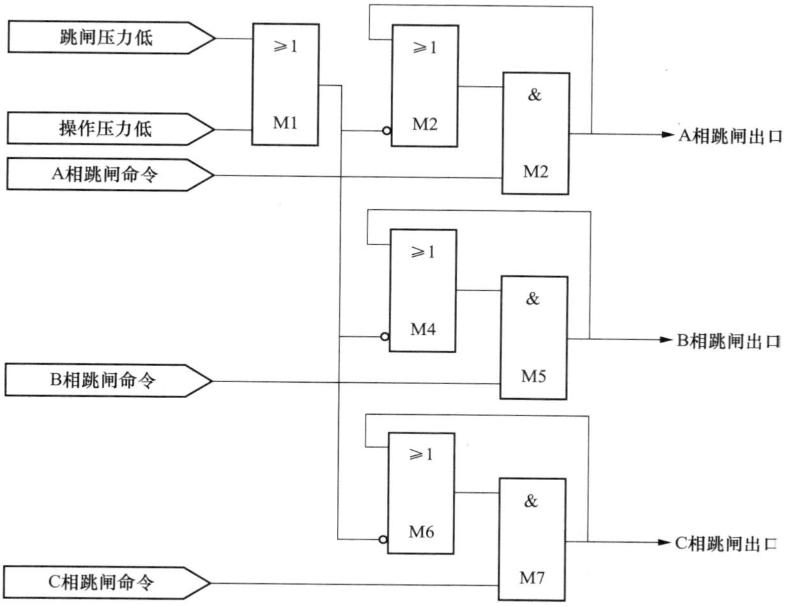

图 3-21　智能终端跳闸逻辑

以 A 相为例，“M1”“M2”“M3”构成跳闸压力闭锁功能，其作用是在跳闸命令到来之前，如果断路器操作机构的“跳闸压力”或“操作压力”不足，即“跳闸压力低”或“操作压力低”的状态为“1”，“M2”的输出为“0”，装置会闭锁跳闸命令，以免损坏断路器；而如果“跳闸压力低”或“操作压力”的初始状态为“0”，“M2”的输出为“1”，一旦跳闸命令到来，跳闸出口立即动作，之后即使出现跳闸压力或操作压力降低，“M2”的输出为“1”，装置也不会闭锁跳闸命令，保证断路器可靠跳闸。

A、B、C 相跳闸出口动作后，再分别经过装置的 A、B、C 相跳闸，电流保持回路使断路器跳闸。

2. 合闸逻辑

（1）合闸输入信号。

装置能够接受保护测控装置通过 GOOSE 报文送来的合闸信号，同时支持手合接点输入，如图 3-22 所示。

图 3-22 给出的是合闸回路的所有合闸输入信号转换成 A、B、C 分相合闸命令的逻辑图。其中：

1）“GOOSE HA”、“GOOSE HB”、“GOOSE HC”是以 GOOSE 方式输入的分相合闸信号，可用于与具有自适应重合闸功能的保护装置相配合；

2）“GOOSE 重合闸”是以 GOOSE 方式输入的重合闸信号；

3）“GOOSE 遥合”是以 GOOSE 方式输入的测控合闸信号；

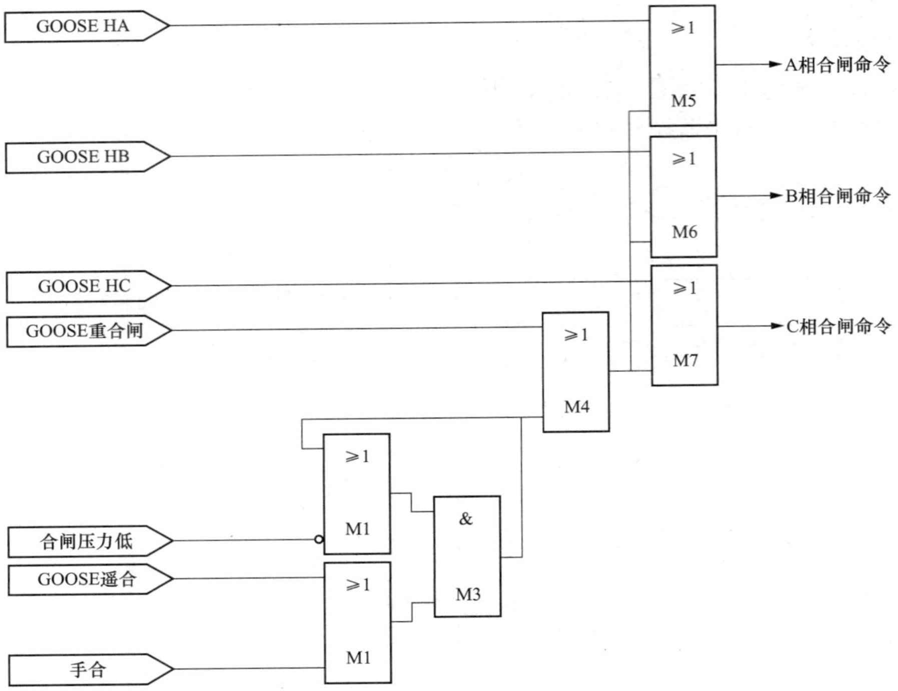

图 3-22 智能终端合闸输入.

4）“手合”是以接点方式输入的手合信号；

5）“合闸压力低”是装置通过光耦开入方式监视到断路器操作机构的合闸压力不足信号。该输入用于形成合闸压力闭锁逻辑，即在手合（或遥合）信号有效之前，如果合闸压力不足，“合闸压力低”状态为“1”，取反后闭锁合闸，以免损坏断路器；而如果“合闸压力低”，初始状态为“0”，在手合（或遥合）信号有效之后，即使出现合闸压力降低也不会受影响，保证断路器可靠合闸。

（2）合闸逻辑。

智能终端合闸逻辑如图 3-23 所示，图中“跳闸压力低”、“操作压力低”为装置通过光耦开入方式监视到的断路器操作机构的跳闸压力和操作压力不足信号。

以 A 相为例，“M1”、“M2”、“M3”构成合闸压力闭锁功能，其作用是在合闸命令到来之前，如果断路器操作机构的“跳闸压力”或“操作压力”不足，即“跳闸压力低”或“操作压力低”的状态为“1”，“M2”的输出为“0”，装置会闭锁合闸命令，以免损坏断路器；而如果“跳闸压力低”或“操作压力”的初始状态为“0”，“M2”的输出为“1”，一旦跳闸命令到来，合闸出口立即动作，之后即使出现跳闸压力或操作压力降低，“M2”的输出为“1”，装置也不会闭锁合闸命令，保证断路器可靠合闸。

A、B、C 相合闸出口动作后，再分别经过装置的 A、B、C 相合闸，电流保持回路使断路器合闸。

3. 电流保持回路

电流保持的作用是实现断路器跳合闸电流自保持功能，其原理如图 3-24 所示。当输入的跳合闸脉冲信号使 TBJ（a，b，c）或 HBJ（a，b，c）继电器动作后，其线圈通过自身接点实现自保持，直到跳合闸回路中的断路器辅助接点断开再返回。

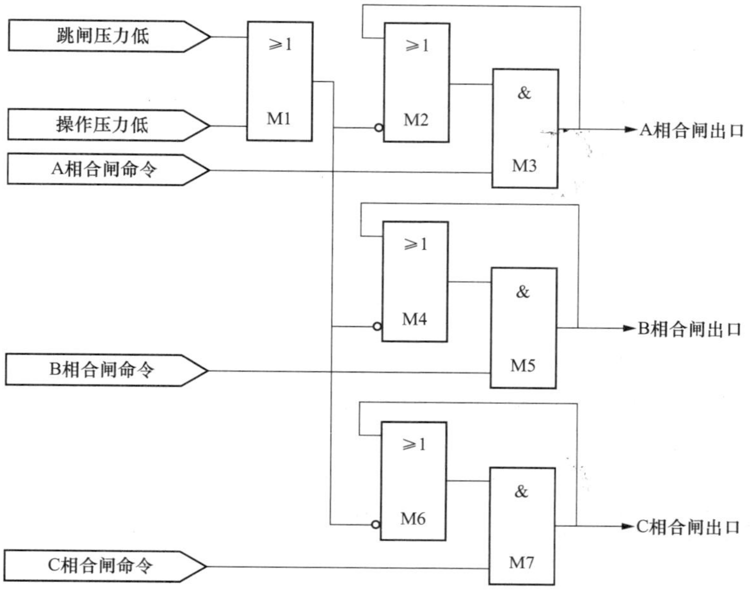

图 3-23 智能终端合闸逻辑

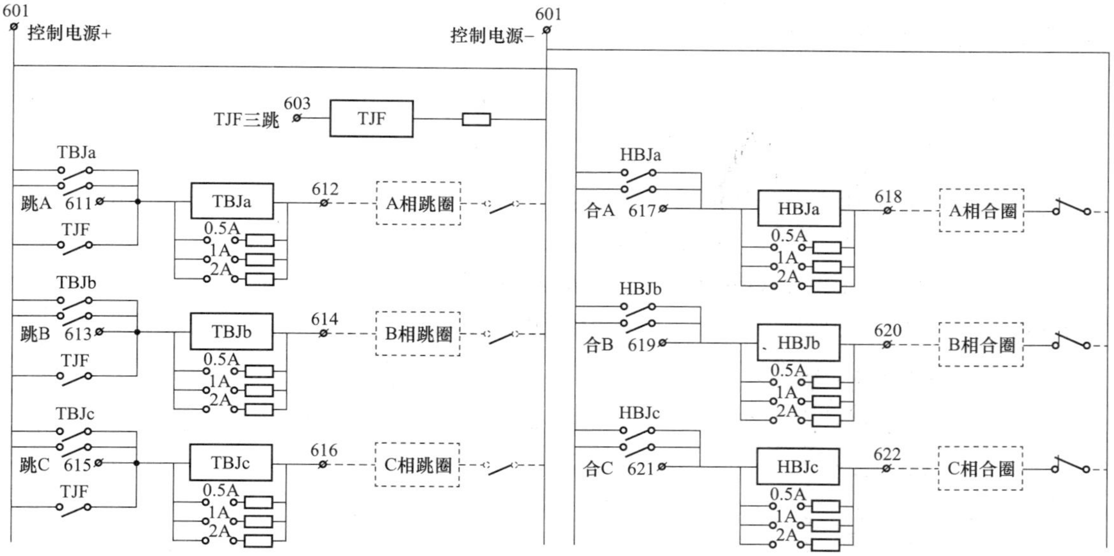

图 3-24 智能终端电流保持回路原理图

图中 603 端子是非电量 TJF 三跳输入端，使非电量保护可以不经装置 CPU 而直接重动跳闸。

4. 跳合闸回路完好性监视

通过在跳合闸出口接点上并联光耦监视回路，装置能够监视断路器跳合闸回路的状态。

合闸回路监视原理如图 3-25 所示，当合闸回路导通时，光耦输出为“1”。

跳闸回路监视原理如图 3-26 所示。

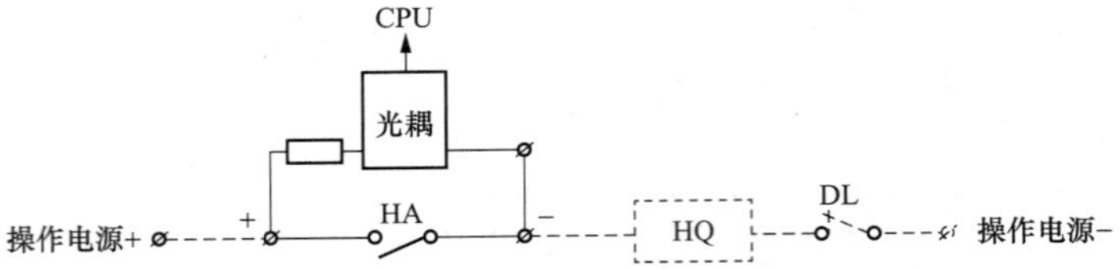

图 3-25 智能终端合闸回路监视原理图

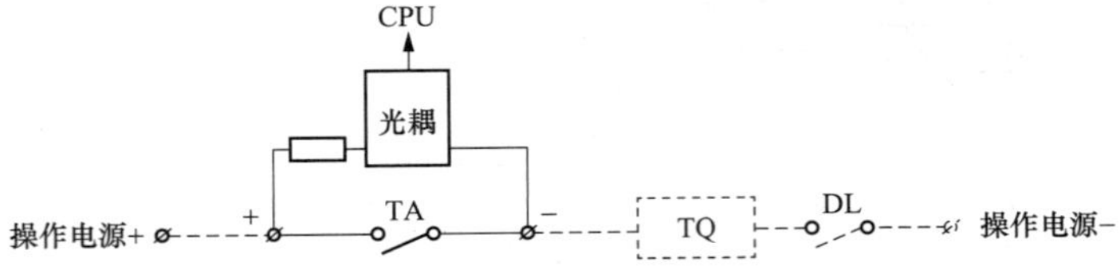

图 3-26 智能终端跳闸回路监视原理图

当任一相的跳闸回路和合闸回路同时为断开状态时，给出控制回路断线信号，如图 3-27 所示。

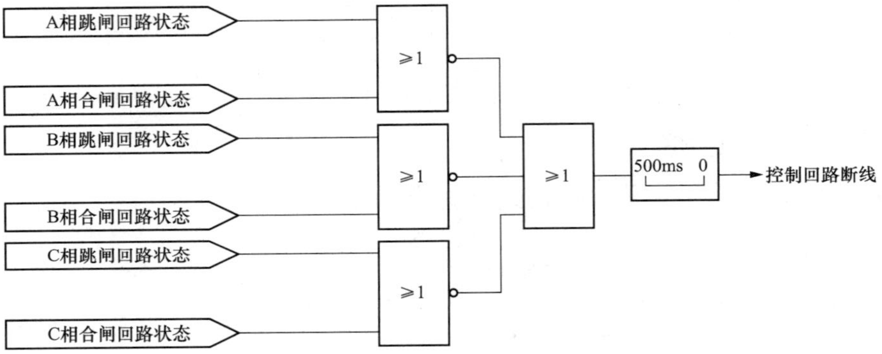

图 3-27 智能终端控制回路断线原理图

与此同时，装置通过与光耦开入得到的跳合位状态进行比较，可以进一步得出跳合闸回路的异常状况，以 A 相为例，如果经光耦开入的 A 相跳位为“1”、合位为“0”，而 A 相合闸回路状态为“0”，则给出 A 相合闸回路异常报警；如果经光耦开入的 A 相合位为“1”、跳位为“0”，而 A 相跳闸回路状态为“0”，则给出 A 相跳闸回路异常报警，如图 3-28 所示。

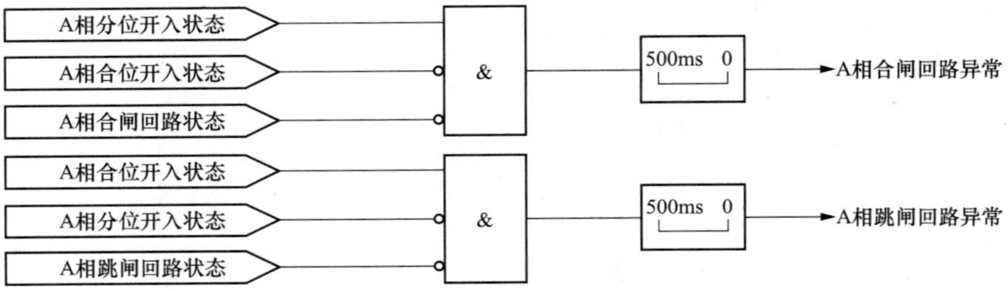

图 3-28 智能终端跳合闸回路异常信号原理图

5. 压力监视及闭锁

装置通过光耦开入的方式监视断路器操作机构的跳闸压力、合闸压力、重合闸压力和操作压力的状态，当压力不足时，给出相应的压力低报警信号。

（1）装置的跳闸压力闭锁逻辑。

在跳闸命令有效之前，如果操作压力或跳闸压力不足，则闭锁跳闸命令；而在跳闸命令有效之后，即在跳闸过程中出现操作压力或跳闸压力降低的情况，也不会闭锁跳闸，保证断路器可靠跳闸。

（2）装置的合闸压力闭锁逻辑。

在手合命令之前，如果合闸压力不足，则闭锁手合命令；而在手合命令有效之后，即在合闸过程中出现合闸压力降低的情况，也不会闭锁合闸，保证断路器可靠合闸。在合闸命令有效之前，如果操作压力或跳闸压力不足，则闭锁合闸命令；而在合闸命令有效之后，即在合闸过程中出现合闸压力或跳闸压力降低的情况，也不会闭锁合闸，保证断路器可靠合闸。

（3）重合闸压力不参与操作箱的压力闭锁逻辑，而只是通过 GOOSE 报文发送给重合闸装置，由重合闸装置来处理。

6. 闭锁重合闸

智能终端闭锁重合闸的组合逻辑有以下两种：

（1）闭锁本套重合闸逻辑为遥合（手合）、遥跳（手跳）、TJR、TJF、闭锁重合闸开入、本智能终端上电的“或”逻辑。

（2）双重化配置智能终端时，应具有输出至另一套智能终端的闭锁重合间触点，逻辑为遥合（手合）、遥跳（手跳）、保护闭锁重合闸、TJR、TJF 的“或”逻辑。

PCS-222 装置在下述情况下会闭锁重合闸信号，可通过 GOOSE 发送给重合闸装置：

（1）收到测控装置的 GOOSE 遥分命令或手跳开入动作时会产生闭锁重合闸信号，并且该信号在 GOOSE 遥分命令或手跳开入返回后仍会一直保持，直到收到 GOOSE 遥合命令或手合开入动作才返回。

（2）收到测控装置的 GOOSE 遥合命令或手合开入动作。

（3）收到保护装置的 GOOSE TJR、GOOSE TJF 三跳命令或 TJF 三跳开入动作。

（4）收到保护装置的 GOOSE 闭锁重合闸命令，或重合闸开入动作。

其中，对于第（4）项中的闭锁重合闸开入的使用，如图 3-29 所示。

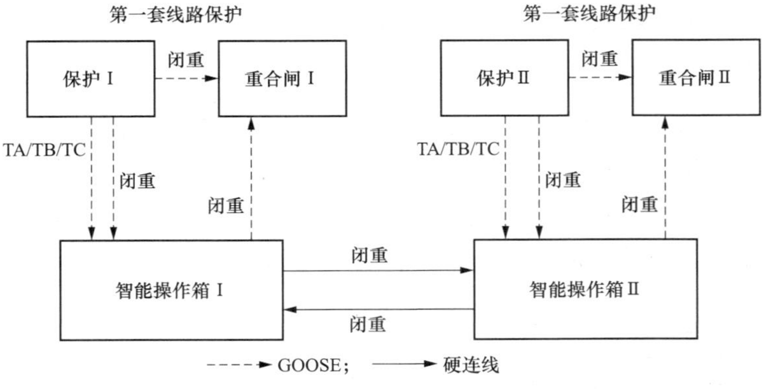

图 3-29　保护装置的 GOOSE 闭锁重合闸命令

如图 3-29 所示，根据双重化原则，第一套保护（含保护装置、重合闸装置、智能操作箱）与第二套保护（含保护装置、重合闸装置、智能操作箱）完全独立。对于智能操作箱，一方面经 GOOSE 网络接收本套保护装置发出的“TA/TB/TC”及“闭重”信号，一方面也通过硬连接线接收另外一个操作箱的“闭重”信号，对这两个信号做“或”逻辑，形成内部“闭重”

标志，再送给本套的重合闸装置及另外一个操作箱。

装置的闭锁重合闸逻辑，如图 3-30 所示。

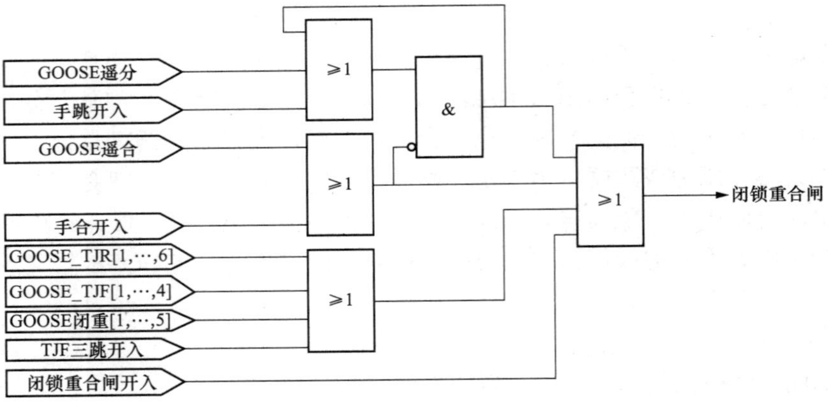

图 3-30　智能终端闭锁重合闸逻辑图

7. 其他合成信号

（1）三相跳位：断路器 A、B、C 三相跳位相“与”。

（2）任一相跳位：断路器 A、B、C 三相跳位相“或”。

（3）三相合位：断路器 A、B、C 三相合位相“与”。

（4）任一相合位：断路器 A、B、C 三相合位相“或”。

（5）非全相。非全相逻辑框图如图 3-31 所示。

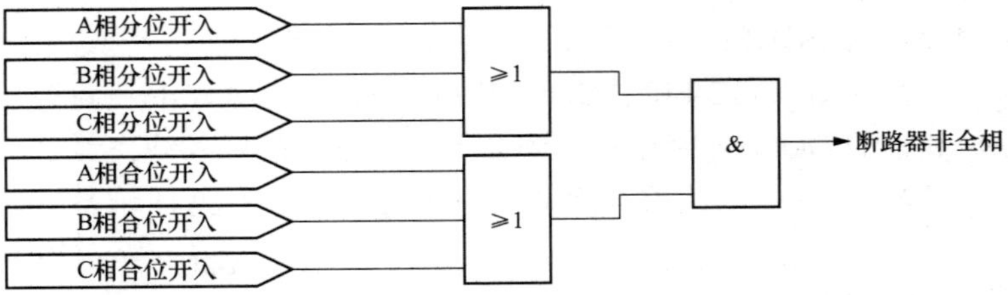

图 3-31　非全相逻辑框图

（6）KK 合后：当收到测控装置的 GOOSE 遥合命令或手合开入动作时，KK 合后位置（即 KKJ）为“1”，且在 GOOSE 遥合命令或手合开入返回后仍保持，当且仅当收到测控装置的 GOOSE 遥分命令或手跳开入动作后才返回。

（7）事故总信号。事故总信号逻辑框图如图 3-32 所示。

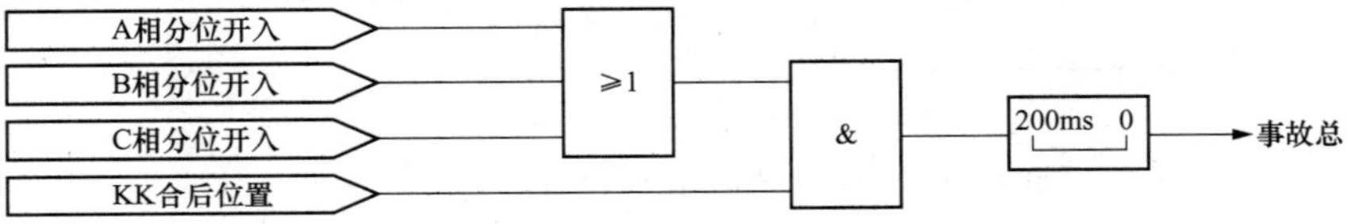

图 3-32　事故总信号逻辑框图

（四）安装注意事项

（1）智能终端柜本身必须可靠接地，柜内设有接地铜排，须将其可靠连接到变电站的接地网上。良好接地是装置抗电磁干扰最重要的措施，因此装置投入使用前一定要确保装置良好接地。

（2）可能的情况下应采用屏蔽电缆，屏蔽层在开关场与控制室同时接地。

第三节　智能变电站综合自动化体系结构

一、三层两网

智能变电站自动化系统基于《变电站通信网络和系统》DL/T 860（IEC 61850）通信标准构建，采用“三层两网”网架结构。

（一）三层

“三层”指的是站控层、间隔层和过程层。

1. 站控层

站控层具体包括主机兼操作员工作站、远动通信装置、网络通信记录分析系统及其他职能接口设备。提供人机联系界面，实现面向全站设备的监视、控制、告警及信息交互功能，形成全站监控、管理中心，并与远方监控/调度中心通信。

主机兼操作员工作站是变电站自动化系统的主要人机界面，应满足运行人员操作时直观、便捷、安全、可靠的要求，还应能实现保护及故障信息管理功能，支持对装置信息的优先级划分，信息分级原则可配置，应能在电网正常和故障时，采集、处理各种所需信息，并能分辨继电保护装置正常运行和检修信息，能够与调度中心进行通信。宜按双套配置。

远动通信装置要求直接采集来自间隔层或过程层的实时数据，应按双套配置。

网络通信记录分析系统（选配），变电站可配置一套，系统应能实时监视、记录网络通信报文，周期性保存为文件，并进行各种分析。信息记录保存不少于 6 个月。

2. 间隔层

间隔层一般指继电保护装置、测控装置、故障录波、电能表等二次设备，实现使用一个间隔的数据并且作用于该间隔一次设备的功能，即与各种远方输入/输出、传感器和控制器通信。在站控层及站控层网络失效的情况下，仍能独立完成间隔层设备的就地监控功能。

3. 过程层

过程层包括主变压器、断路器、隔离开关、电流/电压互感器等一次设备及其所属的智能组件以及独立的智能电子装置（智能终端、合并单元），完成与一次设备相关的功能，包括实时运行电气量的采集、设备运行状态的监测、控制命令的执行等。

（二）两网

“两网”指的是站控层网络和过程层网络。

1. 站控层网络

站控层网络基于 SNTP 网络对时，遵守 MMS（Manufacturing Message Specification）制造报文规范。

MMS（Manufacturing Message Specification）制造报文规范是 ISO/IEC 9506 标准所定义的一套用于工业控制系统的通信协议。MMS 规范了工业领域具有通信能力的智能传感器、智能电子设备、智能控制设备的通信行为，使出自不同制造商的设备之间具有互操作性。

简单来讲 MMS 是指站控层设备与间隔层设备之间的通信。即后台监控与继电保护、测控及安全自动装置之间的通信。通信介质一般是网线、网络交换机。110kV 变电站网络结构拓扑宜采用单星型。220kV 变电站宜采用冗余网络，网络结构拓扑宜采用双星型，即全站所有的保护装置、测控装置及自动装置均各自通过两根网线连接到网络交换机从而和监控主机进行通信，如图 3-33 所示。

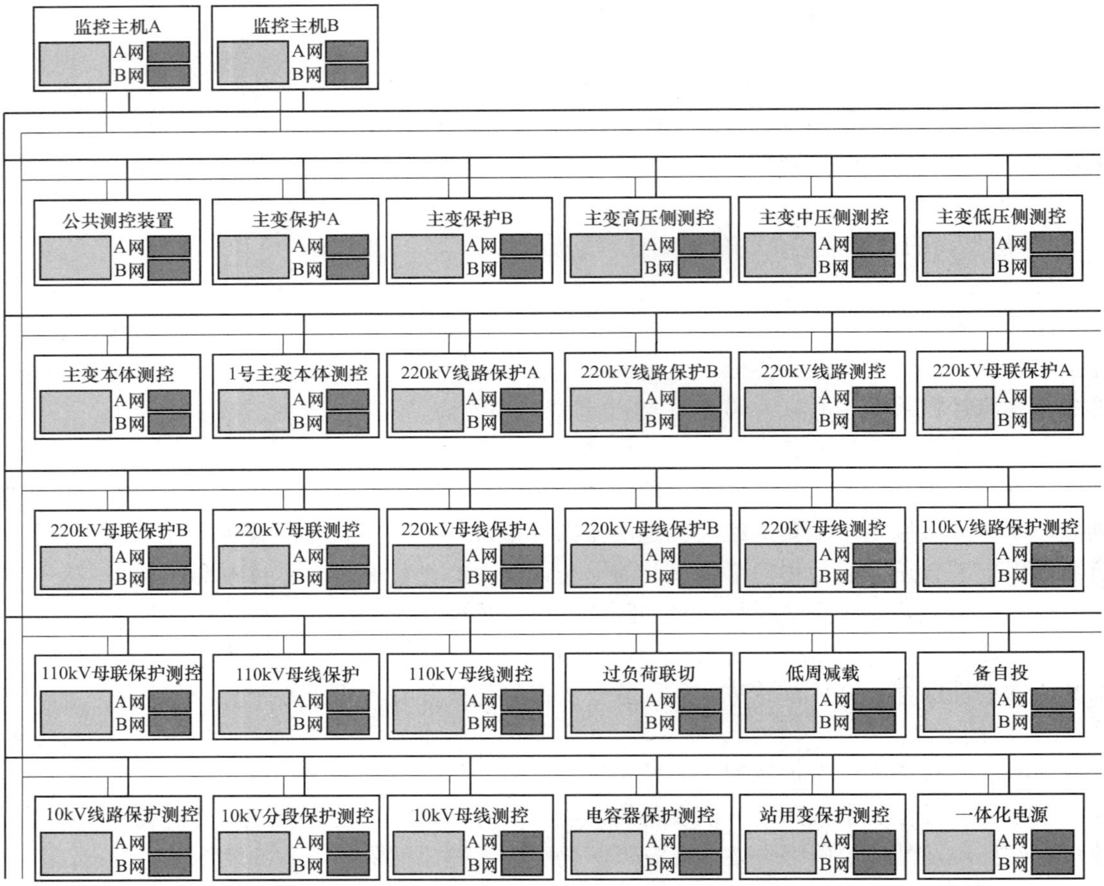

图 3-33　站控层网络

2. 过程层网络

（1）过程层网络通信主要包括以下三个方面：

1）间隔层设备之间的通信。如继电保护之间的启动失灵、启动远跳、闭锁重合闸等。

2）间隔层设备与过程层设备之间的通信。如合并单元向继电保护、测控装置提供电流电压数据，智能终端向继电保护、测控装置提供断路器、隔离开关位置信息，继电保护、测控装置向智能终端提供分合闸命令等。

3）过程层设备之间的通信。如合并单元经光纤组网方式从智能终端获取母线侧隔离开关位置信息。

（2）过程层网络通信应是实时的、高可靠性的、数据共享的。它主要传输两类报文：采样值 SV 报文和 GOOSE 报文。

1）SV 即 Sample Value 采样值，即交流电压、电流数据的采样值。

2）GOOSE 是一种通用面向对象变电站事件。用于传输变电站事件，诸如命令、告警、位置信息等，如保护跳合闸命令、一次设备位置及告警信息、保护之间的联闭锁信息等都称为 GOOSE 报文。

（3）过程层网络采用光纤通信，通信方式有光纤点对点和光纤组网两种方式。

1）光纤点对点方式是指两个设备之间直接通过一根光纤进行通信，不经任何中间设备，如图 3-33 所示。

2）光纤组网方式指一个设备将其所有信息上传到交换机，其他设备再利用光纤从交换机获取自己所需信息，如图 3-34 所示。

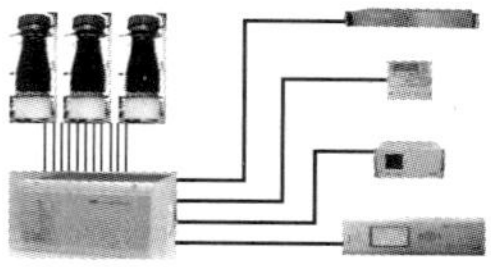

光纤点对点通信

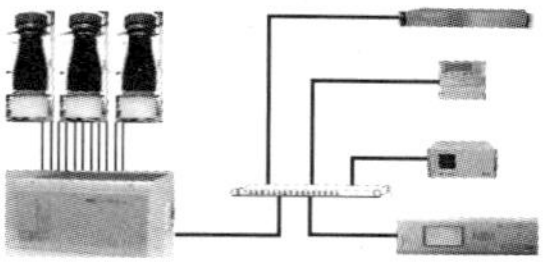

光纤组网通信

图 3-34　点对点与组网方式

光纤点对点通信又称为直接采样，光线组网通信又称为网络采样，它们之间的区别见表 3-3。

表 3-3　直接采样与网络采样区别表

序号	直接采样	网络采样
1	采样值传输延时短，保护动作速度快	采样值传输延时比直采长，保护动作速度受影响
2	采样同步由保护完成，不依赖于外部时钟，可靠性高	采样同步依赖于外部时钟，一旦时钟丢失或异常，将导致全站保护异常，可靠性低
3	采样值传输延时稳定	采样同步依赖于外部时钟，一旦时钟丢失或异常，将导致全站保护异常，可靠性低
4	采样值传送过程无中间环节，简单、直接、可靠	网络延时不稳定
5	不依赖交换机	在采样回路增加了交换机的有源环节，降低保护系统可靠性
6	各间隔保护功能在采样环节（天然的）独立实现，可靠性高	使多个不相关间隔保护系统产生关联，单一元件（交换机）故障，不会影响多个保护运行
7	检修、扩建不影响其他间隔的保护（在采样环节）	交换机配置复杂，检修、扩建中对交换机配置文件修改或 VLAN 划分调整后，需要停役相关设备或网络进行验证，验证难度大，同时扩大了影响范围，运行风险大
8	MU、变压器、母线保护装置光口较多、需解决散热等问题	MU、变压器、母线保护装置光口较少，设备相对简单
9	二次光纤数量较多	二次光纤数量较少
10	投资成本两者相当（交换机成本减少，光纤数量较多，主设备保护装置、MU 成本增加）	投资成本两者相当（交换机投资成本较大）

过程层网络设置一般遵循以下原则：

（1）过程层 SV 网络、过程层 GOOSE 网络、站控层网络应完全独立配置。

（2）过程层 SV 网络、过程层 GOOSE 网络宜按电压等级分别组网。变压器保护接入不同电压等级的过程层 GOOSE 网络时，应采用相互独立的数据接口控制器。

（3）继电保护装置采用双重化配置时，对应的过程层网络亦应双重化配置，第一套保护接入 A 网，第二套保护接入 B 网；110kV 过程层网络宜按双网配置。

（4）任两台智能电子设备之间的数据传输路由不应超过 4 个交换机。

（5）根据间隔数量合理配置过程层交换机，3/2 接线形式，交换机宜按串设置。每台交换机的光纤接入数量不宜超过 16 对，并配备适量的备用端口。

二、智能变电站组网方案

（1）MMS 双星型、SV 点对点、GOOSE 点对点+GOOSE 组网，如图 3-35 所示。

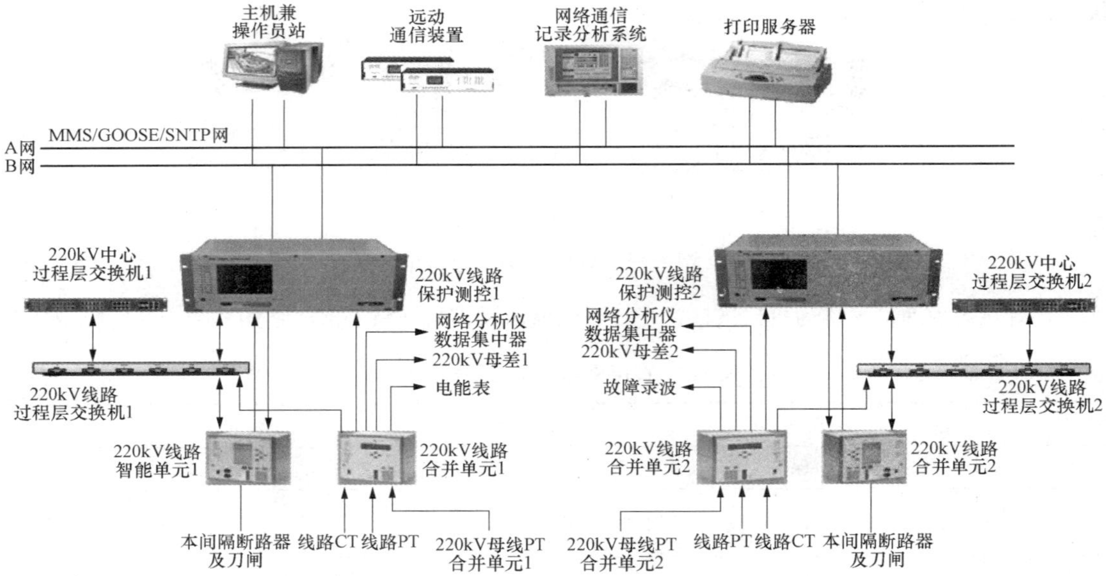

图 3-35　MMS 双星型、SV 点对点、GOOSE 点对点+GOOSE 组网

（2）MMS 双星型、SV 点对点、GOOSE 组网，如图 3-36 所示。

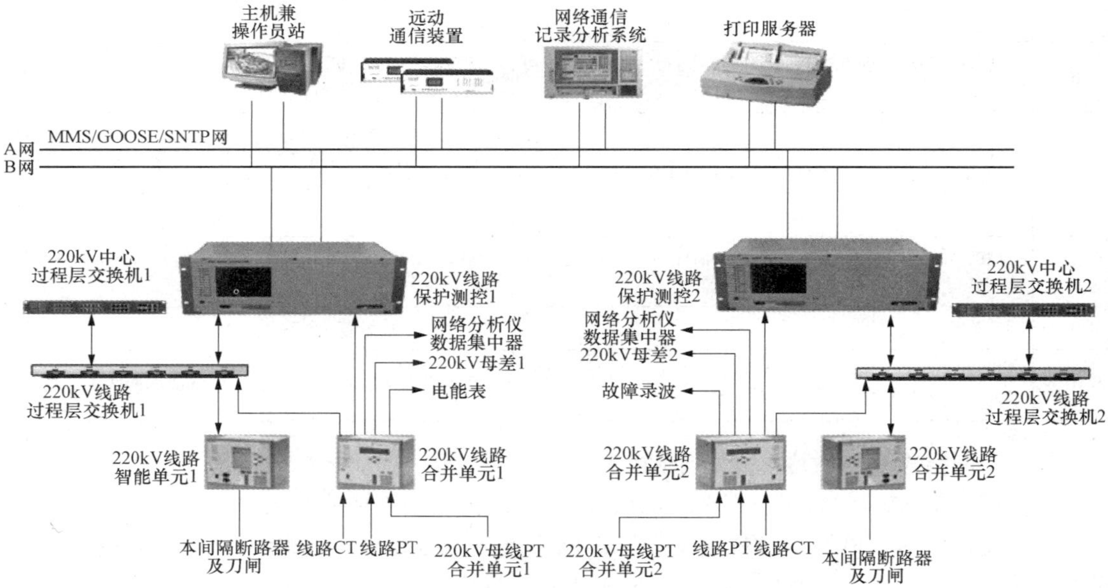

图 3-36　MMS 双星型、SV 点对点、GOOSE 组网

（3）MMS 双星型、SV、GOOSE 分别组网，如图 3-37 所示。

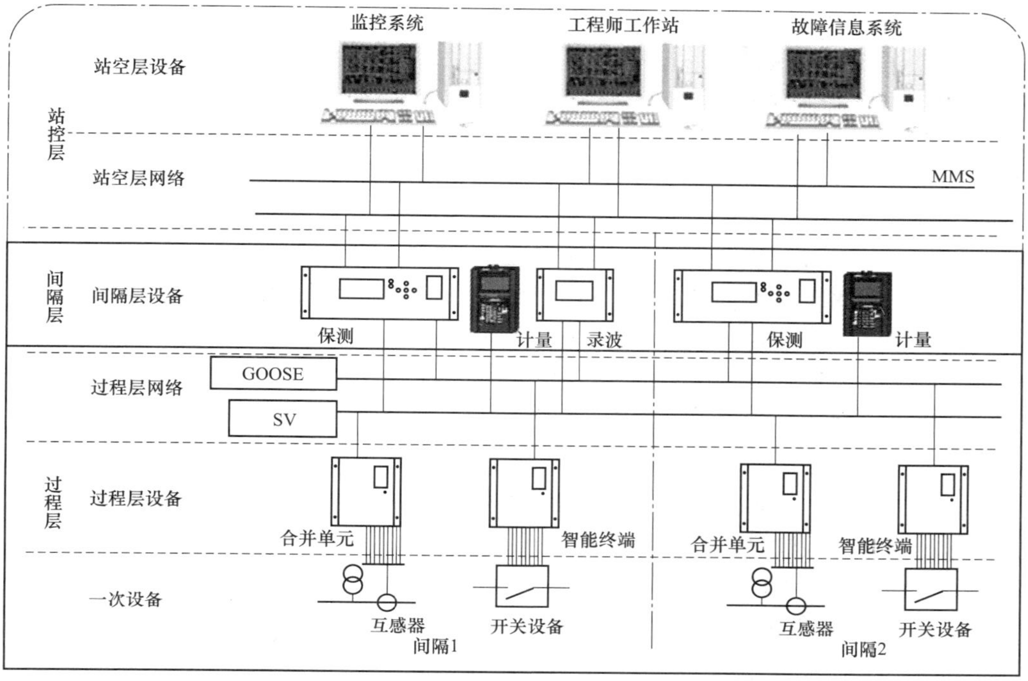

图 3-37　MMS 双星型、SV、GOOSE 分别组网

（4）MMS、SV、GOOSE 三网合一，如图 3-38 所示。

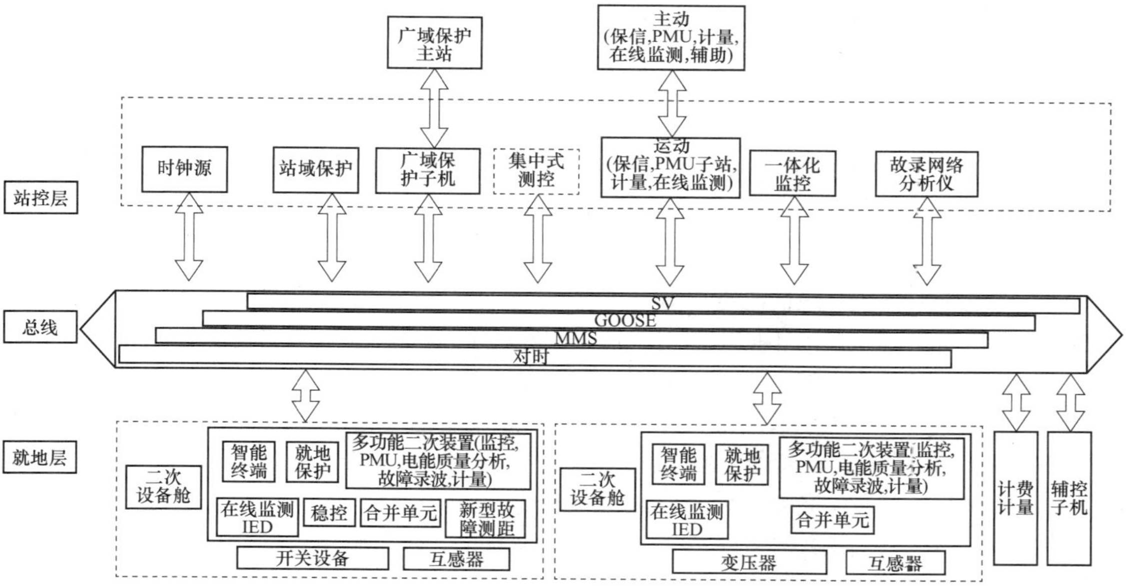

图 3-38　MMS、SV、GOOSE 三网合一

三、智能变电数据通信方式及组网技术原则

（一）智能变电站组网技术原则

（1）组网时应合理考虑网络架构、交换机配置、带宽流量等因素，满足基础数据的完整

性及一致性的要求，应保证数据信息传输的实时性、有效性和可靠性。

（2）数据网络应采用 100Mbits/s 及以上高速以太网，交换机之间的级联口可采用 1000Mbits/s。站控层系统宜统一组网，IP 地址统一分配网络冗余方式宜符合 IEC 61499 及 IEC 62493 的要求。

（3）双重化配置的两个过程层网络应遵循完全独立的原则，双重化配置保护用的 GOOSE（SV）网络应遵循相互独立的原则，当一个网络异常或退出时不应影响另一个网络的运行。

（4）过程层网络内，数据发送方按通信配置发送组播报文，不发送与之无关的报文。

（5）过程层网络交换机宜通过设置限制广播报文的发送。

（6）系统任意 2 台保护控制设备之间的数据传输路由不应超过 4 个交换机。当采用级联方式时，不应丢失数据。

（7）数据网络的设计与规划应具有一定的容错能力，单点故障不能影响整个网络的正常工作。

（8）任何新接入的设备，不应造成网络故障，并引起相应保护控制功能的退出。

（9）数据网络必须满足二次安全防护体系标准的要求。

（二）智能变电站数据通信

（1）智能变电站继电保护与站控层信息交互采用 DL/T 860（IEC 61850）标准，通过 MMS 报文传输。

（2）采样值传输可采用 IEC 60044—8、IEC 61850—9—2 标准，采用光纤直连方式，通过 SV 报文传输。

（3）单间隔的保护应采用光纤直跳，通过 GOOSE 报文传输，涉及多间隔的保护（母线保护）宜直接跳闸。

（4）间隔保护之间的联闭锁、失灵启动等信息宜通过过程层网络传输，通过 GOOSE 报文传输。

（5）间隔层、过程层设备对时，可采用 IRIG-B（DC）码，通过直连光纤传输，也可采用 IEEE 1588 标准进行网络对时通过过程层网络传输。

（三）智能变电站对网络及其设备的要求

110kV 及以上电压等级的过程层 SV 网络、过程层 GOOSE 网络、站控层 MMS 网络应完全独立，继电保护装置接入不同网络时，应采用相互独立的数据接口控制器。

（1）变电站自动化系统宜采用开放式分层分布系统，由站控层、间隔层和过程层构成。

（2）继电保护与故障录波器应共用站控层网络上送信息。

（3）MU、保护装置、智能终端、过程层网络交换机等设备之间应采用光纤连接；正常运行时，应有实时监测设备状态及光纤连接状态的措施。

（4）站控层网络的网络结构宜符合 IEC 62439 标准，满足继电保护信息传送安全可靠的要求。

（5）过程层网络的网络结构宜符合 IEC 62439 标准，宜采用双网星形结构。

（6）过程层 SV 数据应以点对点方式接入继电保护设备。

（7）继电保护设备与本间隔智能终端之间通信应采用 GOOSE 点对点通信方式。

（8）继电保护之间的联闭锁信息、失灵启动等信息宜采用 GOOSE 网络传输方式。

（9）交换机的 VLAN 划分应采用最优路径方法结合逻辑功能划分。

第四节　智能变电站交换机

一、智能变电站交换机分类

根据智能变电站三层两网的网架结构，智能变电站交换机可分为过程层交换机和间隔层交换机两种。

间隔层交换机为网络交换机，指继电保护、测控装置及安全自动装置与后台监控之间通信所采用的交换机。110kV 变电站网络结构拓扑宜采用单星型；220kV 变电站一般为双星型配置，即设置 A、B 双网间隔层交换机，站内所有的继电保护装置、测控装置及自动装置均各自通过两根网线连接到网络交换机从而和监控主机进行通信，继电保护、测控装置及安全自动装置均通过两根网线分别连接到 A、B 网间隔层交换机上。

过程层交换机为光纤交换机，指合并单元、智能终端与继电保护、测控装置之间的通信，继电保护之间的通信如 220kV 线路保护和 220kV 母线保护之间的通信，合并单元与智能终端之间的通信。根据传输信号种类不同可分为过程层 SV 交换机和过程层 GOOSE 交换机，分别用于传输 SV 报文和 GOOSE 报文。目前，一般 SV 均采用光纤点对点方式，不采用组网方式，因此大部分智能变电站只有过程层 GOOSE 交换机。

过程层 GOOSE 交换机又可分为间隔过程层 GOOSE 交换机和中心过程层 GOOSE 交换机，如图 3-39 所示。

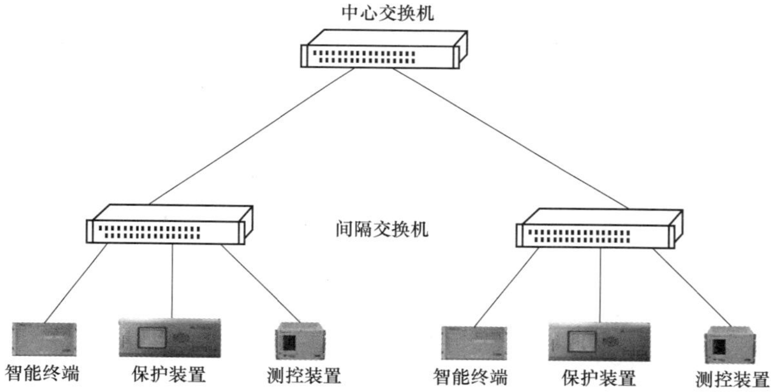

图 3-39　过程层 GOOSE 交换机

间隔过程层 GOOSE 交换机实现本间隔信息共享，如智能终端将本间隔断路器、隔离开关位置信息上送至本间隔交换机，测控装置、保护装置根据自身需要直接从本间隔交换机获取所需信息。而中心过程层 GOOSE 交换机则实现了多间隔信息共享，如 220kV 线路故障，线路断路器拒动时，220kV 线路保护动作后会将其保护动作信息上送至本间隔交换机再上送至中心交换机，220kV 母线保护会从中心交换机收到 220kV 线路保护动作信息，经电流电压判别启动断路器失灵保护。同理，220kV 母线保护启动远跳、主变压器后备保护闭锁备自投、过负荷联切等跨间隔保护均采用此种方式实现。

一般按电压等级配置 110kV 中心过程层 GOOSE 交换机、220kV 中心过程层 GOOSE 交换机，部分变电站单独配置一台主变压器过程层 GOOSE 交换机。

二、智能变电站网络交换机的配置

（一）遵循原则

（1）根据间隔数量合理分配交换机数量，每台交换机保留适量的备用端口。

（2）任意两台智能电子设备之间的数据传输路由不应超过 4 个交换机。当采用级联方式时，不应丢失数据。

（3）3/2 接线方式下过程层交换机宜按串设置，每台交换机的光纤接入数量不宜超过 16 对。

（二）常见过程层交换机配置

1. 220kV 过程层 GOOSE 网络交换机配置

220kV 各间隔按双重化配置双套间隔过程层 GOOSE 交换机，完成本间隔之间的信息共享，如图 3-40 所示。如合并单元告警信息上送、测控装置所需的一次设备信息及遥控命令都经本间隔过程层 GOOSE 交换机完成。

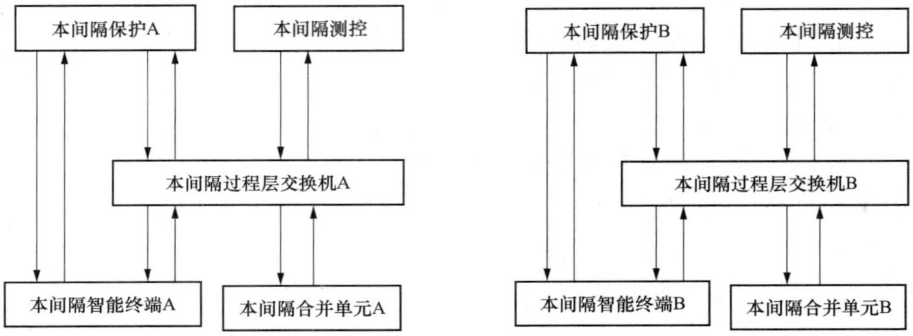

图 3-40　220kV 线路间隔过程层 GOOSE 交换机配置

220kV 电压等级配置双套 220kV 过程层中心交换机，完成跨间隔之间的信息共享，如线路保护启失灵、母差保护启远跳、母差闭锁重合闸等，如图 3-41 所示。

2. 110kV 过程层 GOOSE 网络交换机配置

110kV 每条出线间隔各配置一台间隔过程层交换机（或多个间隔共用一个间隔过程层交换机），110kV 电压等级配置双套 110kV 过程层中心交换机，如图 3-42 所示。

3. 主变压器过程层 GOOSE 网络

方案一：按电压等级，高压侧配置双套主变压器 220kV 过程层交换机，接入双套 220kV 过程层中心交换机，中低压侧共用两套主变压器 110kV 过程层交换机，接入双套 110kV 过程层中心交换机，如图 3-43 所示。

方案二：主变压器单独配置主变压器过程层交换机，主变压器三侧均接入主变压器过程层交换机，再接入全站共用交换机，如图 3-44 所示。

三、网络交换机应满足的要求

（1）应采用工业级或以上等级产品。

（2）应使用无扇形，采用直流工作电源。

（3）应支持端口速率限制和广播风暴限制。

（4）应提供完善的异常告警功能，包括失电告警、端口异常等。

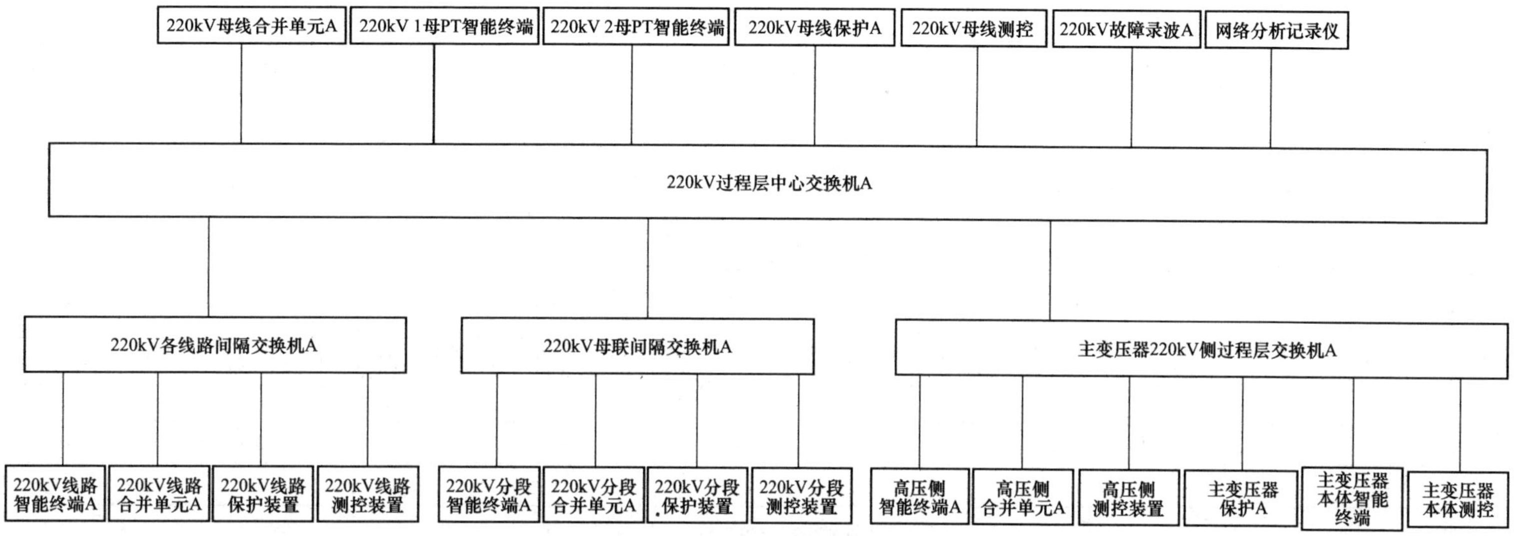

图 3-41 220kV 过程层中心 GOOSE 交换机配置

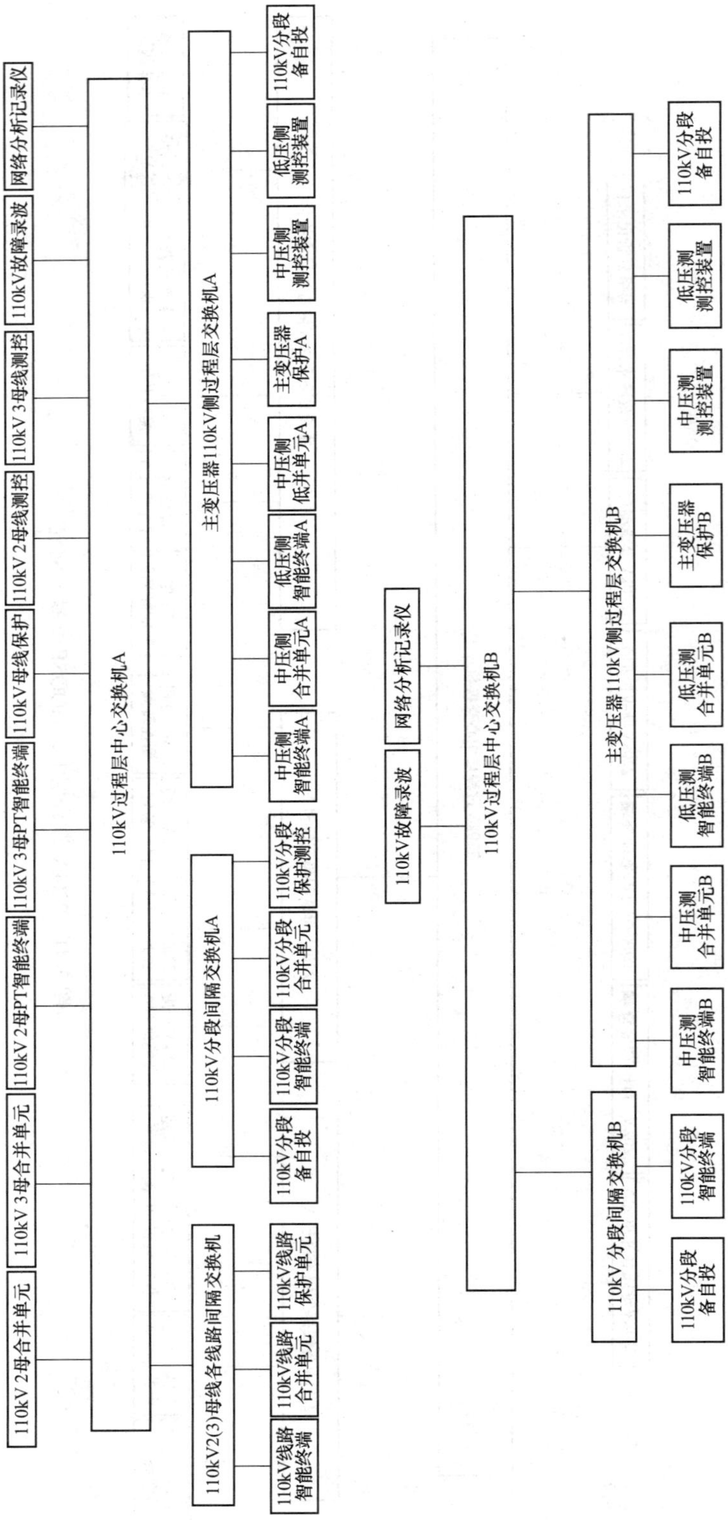

图 3-42 110kV 过程层 GOOSE 网络交换机配置

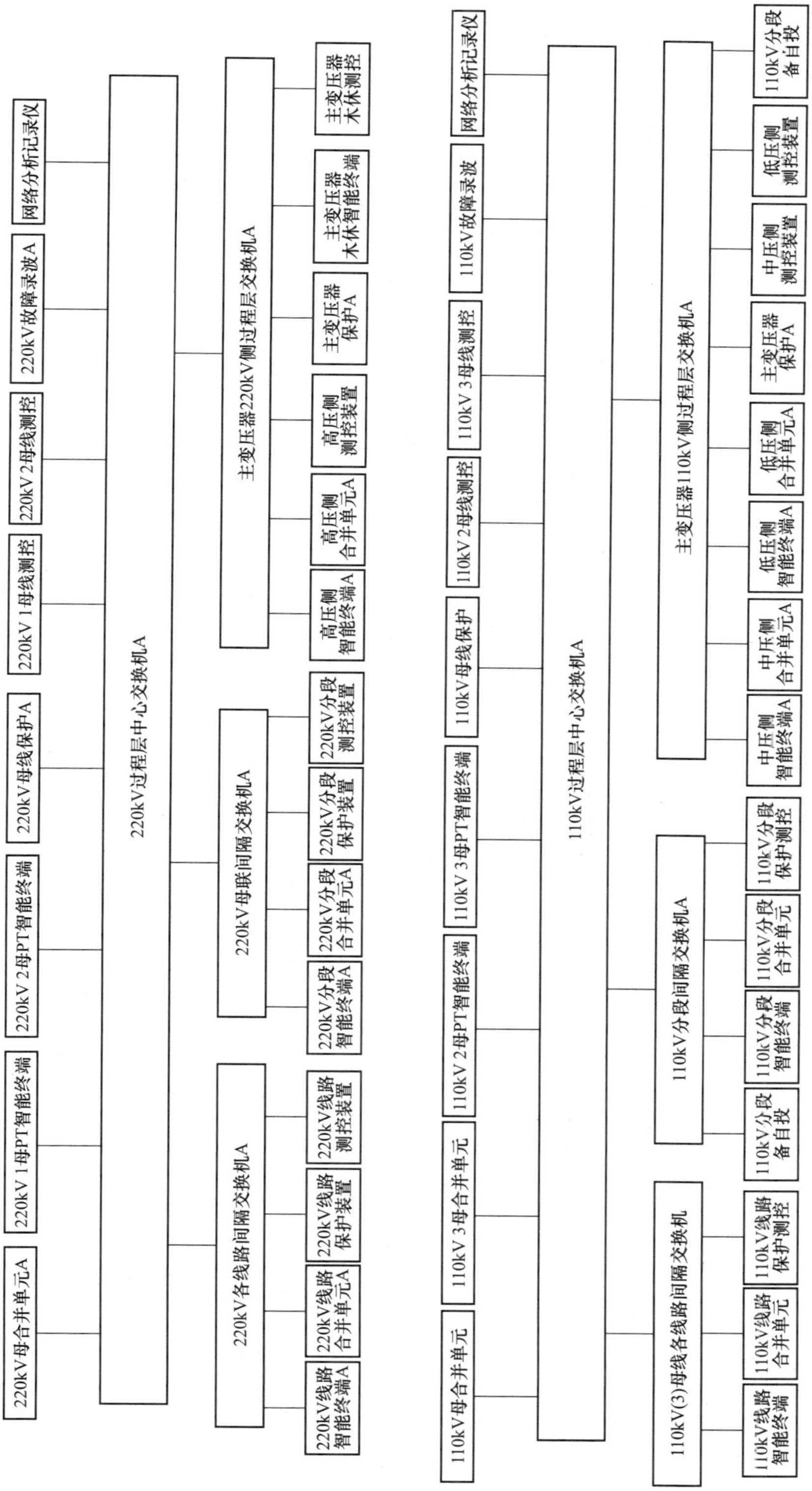

图 3-43　主变压器过程层 GOOSE 网络方案一

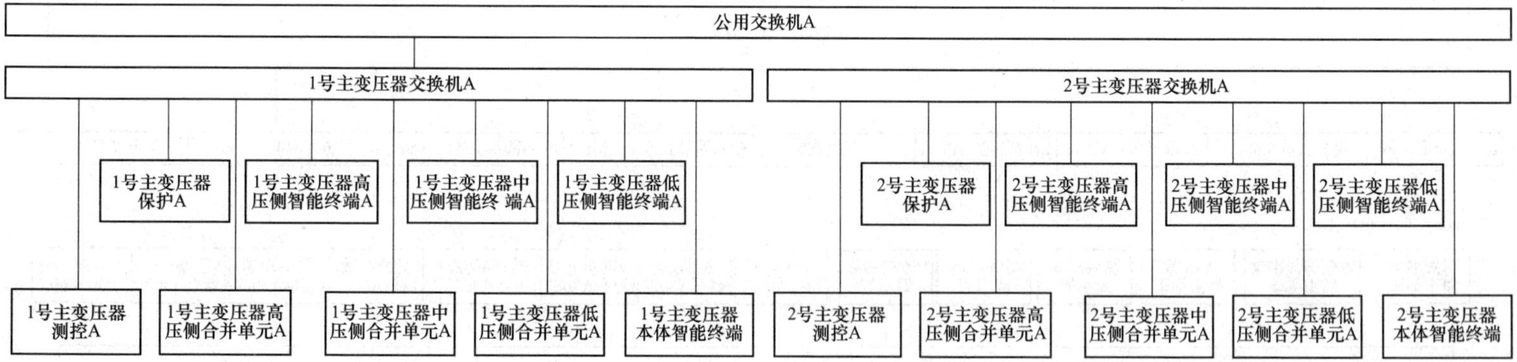

图 3-44　主变过程层 GOOSE 网络方案二

第五节　智能变电站继电保护设计规范

一、整体要求

（1）智能变电站的二次安全防护应严格遵照《电力二次系统安全防护总体方案》和《变电站二次系统安全防护方案》的要求，进行安全分区，通信边界安全防护，确保控制功能安全。

（2）智能变电站应利用网络技术将保护信息上送至站控层，集成断路器变位动作信息、保护装置、故障录波等数据以及电子式互感器、合并单元、智能终端的状态信息和变电站监控信息，最终实现变电站故障信息综合分析决策。

（3）保护装置不依赖于外部对时系统实现其保护功能。

（4）在技术先进、运行可靠的前提下，可采用电子式互感器。

（5）保护装置宜独立分散、就地安装，保护装置安装运行环境应满足相关标准技术要求。

（6）110kV 及以下电压等级宜采用保护测控一体化设备。

（7）智能变电站继电保护与站控层信息交互采用 DL/T 860（IEC 61850）标准，跳合闸命令和联闭锁信息可通过直接电缆连接或 GOOSE 机制传输，电压电流量可通过传统互感器或电子式互感器采集。

（8）按照国家标准《继电保护和安全自动装置技术规程》GB/T 14285—2006 要求，除出口继电器外，装置内的任一元件损坏时，装置不应误动作跳闸。智能变电站中的电子式互感器的二次转换器（A/D 采样回路）、合并单元（MU）、光纤连接、智能终端、过程层网络交换机等设备内任一个元件损坏，除出口继电器外，不应引起保护误动作跳闸。

（9）保护应直接采样，对于单间隔的保护应直接跳闸，涉及多间隔的保护（母线保护）宜直接跳闸。对于涉及多间隔的保护（母线保护），如确有必要采用其他跳闸方式，相关设备应满足保护对可靠性和快速性的要求。

（10）继电保护设备与本间隔智能终端之间通信应采用 GOOSE 点对点通信方式，继电保护之间的联闭锁信息、失灵启动等信息宜采用 GOOSE 网络传输方式。

（11）110kV 及以上电压等级的过程层 SV 网络、过程层 GOOSE 网络、站控层 MMS 网络应完全独立，继电保护装置接入不同网络时，应采用相互独立的数据接口控制器。

（12）220kV 及以上电压等级继电保护系统应遵循双重化原则，每套保护系统装置功能独立完备、安全可靠。双重化配置的两个过程层网络应遵循完全独立的原则。

二、继电保护及相关设备配置原则及要求

（一）一般要求

（1）220kV 及以上电压等级的继电保护及与之相关的设备、网络等应按照双重化原则进行配置，双重化配置的继电保护应遵循以下要求：

1）每套完整、独立的保护装置应能处理可能发生的所有类型的故障。两套保护之间不应有任何电气联系，当一套保护异常或退出时不应影响另一套保护的运行。

2）两套保护的电压（电流）采样值应分别取自相互独立的合并单元。

3）双重化配置的合并单元应与电子式互感器两套独立的二次采样系统一一对应。

4）双重化配置保护使用的两个过程层 GOOSE（SV）网络应遵循相互独立的原则，当一

个网络异常或退出时不应影响另一个网络的运行。

5）两套保护的跳闸回路应与两个智能终端分别一一对应，两个智能终端应与断路器的两个跳闸线圈分别一一对应。

6）双重化的线路纵联保护应配置两套独立的通信设备（含复用光纤通道、独立纤芯、微波、载波等通道及加工设备等），两套通信设备应分别使用独立的电源。

7）双重化的两套保护及其相关设备（电子式互感器、合并单元、智能终端、网络设备、跳闸线圈等）的直流电源应一一对应。

8）双重化配置的保护应使用主、后一体化的保护装置。

（2）保护装置、智能电子设备间的相互启动、相互闭锁、位置状态等交互信息可通过GOOSE网络传输，双重化配置的保护之间不直接交换信息。

1）双母线电压切换功能可由保护装置分别实现。

2）3/2接线形式，两个断路器的电流合并单元分别接入保护装置，电压合并单元单独接入保护装置。

3）110kV及以下保护就地安装时，保护装置宜集成智能终端等功能。

（二）线路保护配置要求

（1）220kV及以上线路按双重化配置保护装置，每套保护包含完整的主、后备保护功能。

（2）线路过电压及远跳就地判别功能应集成在线路保护装置中，站内其他装置启动远跳经GOOSE网络启动。

（3）线路保护直接采样，直接跳断路器，经GOOSE网络启动断路器失灵、重合闸。

（三）变压器保护配置要求

（1）220kV及以上变压器电量保护按双重化配置，每套保护包含完整的主、后备保护功能；变压器各侧及公共绕组的合并单元均按双重化配置，中性点电流、间隙电流并入相应侧合并单元；自耦变公共绕组合并单元单独配置。

（2）110kV变压器电量保护宜按双套配置，双套配置时应采用主、后备保护一体化配置；变压器各侧合并单元和智能终端也按双套配置，中性点电流、间隙电流并入相应侧合并单元；若主、后备保护分开配置，后备保护宜与测控装置一体化。此时变压器各侧合并单元和智能终端也按双套配置，差动保护与第一套智能终端和合并单元对应，后备保护与第二套智能终端和合并单元对应。

（3）变压器保护直接采样，直接跳各侧断路器；变压器保护跳母联、分段断路器及闭锁备自投、启动失灵等可采用GOOSE网络传输。变压器保护可通过GOOSE网络接收失灵保护跳闸命令，并实现失灵跳变压器各侧断路器。

（4）变压器非电量保护采用就地直接电缆跳闸，信息通过本体智能终端上送过程层GOOSE网，再经测控装置上送至站控层MMS网络。非电量保护就地电缆直接跳闸实现方案有两种：一种是经主变压器各侧智能终端跳闸，一种是直接接入断路器的操作机构；前者可靠性低于后者，但后者要求非电量保护出口回路具备自保持功能。

（5）变压器保护可采用分布式保护。分布式保护由主单元和若干个子单元组成，子单元不应跨电压等级。

（四）母线保护配置要求

（1）220kV及以上电压等级母线按双重化配置母线保护。

（2）母线保护直接采样、直接跳闸，当接入元件数较多时，可采用分布式母线保护。

（五）高压并联电抗器保护

（1）高压并联电抗器电量保护按双重化配置，每套保护包含完整的主、后备保护功能。

（2）高压并联电抗器配置独立的电流互感器，主电抗器首端、末端电流互感器共用一个合并单元。

（3）高压并联电抗器非电量保护采用就地直接电缆跳闸，并通过相应断路器的两套智能终端发送 GOOSE 报文，实现远跳。

（六）3/2 接线断路器保护和短引线保护

（1）断路器保护按断路器双重化配置（防止一套保护跨双网，但取消跟跳逻辑），每套保护包含失灵保护及重合闸等功能。

（2）短引线保护可独立设置，也可包含在边断路器保护内。

（3）断路器保护跳本断路器采用点对点直接跳闸；本断路器失灵时，经 GOOSE 网络通过相邻断路器保护或母线保护跳相邻断路器。

（七）母联（分段）保护

（1）220kV 及以上母联（分段）断路器按双重化配置母联（分段）保护、合并单元、智能终端。

（2）母联（分段）保护跳母联（分段）断路器采用点对点直接跳闸方式，母联（分段）保护启动母线失灵可采用 GOOSE 网络传输。

（八）35kV 及以下间隔保护

（1）采用保护测控一体化设备，按间隔单套配置。

（2）当采用开关柜方式时，保护装置安装于开关柜内，不宜使用电子式互感器。

（3）当使用电子式互感器时，每个间隔的保护、测控、智能终端、合并单元功能宜按间隔合并实现。

（4）跨间隔开关量信息交换可采用过程层 GOOSE 网络传输。

（九）与常规保护区别

（1）220kV 母联（分段）保护双重化配置、3/2 接线断路器保护双重化配置。

（2）过电压及远跳就地判别功能应集成在线路保护装置中。

（3）短引线保护功能可集成在边断路器保护中，也可独立设置。

（4）母线保护和变压器保护可采用分布式保护。

（十）录波及网络报文记录分析装置配置原则

（1）对于 220kV 及以上变电站，宜按电压等级和网络配置故障录波装置和网络报文记录分析装置，当 SV 或 GOOSE 接入量较多时，单个网络可配置多台装置。每台故障录波装置或网络报文记录分析装置不应跨接双重化的两个网络。

一般工程中 220kV 双套过程层网各配置一台录波器，110kV 双套过程层网共配置一台录波器。

（2）主变压器宜单独配置主变压器故障录波装置。

（3）故障录波装置和网络报文记录分析装置应能记录所有 MU、过程层 GOOSE 网络的信息。录波器、网络报文记录分析装置对应 SV 网络、GOOSE 网络、MMS 网络的接口，应采用相互独立的数据接口控制器。

（4）采样值传输可采用网络方式或点对点方式，开关量采用 DL/T 860.81（IEC 61850—8—1）通过过程层 GOOSE 网络传输，采样值通过 SV 网络传输时采用 DL/T 860.92（IEC 61850—9—2）协议。

（5）故障录波装置采用网络方式接受 SV 报文和 GOOSE 报文时，故障录波功能和网络记录分析功能可采用一体化设计。

（十一）安全自动装置

（1）220kV 及以上的安全稳定控制装置按双重化配置。

（2）备自投、过载联切等功能可在间隔层或站控层实现。

（3）要求快速跳闸的安全稳定控制装置应采用点对点直接跳闸方式。

第四章 仿真智能变电站综合自动化体系

第一节 仿真智能变电站基本情况

仿真智能变电站 220kV 采用双母线接线，110kV、10kV 母线采用单母线分段接线。SV 传输协议采用 IEC 61850—9—2 协议；二次系统基于 IEC 61850 通信标准构建，采用三层两网结构。220kV、110kV 系统采样值信息采用点对点直采方式，保护跳闸 GOOSE 信号采用直跳方式，其他 GOOSE 量采用网络传输。10kV 保护测控一体就地安置、就地电信号直跳，10kV 母差及低周保护采用保护室安装电信号直跳。主变压器过负荷联切采用国网标准，只提供 GOOSE 光口，SV 直接采样，110kV 均通过 GOOSE 网络跳闸、10kV 线路采用 MMS 以太网电口跳闸。220kV 及主变压器部分网络双重化配置。具体配置如下：

（1）采用传统互感器加合并单元、一次设备本体+智能终端方式。110kV 线路、分段间隔采用保护测控一体，220kV 母线保护、110kV 母线保护、主变压器配置独立测控装置。

（2）采样值 SV 信息采用点对点直采方式。单间隔保护、母差保护跳闸采用 GOOSE 直跳；继电保护之间的联闭锁信息、启失灵、远跳等信息及其他开关量信息均采用 GOOSE 网络传输。

（3）220kV 线路、母联和主变压器间隔（高中压侧）配置双套智能终端（安装在各间隔 GIS 就地控制柜）、双套合并单元、双套保护，且两套保护的电压、电流采样值应分别取自相互独立的合并单元；两套保护的跳闸回路分别与两个智能终端分别一一对应；两个智能终端应与断路器的两个跳闸线圈分别一一对应（主变压器中低压侧为单跳圈，配置单操作回路）。

（4）110kV 线路、分段各配置单台智能终端（安装在各间隔 GIS 就地控制柜），单套合并单元，单套线路保护。

（5）主变压器各侧配置双套智能终端、双套合并单元，中性点电流、间隙电流并入相应侧合并单元；配置双套电量保护，直接采样，直接跳各侧断路器；变压器保护跳母联、分段断路器及闭锁备自投、启动失灵等采用 GOOSE 网络传输。变压器保护通过 GOOSE 网络接收失灵保护跳闸命令，并实现失灵跳变压器各侧断路器；变压器配置一套本体智能终端，单套非电量保护，采用就地直接电缆跳闸，信息通过本体智能终端上送过程层 GOOSE 网。

（6）每段母线配置一台智能终端（布置于各间隔 PT 控制柜内）。

（7）220kV 系统采用双套 GOOSE 网络，且遵循相互独立的原则，当一个网络异常或退出时不应影响另一个网络的运行。

（8）110kV 各间隔配置一台间隔交换机，220kV 各间隔配置两台间隔交换机（A、B 网各一台）。

第二节 110kV 线路间隔网络拓扑

一、110kV 线路保护测控装置

110kV 线路保护测控装置输入输出信号示意图，如图 4-1 所示。

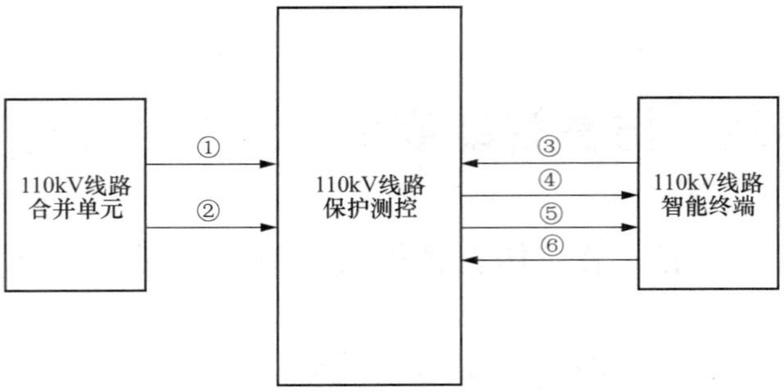

图 4-1 110kV 线路测控装置输入输出信号示意图

（1）110kV 线路合并单元向该线路保护测控装置提供该线路间隔 A 相、B 相、C 相保护电流、计量/测量电流，母线 A 相、B 相、C 相保护/测量电压，同期电压，采样额定延时（SV 光纤直连）。

（2）110kV 线路合并单元向该线路保护测控装置提供同步异常、采样异常、检修状态、硬件自检出错、配置文件错、GOOSE 异常、PT 失压告警（GOOSE 光纤组网）。

（3）110kV 线路智能终端向该线路保护测控装置提供断路器总、隔离开关 1 位置、隔离开关 5 位置、接地隔离开关 1KD 位置、接地隔离开关 5KD 位置、接地隔离开关 5XD 位置，弹簧未储能闭锁重合闸、断路器弹簧储能超时、断路器合闸弹簧储能、1 气室断路器补气报警、2 气室和 4 气室补气报警、断路器电机断电、接地隔离开关电机断电、接地隔离开关控制断电、辅助回路断电、驱潮加热回路断电、接地隔离开关驱潮加热回路断电、汇控柜及断路器机构手投驱潮回路断电、断路器低气压闭锁、信号及指示回路断电、断路器近控、接地隔离开关近控、联锁解除、合闸弹簧未储能、合闸弹簧已储能、A 相带电显示有电、B 相带电显示有电、C 相带电显示有电、合并单元直流消失、线路保护告警及直流消失、相邻间隔智能终端直流消失（智能终端与合并单元之间有电缆连接，当合并单元直流消失时，可通过电缆给智能终端一个开入，再经本间隔过程层交换机、本间隔测控装置发告警信息；智能终端与相邻间隔智能终端有电缆连接，当相邻间隔智能终端直流消失时，可通过电缆给本间隔智能终端一个开入，再经本间隔过程层交换机、本间隔测控装置发告警信息；线路保护告警及直流消失同理）、压力低闭锁重合闸、智能终端就地、就地复归、检修开入、操作电源正常、手跳命令（闭锁重合闸组网）、控制回路断线（弹簧未储能闭锁重合闸）、位置不对应事故总、闭锁本套保护重合闸、GPS 信号异常、GCB1_1 网通信中断、GCB1_配置错误、从 1GCB1 通信中断、从 1GCB2 通信中断、组网口控制命令 1、组网口控制命令 2、直跳口 1 控制命令、直跳口 2 控制命令（GOOSE 光纤组网）。

（4）110kV 线路保护测控装置向该线路智能终端提供的断路器控分、断路器控合、隔离开关 1 控分、隔离开关 1 控合、隔离开关 5 控分、隔离开关 5 控合、接地隔离开关 1KD 控分、接地隔离开关 1KD 控合、接地隔离开关 5KD 控分、接地隔离开关 5KD 控合、接地隔离开关 5XD 控分、接地隔离开关 5XD 控合、远方复归直控动作出口（GOOSE 光纤组网）。

（5）110kV 线路保护测控装置向该线路智能终端提供断路器跳合闸命令（GOOSE 光纤直连）。

（6）110kV 线路智能终端向该线路保护测控装置提供断路器跳位、低气压闭锁重合闸、闭锁本套保护重合闸点对点（GOOSE 光纤直连）。

二、110kV 线路智能终端

110kV 线路智能终端输入输出信号示意图，如图 4-2 所示。

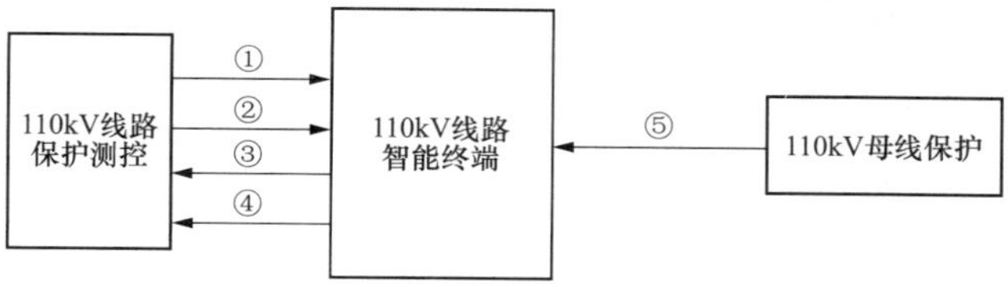

图 4-2 110kV 线路智能终端输入输出信号示意图

（1）110kV 线路保护测控装置向该线路智能终端提供断路器控分、断路器控合、隔离开关 1 控分、隔离开关 1 控合、隔离开关 5 控分、隔离开关 5 控合、接地隔离开关 1KD 控分、接地隔离开关 1KD 控合、接地隔离开关 5KD 控分、接地隔离开关 5KD 控合、接地隔离开关 5XD 控分、接地隔离开关 5XD 控合、远方复归直控动作出口（GOOSE 光纤组网）。

（2）110kV 线路保护测控装置向该线路智能终端提供跳断路器跳合闸命令（GOOSE 光纤直连）。

（3）110kV 线路智能终端向该线路保护测控装置提供断路器总、隔离开关 1 位置、隔离开关 5 位置、接地隔离开关 1KD 位置、接地隔离开关 5KD 位置、接地隔离开关 5XD 位置，弹簧未储能闭锁重合闸、断路器弹簧储能超时、断路器合闸弹簧储能、1 气室断路器补气报警、2 气室和 4 气室补气报警、断路器电机断电、接地隔离开关电机断电、接地隔离开关控制断电、辅助回路断电、驱潮加热回路断电、接地隔离开关驱潮加热回路断电、汇控柜及断路器机构手投驱潮回路断电、断路器低气压闭锁、信号及指示回路断电、断路器近控、接地隔离开关近控、联锁解除、合闸弹簧未储能、合闸弹簧已储能、A 相带电显示有电、B 相带电显示有电、C 相带电显示有电、合并单元直流消失、线路保护告警及直流消失、相邻间隔智能终端直流消失、压力低闭锁重合闸、智能终端就地、就地复归、检修开入、操作电源正常、手跳命令、控制回路断线、位置不对应事故总、闭锁本套保护重合闸、GPS 信号异常。GCB1_1 网通信中断、GCB1_配置错误、从 1GCB1 通信中断、从 1GCB2 通信中断、组网口控制命令 1、组网口控制命令 2、直跳口 1 控制命令、直跳口 2 控制命令（GOOSE 光纤组网）。

（4）110kV 线路智能终端向该线路保护测控装置提供断路器总位置、闭锁本套保护重合闸、压力降低禁止重合闸逻辑（GOOSE 光纤直连）。

（5）110kV 母线保护装置向该线路智能终端提供跳闸命令（GOOSE 光纤直连）。

三、110kV 线路合并单元

110kV 线路合并单元输入输出信号示意图，如图 4-3 所示。

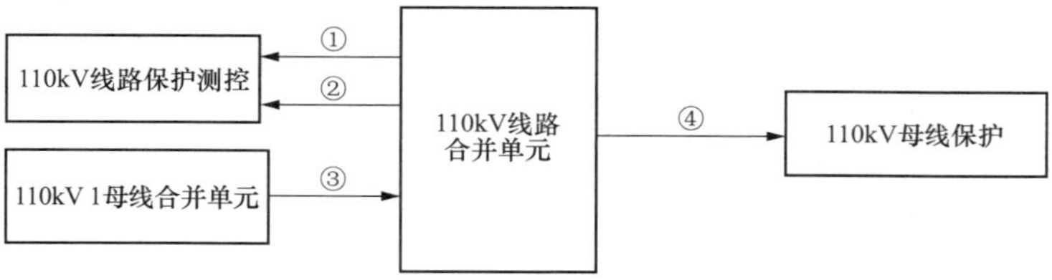

图 4-3 110kV 线路合并单元输入输出信号示意图

（1）110kV 线路合并单元向该线路保护测控装置提供该线路间隔 A 相、B 相、C 相保护电流、计量/测量电流，母线 A 相、B 相、C 相保护/测量电压，同期电压，采样额定延时（SV 光纤直连）。

（2）110kV 线路合并单元向该线路保护测控装置提供同步异常、采样异常、检修状态、硬件自检出错、配置文件错、GOOSE 异常、PT 失压告警（GOOSE 光纤组网）。

（3）110kV 1 母线合并单元（假设该支路在 I 母线运行）向该线路合并单元提供 1 号母线 A 相、B 相、C 相保护/测量电压（SV 光纤级联）。

应注意的是：110kV 1 母线合并单元为在 1 号母线上各线路间隔合并单元、110kV 母线保护、主变压器中压侧合并单元 A 套、110kV 1 母线测控提供母线电压值。110kV 2 母线合并单元为 2 号母线上各线路间隔合并单元、主变压器中压侧合并单元 B 套、分段合并单元、110kV 备自投、110kV 2 母线测控、录波、网分提供母线电压值。

（4）110kV 线路合并单元向 110kV 母线保护提供该线路间隔 A 相、B 相、C 相保护电流和启动电流，采样额定延时（SV 光纤直连）。

四、110kV 线路间隔网络拓扑

110kV 线路间隔网络拓扑，如图 4-4 所示。

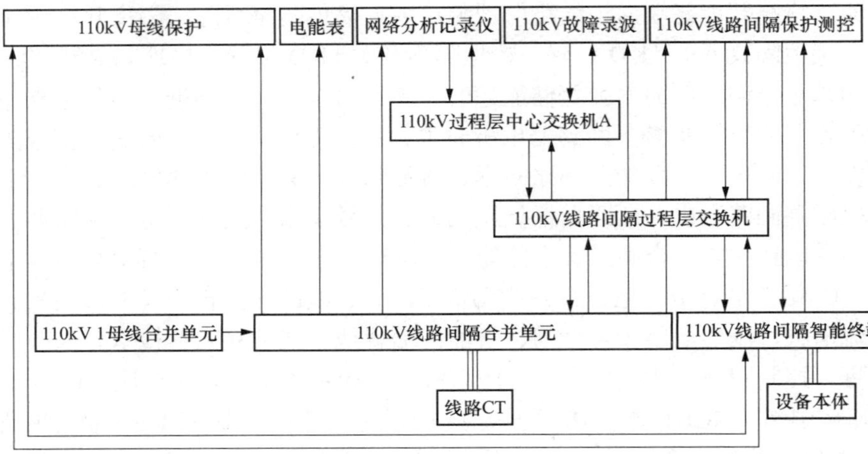

图 4-4 110kV 线路间隔网络拓扑图

110kV 线路合并单元背板 5 根 SV 光纤直连，分别与该线路间隔保护测控装置、110kV 母线保护、电能表、110kV 故障录波及网络分析仪相连。1 根 SV 光纤级联，与 110kV 1 母线合并单元相连获取母线电压。1 对 GOOSE 光纤组网，与该间隔过程层交换机相连，将本线路合并单元的告警信息通过该间隔过程层交换机上送至本间隔保护测控装置。

110kV 线路间隔智能终端背板 2 对 GOOSE 光纤直连，分别与该线路间隔保护测控装置、110kV 母线保护相连实现本间隔线路保护、110kV 母线保护跳合闸。1 对 GOOSE 光纤组网，与该间隔过程层交换机相连，一方面将本间隔一次设备相关信息通过该间隔过程层交换机上送至本线路间隔保护测控，另一方面实现本线路间隔测控装置对一次设备的遥控操作。

110kV 线路保护测控装置背板 1 根 SV 光纤直连与本线路间隔合并单元相连，获取本间隔电流及母线电压值。1 对 GOOSE 光纤直连与本线路间隔智能终端相连实现本间隔断路器跳合闸。1 对 GOOSE 光纤组网获取本间隔智能终端及本间隔合并单元所提供的信息。

110kV 线路间隔，间隔过程层交换机背板 4 对 GOOSE 光纤组网。其中 3 对分别与该线路间隔保护测控装置、合并单元、智能终端相连，实现本间隔各设备之间的信息共享，另一对与 110kV 过程层中心交换机 A 相连，实现本间隔同其他 110kV 间隔之间的信息共享。

第三节　110kV 分段间隔网络拓扑

一、110kV 分段保护测控

110kV 分段保护测控输入输出信号示意图，如图 4-5 所示。

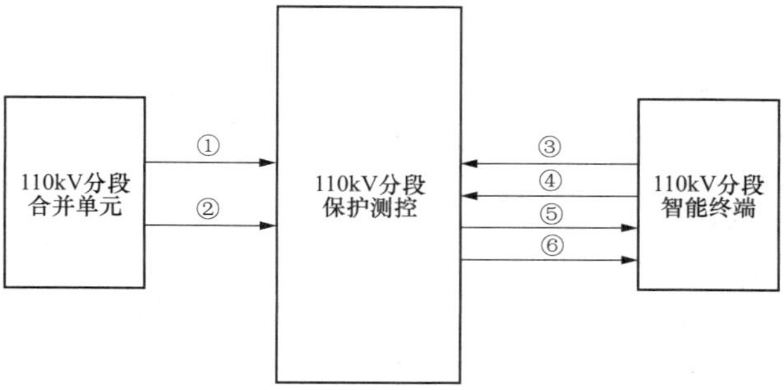

图 4-5　110kV 分段测控输入输出信号示意图

（1）110kV 分段合并单元向 110kV 分段保护测控装置提供分段间隔 A 相、B 相、C 相保护电流、测量电流，1 号母线 A 相、B 相、C 相保护/测量电压，2 号母线 B 相保护/测量电压，采样额定延时（SV 光纤直连）。

（2）110kV 分段合并单元向 110kV 分段保护测控装置提供同步异常、采样异常、检修状态、硬件自检出错、配置文件错、GOOSE 异常、PT 失压告警（GOOSE 光纤组网）。

（3）110kV 分段智能终端向 110kV 分段保护测控装置提供断路器总位置、隔离开关 1 位置、隔离开关 2 位置、接地隔离开关 1KD 位置、接地隔离开关 2KD 位置、弹簧未储能闭锁重合闸、断路器弹簧储能超时、断路器合闸弹簧储能、1 气室断路器补气报警、2 气室和 4 气室补气报警、断路器电机断电、接地隔离开关电机断电、接地隔离开关控制断电、辅助回路断电、驱潮加热回路断电、接地隔离开关驱潮加热回路断电、汇控柜及断路器机构手投驱潮回路断电、断路器低气压闭锁、信号及指示回路断电、断路器近控、接地隔离开关近控、联锁解除、合闸弹簧未储能、合闸弹簧已储能、A 相带电显示有电、B 相带电显示有电、C 相带电显示有电、合并单元直流消失、线路保护告警及直流消失、相邻间隔智能终端直流消失、压力低闭锁重合闸、智能终端就地、就地复归、检修开入、操作电源正常、控制回路断线、位置不对应事故总、GPS 信号异常、GCB1_1 网通信中断、GCB1_配置错误、从 1GCB1 通信中断、从 1GCB2 通信中断、组网口控制命令 1、组网口控制命令 2、直跳口 1 控制命令、直跳口 2 控制命令（GOOSE 光纤组网）。

（4）110kV 分段智能终端向 110kV 分段保护测控装置提供断路器总位置（GOOSE 光纤直连）。

（5）110kV 分段保护测控装置向 110kV 分段智能终端提供断路器控分、断路器控合、隔离开关1控分、隔离开关1控合、隔离开关2控分、隔离开关2控合、接地隔离开关1KD控分、接地隔离开关1KD控合、接地隔离开关2KD控分、接地隔离开关2KD控合、远方复归直控动作出口（GOOSE光纤组网）。

（6）110kV分段保护测控装置向110kV分段智能终端提供断路器永跳命令（GOOSE光纤直连）。

二、110kV分段智能终端

110kV分段智能终端输入输出信号示意图，如图4-6所示。

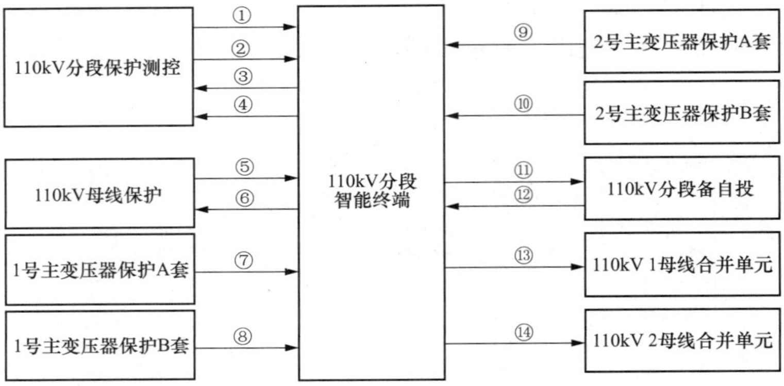

图4-6 110kV母联智能终端输入输出信号示意图

（1）110kV分段保护测控装置向110kV分段智能终端提供断路器控分、断路器控合、隔离开关1控分、隔离开关1控合、隔离开关2控分、隔离开关2控合、接地隔离开关1KD控分、接地隔离开关1KD控合、接地隔离开关2KD控分、接地隔离开关2KD控合、远方复归直控动作出口（GOOSE光纤组网）。

（2）110kV分段保护测控装置向110kV分段智能终端提供断路器永跳命令（GOOSE光纤直连）。

（3）110kV分段智能终端向110kV分段保护测控装置提供断路器总位置、隔离开关1位置、隔离开关2位置、接地隔离开关1KD位置、接地隔离开关2KD位置、弹簧未储能闭锁重合闸、断路器弹簧储能超时、断路器合闸弹簧储能、1气室断路器补气报警、2气室和4气室补气报警、断路器电机断电、接地隔离开关电机断电、接地隔离开关控制断电、辅助回路断电、驱潮加热回路断电、接地隔离开关驱潮加热回路断电、汇控柜及断路器机构手投驱潮回路断电、断路器低气压闭锁、信号及指示回路断电、断路器近控、接地隔离开关近控、联锁解除、合闸弹簧未储能、合闸弹簧已储能、A相带电显示有电、B相带电显示有电、C相带电显示有电、合并单元直流消失、线路保护告警及直流消失、相邻间隔智能终端直流消失、压力低闭锁重合闸、智能终端就地、就地复归、检修开入、操作电源正常、控制回路断线、位置不对应事故总、GPS信号异常、GCB1_1网通信中断、GCB1_配置错误、从1GCB1通信中断、从1GCB2通信中断、组网口控制命令1、组网口控制命令2、直跳口1控制命令、直跳口2控制命令（GOOSE光纤组网）。

（4）110kV分段智能终端向110kV分段保护测控装置提供断路器总位置（GOOSE光纤直连）。

（5）110kV 母线保护向 110kV 分段智能终端提供母联跳闸命令（GOOSE 光纤直连）。

（6）110kV 分段智能终端向 110kV 母线保护提供分段断路器总位置、分段手合命令（GOOSE 光纤直连）。

（7）1 号主变压器保护 A 套向 110kV 分段智能终端提供跳中压侧分段命令（GOOSE 光纤组网）。

（8）1 号主变压器保护 B 套向 110kV 分段智能终端提供跳中压侧分段命令（GOOSE 光纤组网）。

（9）2 号主变压器保护 A 套向 110kV 分段智能终端提供跳中压侧分段命令（GOOSE 光纤组网）。

（10）2 号主变压器保护 B 套向 110kV 分段智能终端提供跳中压侧分段命令（GOOSE 光纤组网）。

（11）110kV 分段智能终端向 110kV 分段备自投提供分段断路器跳位（GOOSE 光纤组网）。

（12）110kV 分段备自投向 110kV 分段智能终端提供分段断路器分合闸命令（GOOSE 光纤组网）。

（13）110kV 分段智能终端向 110kV 1 母线合并单元提供分段断路器总位置、隔离开关 1 位置、隔离开关 2 位置（GOOSE 光纤组网）。

（14）110kV 分段智能终端向 110kV 2 母线合并单元提供分段断路器总位置、隔离开关 1 位置、隔离开关 2 位置（GOOSE 光纤组网）。

三、110kV 分段合并单元

110kV 分段合并单元输入输出信号示意图，如图 4-7 所示。

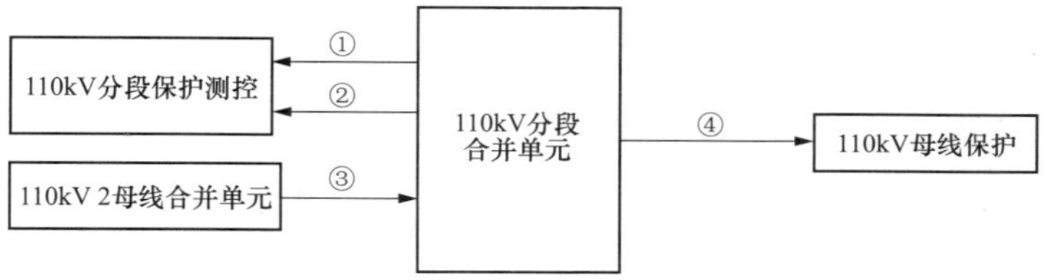

图 4-7　110kV 分段合并单元输入输出信号示意图

（1）110kV 分段合并单元向 110kV 分段保护测控装置提供分段间隔 A 相、B 相、C 相保护电流、测量电流，1 号母线 A 相、B 相、C 相保护/测量电压，2 号母线 B 相保护/测量电压，采样额定延时（SV 光纤直连）。

（2）110kV 分段合并单元向 110kV 分段保护测控装置提供同步异常、采样异常、检修状态、硬件自检出错、配置文件错、GOOSE 异常、PT 失压告警（GOOSE 光纤组网）。

（3）110kV 2 母线合并单元向 110kV 分段合并单元提供 1 号母线、2 号母线 A 相、B 相、C 相保护/测量电压（SV 光纤级联）。

（4）110kV 分段合并单元向 110kV 母线保护提供 110kV 分段间隔 A 相、B 相、C 相保护电流和启动电流，采样额定延时（SV 光纤直连）。

四、110kV 分段备自投

110kV 分段备自投输入输出信号示意图，如图 4-8 所示。

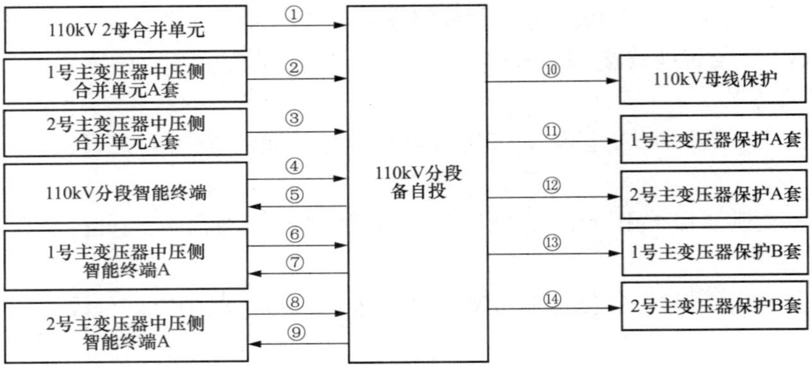

图 4-8 110kV 分段备自投输入输出信号示意图

（1）110kV 2 母合并单元向 110kV 分段备自投提供 110kV 1 号母线、2 号母线 A 相、B 相、C 相保护/测量电压（SV 光纤直连）。

（2）1 号主变压器中压侧合并单元 A 向 110kV 分段备自投提供采样额定延时、1 号主变压器中压侧 A 相计量/测量电流（SV 光纤直连）。

（3）2 号主变压器中压侧合并单元 A 向 110kV 分段备自投提供采样额定延时、2 号主变压器中压侧 A 相计量/测量电流（SV 光纤直连）。

（4）110kV 分段智能终端向 110kV 分段备自投提供 110kV 分段断路器跳位（GOOSE 组网）。

（5）110kV 分段备自投向 110kV 分段智能终端提供跳合闸命令（GOOSE 组网）。

（6）1 号主变压器中压侧智能终端 A 向 110kV 分段备自投提供断路器跳位、手跳闭锁备自投命令（GOOSE 组网）。

（7）110kV 分段备自投向 1 号主变压器中压侧智能终端 A 提供跳闸命令（GOOSE 组网）。

（8）2 号主变压器中压侧智能终端 A 向 110kV 分段备自投提供断路器跳位、手跳闭锁备自投命令（GOOSE 组网）。

（9）110kV 分段备自投向 2 号主变压器中压侧智能终端 A 提供跳闸命令（GOOSE 组网）。

（10）110kV 母线保护向 110kV 分段备自投提供母差动作闭锁备自投命令（GOOSE 组网）。

（11）1 号主变压器保护 A 向 110kV 分段备自投提供主变压器后备保护动作闭锁备自投命令（GOOSE 组网）。

（12）2 号主变压器保护 A 向 110kV 分段备自投提供主变压器后备保护动作闭锁备自投命令（GOOSE 组网）。

（13）1 号主变压器保护 B 向 110kV 分段备自投提供主变压器后备保护动作闭锁备自投命令（GOOSE 组网）。

（14）2 号主变压器保护 B 向 110kV 分段备自投提供主变压器后备保护动作闭锁备自投命令（GOOSE 组网）。

五、110kV 分段间隔网络拓扑

110kV 分段间隔网络拓扑，如图 4-9 所示。

110kV 分段合并单元背板 4 根 SV 直连光纤，分别与 110kV 分段保护测控装置、110kV 母线保护、110kV 故障录波及网络分析仪相连。1 根 SV 光纤级联，与 110kV 2 母线合并单元相连获取母线电压。1 对 GOOSE 光纤组网，与 110kV 分段间隔过程层交换机 A 相连，将分段合并单元装置告警信息通过 110kV 分段间隔过程层交换机 A 上送至该分段间隔保护测控装置。

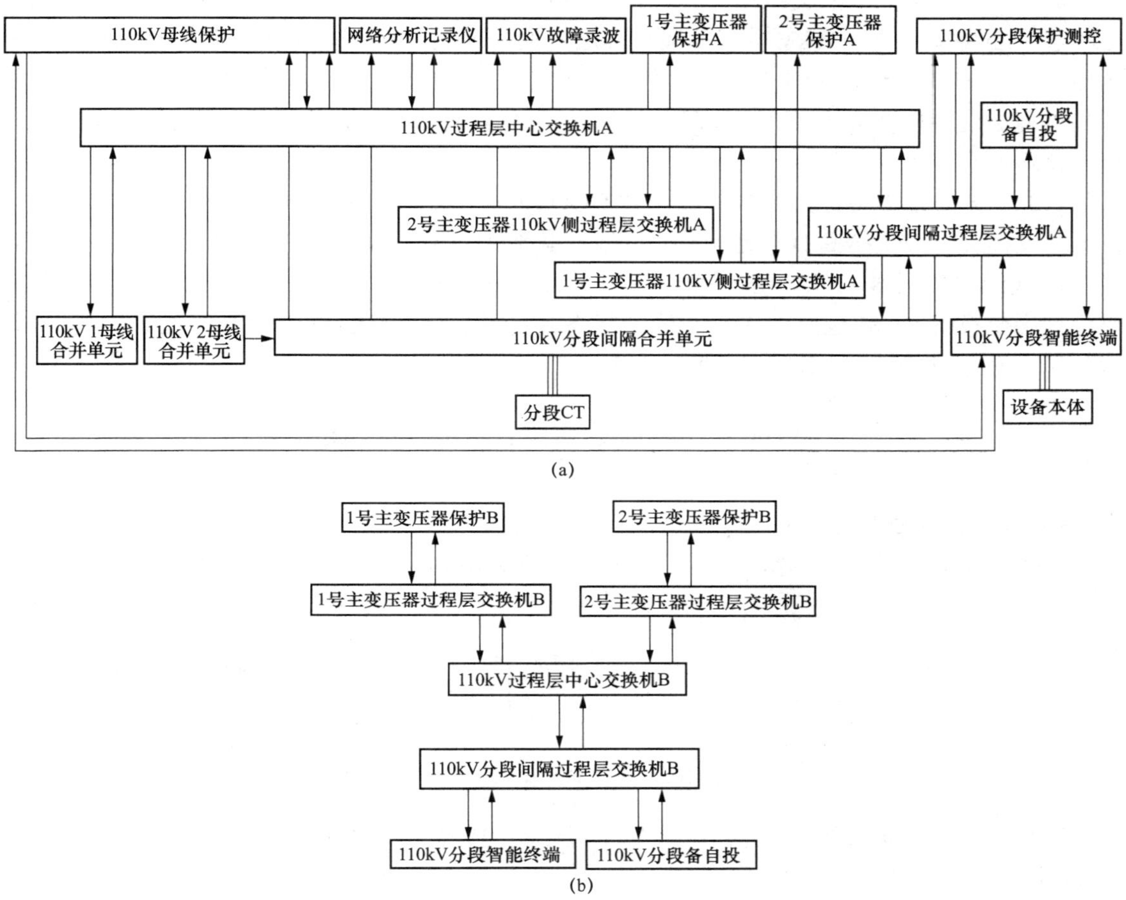

图 4-9　110kV 分段间隔网络拓扑图

110kV 分段智能终端背板 2 对 GOOSE 光纤直连，分别与 110kV 分段保护测控装置、110kV 母线保护相连实现 110kV 分段保护、110kV 母线保护跳合闸。2 对 GOOSE 光纤组网，其中 1 对与 110kV 分段间隔过程层交换机 A 相连，一方面将该分段间隔一次设备相关信息上送至该分段间隔保护测控、110kV 1 母线合并单元、110kV 2 母线合并单元、110kV 备自投，另一方面实现该分段间隔测控装置对一次设备的遥控操作、主变压器后备保护跳分段、110kV 备自投合分段。另一对与 110kV 分段间隔过程层交换机 B 相连，实现主变压器第二套后备保护跳分段。

110kV 分段间隔配置两台间隔过程层交换机：110kV 分段间隔过程层交换机 A、110kV 分段间隔过程层交换机 B。

110kV 分段间隔过程层交换机 A 背板 4 对 GOOSE 光纤组网，其中 3 对分别与 110kV 分段保护测控装置、110kV 分段合并单元、110kV 分段智能终端相连，实现该分段间隔各设备之间的信息共享，另一对与 110kV 过程层中心交换机 A 相连，实现本间隔同其他 110kV 间隔之间的信息共享（如 110kV 1 母线合并单元、110kV 2 母线合并单元通过 110kV 过程层中心交换机 A、110kV 分段间隔过程层交换机 A、110kV 分段智能终端获取分段断路器及其两侧隔离开关位置信息，主变压器后备保护 A 套经主变压器 110kV 侧过程层交换机 A、110kV 过程层中心交换机 A、110kV 分段间隔过程层交换机 A 传送至 110kV 分段智能终端实现主变压器后备保护 A 跳分段并向其发送闭锁 110kV 分段备自投，110kV 备自投通过 110kV 分段间隔过程层交换机 A 从 110kV 分段智能终端获取分段断路器位置信息，并向其发送备自投合分段断路器合闸命令。

110kV 分段过程层交换机 B 背板 2 对 GOOSE 光纤组网，分别与 110kV 分段智能终端及 110kV 过程层中心交换机 B 相连实现本间隔同其他 110kV 间隔之间的信息共享（主变压器后备保护 B 经主变压器 110kV 侧过程层交换机 B、110kV 过程层中心交换机 B、110kV 分段间隔过程层交换机 B、传送至 110kV 分段智能终端实现主变压器后备保护 B 跳分段、主变压器后备保护 B 套动作闭锁 110kV 分段备自投）。

第四节　110kV 母线间隔网络拓扑

一、110kV 1 母线测控

110kV 1 母线测控输入输出信号示意图，如图 4-10 所示。

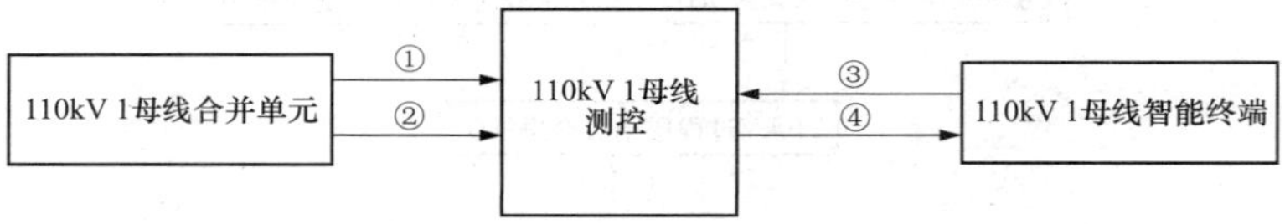

图 4-10　110kV 母线测控输入输出信号示意图

（1）110kV 1 母线合并单元向 110kV 1 母线测控装置提供 1 号母线 A 相、B 相、C 相保护/测量电压（SV 光纤直连）。

（2）110kV 1 母线合并单元向 110kV 1 母线测控装置提供装置报警、SV 总报警、检修投入、同步异常报警、光耦失电报警、采样异常报警、电压并列异常报警、GOOSE 总报警、GOOSE-A 网链接 1 断链、GOOSE-A 网链接 2 断链、GOOSE-A 网链接 3 断链、GOOSE-A 网链接 4 断链、母线 1 电压已并列、母线 2 电压已并列（GOOSE 光纤组网）。

（3）110kV 1 母线智能终端向 110kV 1 母线测控装置提供 1 号母线电压互感器一次侧隔离开关、接地隔离开关位置、检修、手跳开入、手合开入、控制回路断线、事故总、光耦电源异常、总线启动信号异常、GOOSE 输入长期动作、B01_GOCB1 GOOSE A 网告警、B01_GOCB1 GOOSE B 网告警（GOOSE 光纤组网）。

（4）110kV 1 母线测控装置向 110kV 1 母线智能终端提供 1 号母线电压互感器一次侧隔离开关、接地隔离开关控分、控合、远方复归命令（GOOSE 光纤组网）。

110kV 2 母线测控装置同 110kV 1 母线测控装置。

二、110kV 1 母线智能终端

110kV 1 母线智能终端输入输出信号示意图，如图 4-11 所示。

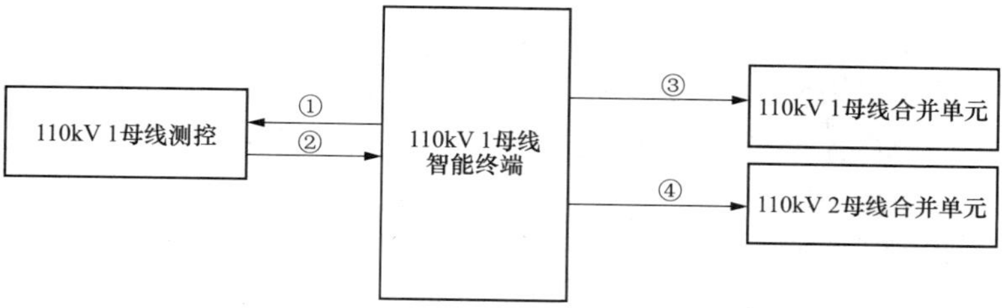

图 4-11　110kV 1 母线智能终端输入输出信号示意图

（1）110kV 1 母线智能终端向 110kV 1 母线测控装置提供 1 号母线电压互感器一次侧隔离开关、接地隔离开关位置、检修、手跳开入、手合开入、控制回路断线、事故总、光耦电源异常、总线启动信号异常、GOOSE 输入长期动作、B01_GOCB1 GOOSE A 网告警、B01_GOCB1 GOOSE B 网告警（GOOSE 光纤组网）。

（2）110kV 1 母线测控装置向 110kV 1 母线智能终端提供 1 号母线电压互感器一次侧隔离开关、接地隔离开关控分、控合、远方复归命令（GOOSE 光纤组网）。

（3）110kV 1 母线智能终端向 110kV 1 母线合并单元提供 1 号母线电压互感器一次侧隔离开关位置（GOOSE 光纤组网）。

（4）110kV 母线 1 智能终端向 110kV 2 母线合并单元提供 1 号母线电压互感器一次侧隔离开关位置（GOOSE 光纤组网）。

110kV 2 母线智能终端同 110kV 1 母线智能终端。

三、110kV 1 母线合并单元

110kV 1 母线合并单元输入输出信号示意图，如图 4-12 所示。

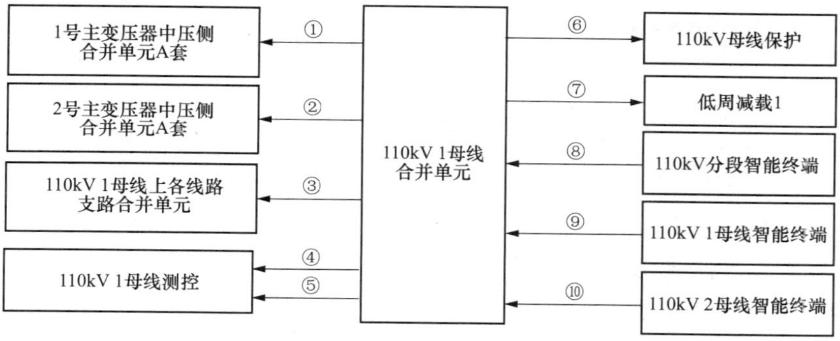

图 4-12　110kV 1 母线合并单元输入输出信号示意图

（1）110kV 1 母线合并单元向 1 号主变压器中压侧合并单元 A 套提供 110kV 1 号母线 A 相、B 相、C 相保护/测量电压（SV 光纤级联）。

（2）110kV 1 母线合并单元向 2 号主变压器中压侧合并单元 A 套提供 110kV 2 号母线 A 相、B 相、C 相保护/测量电压（SV 光纤级联）。

（3）110kV 1 母线合并单元向 110kV 1 号母线上各线路支路合并单元提供 110kV 1 号母线 A 相、B 相、C 相保护/测量电压（SV 光纤级联）。

（4）110kV 1 母线合并单元向 110kV 1 母线测控提供 110kV 1 号母线 A 相、B 相、C 相保护/测量电压（SV 光纤直连）。

（5）110kV 1 母线 1 合并单元向 110kV 1 母线测控提供装置报警、SV 总报警、检修投入、同步异常报警、光耦失电报警、采样异常报警、电压并列异常报警、GOOSE 总报警、GOOSE-A 网链接 1 断链、GOOSE-A 网链接 2 断链、GOOSE-A 网链接 3 断链、GOOSE-A 网链接 4 断链、母线 1 电压已并列、母线 2 电压已并列（GOOSE 光纤组网）。

（6）110kV 1 母线合并单元向 110kV 母线保护提供 110kV 1 号母线 A 相、B 相、C 相保护电压和启动电压，110kV 2 号母线 A 相、B 相、C 相保护电压和启动电压（SV 光纤直连）。

（7）110kV 1 母线合并单元向低周减载 1 提供 110kV 1 号母线 A 相、B 相、C 相保护电压和启动电压（SV 光纤直连）。

（8）110kV 分段智能终端向 110kV 1 母线合并单元提供分段断路器位置、隔离开关 1 位置、隔离开关 2 位置（GOOSE 光纤组网）。

（9）110kV 1 母线智能终端向 110kV 1 母线合并单元提供 1 号母线电压互感器一次侧隔离开关位置（GOOSE 光纤组网）。

（10）110kV 2 母线智能终端向 110kV 1 母线合并单元提供 2 号母线电压互感器一次侧隔离开关位置（GOOSE 光纤组网）。

四、110kV 2 母线合并单元

110kV 2 母线合并单元输入输出信号示意图，如图 4-13 所示。

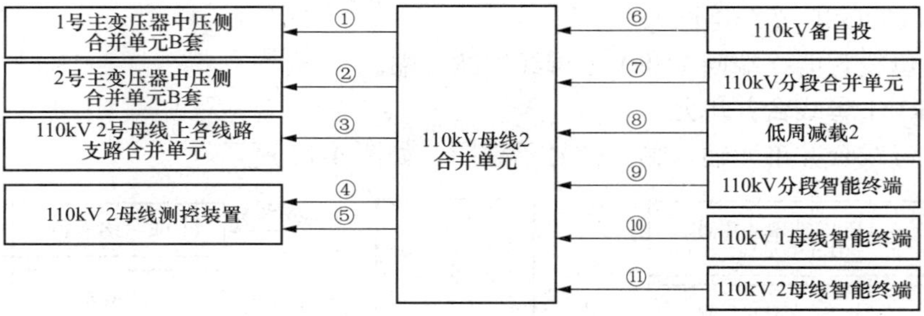

图 4-13 110kV 母线 2 合并单元输入输出信号示意图

（1）110kV 2 母线合并单元向 1 号主变压器中压侧合并单元 B 套提供 110kV 1 号母线 A 相、B 相、C 相保护/测量电压（SV 光纤级联）。

（2）110kV 2 母线合并单元向 2 号主变压器中压侧合并单元 B 套提供 110kV 2 号母线 A 相、B 相、C 相保护/测量电压（SV 光纤级联）。

（3）110kV 2 母线合并单元向 110kV 2 号母线上各线路支路合并单元提供 110kV 2 号母线 A 相、B 相、C 相保护/测量电压（SV 光纤级联）。

（4）110kV 2 母线合并单元向 110kV 2 母线测控提供 110kV 2 号母线 A 相、B 相、C 相保护/测量电压（SV 光纤直连）。

（5）110kV 2 母线合并单元向 110kV 2 母线测控提供装置报警、SV 总报警、检修投入、同步异常报警、光耦失电报警、采样异常报警、电压并列异常报警、GOOSE 总报警、GOOSE-A 网链接 1 断链、GOOSE-A 网链接 2 断链、GOOSE-A 网链接 3 断链、GOOSE-A 网链接 4 断链、母线 1 电压已并列、母线 2 电压已并列（GOOSE 光纤组网）。

（6）110kV 2 母线合并单元向 110kV 备自投提供 110kV 1、2 号母线 A 相、B 相、C 相保护/测量电压（SV 光纤直连）。

（7）110kV 2 母线合并单元向 110kV 分段提供 1 号母 A 相、B 相、C 相保护/测量电压、2 号母线 B 相保护/测量电压（SV 光纤直连）。

（8）110kV 2 母线合并单元向低周减载 2 提供 2 号母 A 相、B 相、C 相保护/测量电压（SV 光纤直连）。

（9）110kV 分段智能终端向 110kV 2 母线合并单元提供 110kV 分段断路器位置、110kV 分段隔离开关 1 位置、110kV 分段隔离开关 1 位置（GOOSE 光纤组网）。

（10）110kV 1 母线智能终端向 110kV 2 母线合并单元提供 1 号母线电压互感器一次侧隔离开关位置（GOOSE 光纤组网）。

（11）110kV 2 母线智能终端向 110kV 2 母线合并单元提供 2 号母线电压互感器一次侧隔离开关位置（GOOSE 光纤组网）。

五、110kV 母线保护

110kV 母线保护输入输出信号示意图，如图 4-14 所示。

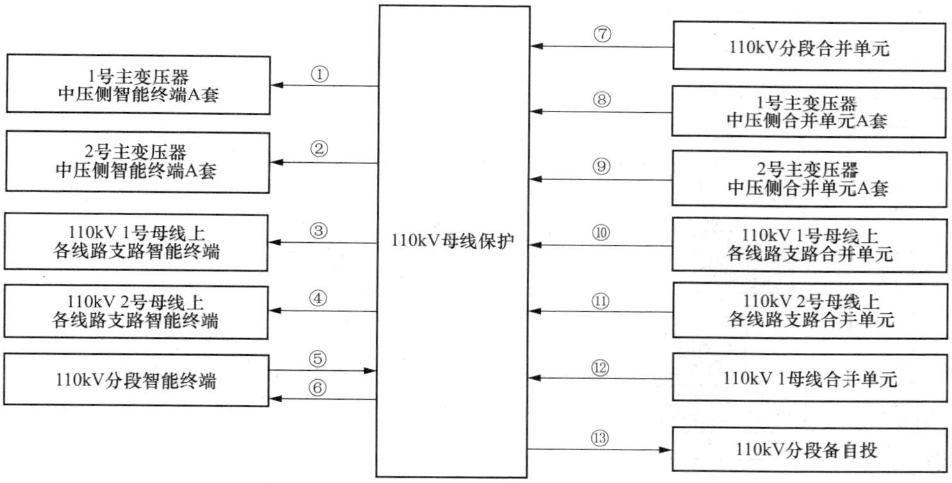

图 4-14　110kV 母线保护输入输出信号示意图

（1）110kV 母线保护向 1 号主变压器中压侧智能终端 A 套提供断路器跳闸命令（GOOSE 光纤直连）。

（2）110kV 母线保护向 2 号主变压器中压侧智能终端 A 套提供断路器跳闸命令（GOOSE 光纤直连）。

（3）110kV 母线保护向 110kV 1 号母线上各线路支路智能终端提供断路器跳闸命令（GOOSE 光纤直连）。

（4）110kV 母线保护向 110kV 2 号母线上各线路支路智能终端提供断路器跳闸命令（GOOSE 光纤直连）。

（5）110kV 母线保护向 110kV 分段智能终端提供 110kV 分段断路器跳闸命令（GOOSE 光纤直连）。

（6）110kV 分段智能终端向 110kV 母线保护提供 110kV 分段断路器总位置，手合命令（GOOSE 光纤直连）。

（7）110kV 分段合并单元向 110kV 母线保护提供额定延时，110kV 分段间隔 A 相、B 相、C 相保护电流和启动电流（SV 光纤直连）。

（8）1 号主变压器中压侧合并单元 A 套向 110kV 母线保护提供额定延时，110kV 分段间隔 A 相、B 相、C 相保护电流和启动电流（SV 光纤直连）。

（9）2 号主变压器中压侧合并单元 A 套向 110kV 母线保护提供额定延时，110kV 分段间隔 A 相、B 相、C 相保护电流和启动电流（SV 光纤直连）。

（10）110kV 1 号母线上各线路支路合并单元向 110kV 母线保护提供额定延时，该线路间隔 A 相、B 相、C 相保护电流和启动电流（SV 光纤直连）。

（11）110kV 2 号母线上各线路支路合并单元向 110kV 母线保护提供额定延时，该线路间隔 A 相、B 相、C 相保护电流和启动电流（SV 光纤直连）。

（12）110kV 1 母线合并单元向 110kV 母线保护提供额定延时，110kV 1 号母线、2 号母线的 A 相、B 相、C 相保护电压和启动电压（SV 光纤级联）。

（13）110kV 母线保护向 110kV 备自投提供的备自投总闭锁信息（GOOSE 组网）。

六、110kV 母线间隔网络拓扑

110kV 母线间隔网络拓扑，如图 4-15 所示。

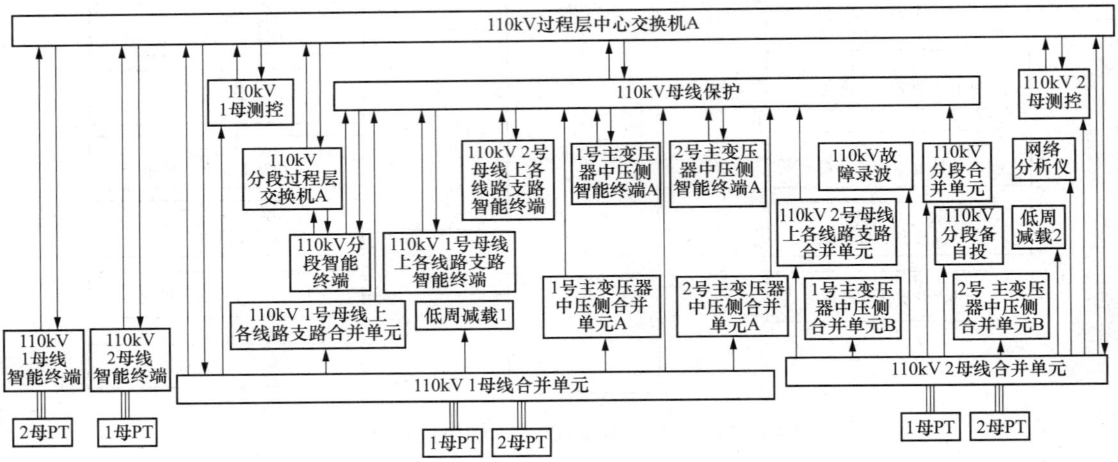

图 4-15 110kV 母线间隔网络拓扑图 A

110kV 1 母线合并单元背板 6 根 SV 直连光纤，分别与 110kV 1 号母线上各线路支路合并单元、1 号主变压器中压侧合并单元 A、2 号主变压器中压侧合并单元 A、110kV 母线保护、110kV 1 母线测控、低周减载 1 相连。1 对 GOOSE 光纤组网，与 110kV 过程层中心交换机 A 相连，一方面获取 110kV 1 母线智能终端提供的 1 号母线电压互感器一次侧隔离开关位置、110kV 2 母线智能终端提供的 2 号母线电压互感器一次侧隔离开关位置、110kV 分段智能终端提供的分段断路器及其两侧隔离开关位置，另一方面将本装置告警信息上送至 110kV 1 母线测控装置。

110kV 2 母线合并单元背板 9 根 SV 直连光纤，分别与 1 号主变压器中压侧合并单元 B、2 号主变压器中压侧合并单元 B、110kV 2 号母线上各线路支路合并单元、110kV 2 母线测控、低周减载 2、110kV 分段合并单元、110kV 备自投相连。1 对 GOOSE 光纤组网，与 110kV 过程层中心交换机 A 相连，一方面获取 110kV 1 母线智能终端提供的 1 号母线电压互感器一次侧隔离开关位置、110kV 2 母线智能终端提供的 2 号母线电压互感器一次侧隔离开关位置、110kV 分段智能终端提供的分段断路器及其两侧隔离开关位置，另一方面将本装置告警信息上送至 110kV 2 母线测控装置。

110kV 1 母线智能终端背板 1 对 GOOSE 光纤组网，与 110kV 过程层中心交换机 A 相连，一方面将 1 号母线电压互感器一次设备相关信息上送至 110kV 过程层中心 A 网实现信息共享（110kV 1 母线、2 母线合并单元获取 1 号母线电压互感器一次侧隔离开关位置），另一方面实现 110kV 1 母线测控对 1 号母线电压互感器一次设备的遥控操作。

110kV 2 母线智能终端背板 1 对 GOOSE 光纤组网，与 110kV 过程层中心交换机 A 相连，一方面将 2 号母线电压互感器一次设备相关信息上送至 110kV 过程层中心 A 网实现信息共享（110kV 1 母线、2 母线合并单元获取 2 号母线电压互感器一次侧隔离开关位置）。

110kV 母线保护背板 6 根 SV 光纤直连，分别与 110kV 1 号母线上各线路支路合并单元、110kV 2 号母线上各线路支路合并单元、110kV 分段合并单元、1 号主变压器中压侧合并单元 A、2 号主变压器中压侧合并单元 A、110kV 1 母线合并单元相连。5 对 GOOSE 光纤直连，分别于 110kV 1 号母线上各线路支路智能终端、110kV 2 号母线上各线路支路智能终端、110kV 分段智能终端、1 号主变压器中压侧智能终端 A、2 号主变压器中压侧智能终端 A 相连。1 对 GOOSE 光纤组网与 110kV 过程层中心交换机 A 相连（向 110kV 备自投提供 110kV 母差动作闭锁备自投信息，110kV 母差保护动作闭锁备自投信息由 110kV 母线保护经 110kV 过程层中心交换机 A、110kV 分段间隔过程层交换机 A 传递给 110kV 备自投）。

110kV 母线测控装置背板 1 根 SV 光纤直连与 110kV 母线合并单元相连。1 对 GOOSE 光纤组网，与 110kV 过程层中心交换机 A 相连（110kV 母线合并单元告警信息上送至 110kV 母线测控装置、110kV 母线智能终端将线电压互感器间隔一次设备信息上送至 110kV 母线测控，实现 110kV 母线测控对母线电压互感器间隔一次设备的遥控操作）。

第五节　110kV 过程层网络拓扑

110kV 过程层网络拓扑示意图，如图 4-16 所示。

110kV 过程层中心交换机 A 背板 11 对 GOOSE 组网，分别与所有 110kV 线路间隔过程层交换机、110kV 分段间隔过程层交换机 A、1 号主变压器 110kV 侧过程层交换机 A、2 号主变压器 110kV 侧过程层交换机 A、110kV 1 母线合并单元、110kV 2 母线合并单元、110kV 1 母线智能终端、110kV 2 母线智能终端、110kV 1 母线测控装置、110kV 2 母线测控装置、110kV 母线保护。传输的主要信号为 1 母线、2 母线电压互感器间隔一次设备信息，分段断路器及其两侧隔离开关位置信息，110kV 1 母线、2 母线合并单元告警信息，1 号、2 号主变压器后备保护 A 跳 110kV 分段，1 号、2 号主变压器后备保护 A 闭锁 110kV 分段备自投，110kV 母差动作闭锁 110kV 分段备自投信息。

110kV 过程层中心交换机 B 背板 3 对 GOOSE 组网，分别与 110kV 分段间隔过程层交换机 B、1 号主变压器 110kV 侧过程层交换机 B、2 号主变压器 110kV 侧过程层交换机 B 相连。传输的主要信号为 1 号、2 号主变压器后备保护 B 跳 110kV 分段，1 号、2 号主变压器后备保护 B 闭锁 110kV 分段备自投信息。

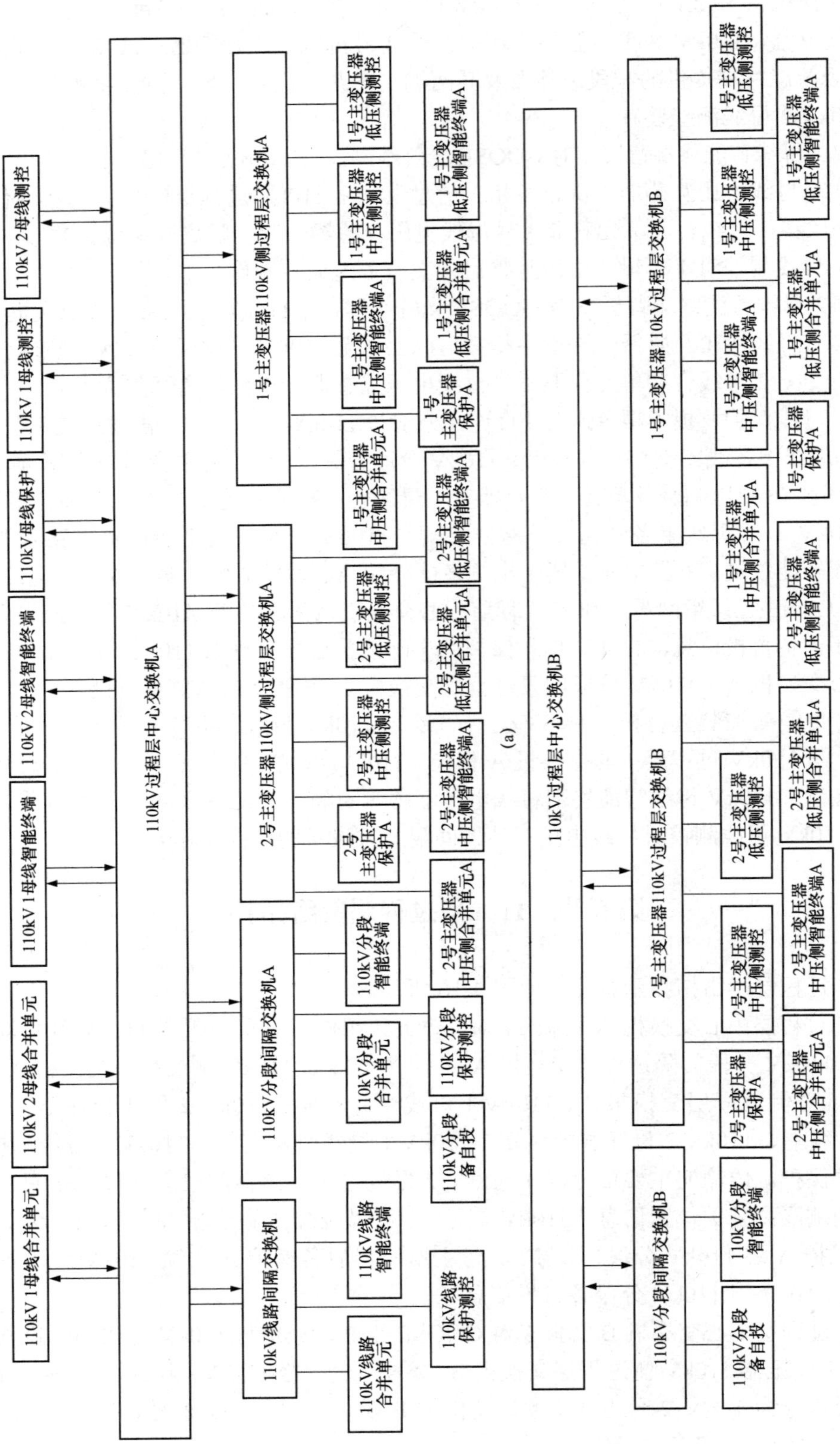

图 4-16 110kV 过程层网络拓扑示意图

第六节　220kV 线路间隔网络拓扑

一、220kV 线路测控装置

220kV 线路测控装置输入输出信号示意图，如图 4-17 所示。

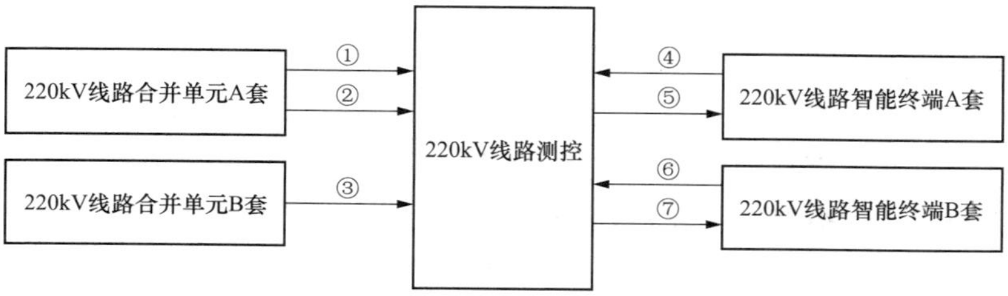

图 4-17　220kV 线路测控装置输入输出信号示意图

（1）220kV 线路合并单元 A 套向该线路测控装置提供该线路间隔 A 相、B 相、C 相测量电流，该线路抽取电压，220kV 母线 A 相、B 相、C 相测量电压（SV 光纤直连）。

（2）220kV 线路合并单元 A 套向该线路测控装置提供告警总、失步、配置错误、平台高精、SV 接收 1 中断、SV 接收 2 中断、GOOSE 中断、PT 并列异常、PT 切换隔离开关位置无效、PT 并列、PT 切换隔离开关同时动作、Ⅰ母、Ⅱ母、PT 切换隔离开关同时返回、复归、检修状态（GOOSE 光纤组网）。

（3）220kV 线路合并单元 B 套向该线路测控装置提供 SV 总告警、光耦电源异常、同步异常、检修连接片投入、GOOSE 总报警、GOOSE A 网链接 1 断链、同时动作、同时返回、输入额定延迟时间异常、光纤光强异常、板 2 光纤 1 接入异常、采样异常、GOOSE 链接 1 配置错误、GOOSE A 网链接 2 断链、SV 发送文本配置错误、母线 MU 数据无效、母线 MU 置检修（GOOSE 光纤组网）。

（4）220kV 线路智能终端 A 套向该线路测控装置提供断路器总位置、断路器 A 相位置、断路器 B 相位置、断路器 C 相位置、隔离开关 1 位置、隔离开关 2 位置、隔离开关 3 位置，接地隔离开关 1 位置、接地隔离开关 2 位置、接地隔离开关 3 位置，检修状态、复归信号、控制回路断线、三相不一致、控制回路失电、事故总、压力降低闭锁重合闸、智能终端 B 告警及直流消失、智能终端 B 装置闭锁、合并单元 A 装置闭锁、合并单元 A 直流消失（两套智能终端之间有电缆连接，一方面当 220kV 母线保护 A 动作给各间隔智能终端 A 发永跳命令，智能终端 A 将闭锁重合闸信息通过电缆发送给智能终端 B，智能终端 B 再发送给本间隔线路保护 B，从而闭锁第二套线路保护重合闸。另一方面当某一套智能终端直流消失或装置闭锁时，可通过电缆给另一套智能终端一个开入，再经本间隔过程层交换机、本间隔测控装置发告警信息；智能终端 A 与合并单元 A 有电缆连接，详见 110kV 线路测控装置输入输出信号示意图）、手跳、手合、同期手合、智能终端 A 就地位置、电机运转、报警装置直流消失、断路器转换开关就地位置、断路器转换开关远方位置、隔离开关转换开关就地位置、隔离开关转换开关远方位置、断路器气室 SF_6 压力降低闭锁、断路器气室 SF_6 压力降低报警、报警电源、主机故障、断路器电机运转过流过时报警、隔离开关电机运转过流过时报警、其他气室 SF_6 压力降低报警、联锁解除、断路器弹簧未储能、空气开关分跳闸报警、非全相、闭锁重合闸、对时异常、无效定值区、开入开出异常、监视 CPU 告警、FPGA 接口错误、GOOSE A 网告警、GOOSE 配置错误、GOOSE 总告警、智能单元 CPU 总告警、直流测量 1、直流测量 2（GOOSE 光纤组网）。

（5）220kV 线路测控装置向该线路智能终端 A 套提供断路器控分、断路器控合、隔离开关 1 控分、隔离开关 1 控合、隔离开关 2 控分、隔离开关 2 控合、隔离开关 3 控分、隔离开关 3 控合、接地隔离开关 1 控分、接地隔离开关 1 控合、接地隔离开关 2 控分、接地隔离开关 2 控合、接地隔离开关 3 控分、接地隔离开关 3 控合、远方复归直控动作出口（GOOSE 光纤组网）。

（6）220kV 线路智能终端 B 套向该线路测控装置提供断路器总位置（合位相“与”，跳位相“或”）、断路器 A 相位置、断路器 B 相位置、断路器 C 相位置、隔离开关 1 位置、接地隔离开关 2 位置、接地隔离开关 3 位置，闭锁重合闸、断路器压力降低闭锁重合闸、手合开入，手跳开入，检修开入，另一套智能终端告警，另一套智能终端闭锁，合并单元 B 装置闭锁、合并单元 B 装置告警、三相不一致、事故总、光耦电源异常，断路器压力异常，控制回路断线，总线启动信号异常、GOOSE 输入长期动作、GPS 异常、GOCB1 GOOSE A 网告警、GOCB2 GOOSE A 网告警、GOCB3 GOOSE A 网告警、GOCB4 GOOSE A 网告警（GOOSE 光纤组网）。

（7）220kV 线路测控装置向该线路智能终端 B 套提供断路器控分、断路器控合、远方复归直控动作出口（GOOSE 光纤组网）。

二、220kV 线路智能终端 A 套

220kV 线路智能终端 A 套输入输出信号示意图，如图 4-18 所示。

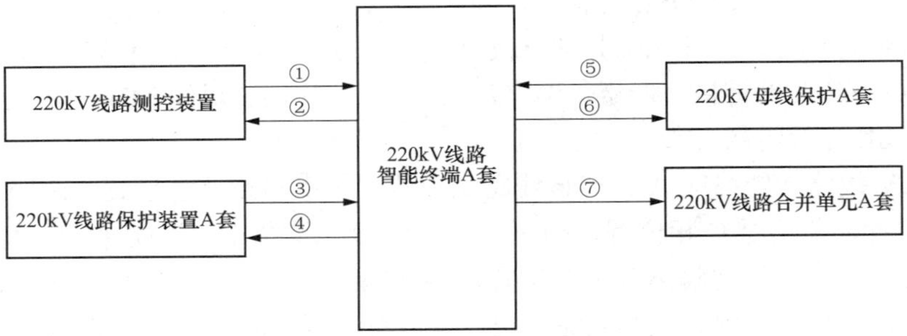

图 4-18　220kV 线路智能终端 A 套输入输出信号示意图

（1）220kV 线路测控装置向该线路智能终端 A 套提供断路器遥控分闸出口、断路器遥控合闸出口、–1 隔离开关遥控分闸出口、–1 隔离开关遥控合闸出口、–2 隔离开关遥控分闸出口、–2 隔离开关遥控合闸出口、–5 隔离开关遥控分闸出口、–5 隔离开关遥控合闸出口、–1KD 接地隔离开关遥控分闸出口、–1KD 接地隔离开关遥控合闸出口、–5KD 接地隔离开关遥控分闸出口、–5KD 接地隔离开关遥控合闸出口、–5XD 接地隔离开关遥控分闸出口、–5XD 接地隔离开关遥控合闸出口、远方复归直控动作出口（GOOSE 光纤组网）。

（2）220kV 线路智能终端 A 套向该线路测控装置提供断路器总位置、断路器 A 相位置、断路器 B 相位置、断路器 C 相位置、隔离开关 1 位置、隔离开关 2 位置、隔离开关 3 位置，接地隔离开关 1 位置、接地隔离开关 2 位置、接地隔离开关 3 位置，检修状态、复归信号、控制回路断线、事故总、压力降低闭锁重合闸、智能终端B告警及直流消失、智能终端B装置闭锁、合并单元A装置闭锁、合并单元A直流消失、手跳、手合、同期手合、智能终端A就地位置、电机运转、报警装置直流消失、断路器转换开关就地位置、断路器转换开关远方位置、隔离开关转换开关就地位置、隔离开关转换开关远方位置、断路器气室 SF_6 压力降低闭锁、断路器气室 SF_6 压力降低报警、断路器电机运转过流过时报警、隔离开关电机运转过流过时报警、其他气室 SF_6 压力降低报警、联锁解除、断路器弹簧未储能、空气开关分跳闸报警、非全相、闭锁重合闸、对时异常、无效定值区、开入开出异常、监视CPU告警、FPGA接口错误、GOOSE A网告警、GOOSE配置错误、GOOSE总告警、智能单元CPU总告警、直流测量1、直流测量2（GOOSE光纤组网）。

（3）220kV线路保护装置A套向该线路智能终端A套提供断路器A相跳闸、B相跳闸、C相跳闸、永跳、重合闸命令（GOOSE光纤直连）。

（4）220kV线路智能终端A套向该线路保护装置A套提供断路器A相位置、B相位置、C相位置、闭锁重合闸（另一套）、重合压力低（低气压闭锁重合闸）、手跳开入闭锁重合闸（GOOSE光纤直连）。

（5）220kV母线保护A套向该线路智能终端A套提供跳闸命令（GOOSE光纤直连）。

（6）220kV线路智能终端A套向220kV母线保护A套提供–1隔离开关位置、–2隔离开关位置（GOOSE光纤直连）。

（7）220kV线路智能终端A套向该线路合并单元A套提供–1隔离开关位置、–2隔离开关位置（GOOSE光纤组网）。

三、220kV线路智能终端B套

220kV线路智能终端B套输入输出信号示意图，如图4-19所示。

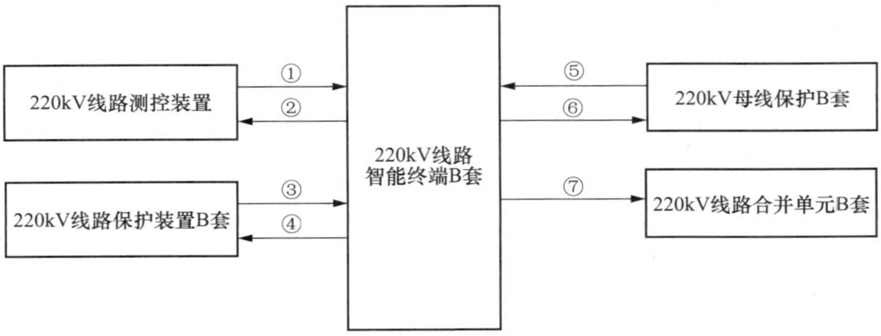

图4-19　220kV线路智能终端B套输入输出信号示意图

（1）220kV线路测控装置向该线路智能终端B套提供的断路器遥控分闸出口、断路器遥控合闸出口（220kV开关两组跳闸线圈、一组合闸线圈，第二套保护测控合闸过程为智能终端B通过电缆将合闸出口继电器空接点接到第一套智能终端内部的合闸回路，从而实现断路器合闸）、远方复归直控动作出口（GOOSE光纤组网）。

（2）220kV线路智能终端B套向该线路测控装置提供断路器总位置（合位相“与”，跳位相“或”）、断路器A相位置、断路器B相位置、断路器C相位置、隔离开关1位置、隔离开关2位置、接地隔离开关1位置、接地隔离开关2位置、接地隔离开关3位置，闭锁重合闸、断路器压力降低闭锁重合闸、手合开入，手跳开入，检修开入，另一套智能终端告警，另一套智能终端闭锁，合并单元B装置闭锁、合并单元B装置告警、三相不一致、事故总、光耦电源异常，断路器压力异常，控制回路断线，总线启动信号异常、GOOSE输入长期动作、GPS异常、GOCB1 GOOSE A网告警、GOCB2 GOOSE A网告警、GOCB3 GOOSE A网告警、GOCB4 GOOSE A网告警（GOOSE光纤组网）。

（3）220kV线路保护装置B套向该线路智能终端B套提供断路器A相跳闸、B相跳闸、C相跳闸、永跳、重合闸命令（GOOSE光纤直连）。

（4）220kV线路智能终端B套向该线路保护装置B套提供断路器A相位置、B相位置、C相位置、闭锁重合闸、重合压力低（低气压闭锁重合闸）、手跳开入闭锁重合闸（GOOSE光纤直连）。

（5）220kV母线保护B套向该线路智能终端B套提供的跳闸命令（GOOSE光纤直连）。

（6）220kV线路智能终端B套向220kV母线保护B套提供–1隔离开关位置、–2隔离开关位置（GOOSE光纤直连）。

（7）220kV线路智能终端B套向该线路合并单元B套提供–1隔离开关位置、–2隔离开关位置（GOOSE光纤直连）。

四、220kV线路合并单元A套

220kV线路合并单元A套输入输出信号示意图，如图4-20所示。

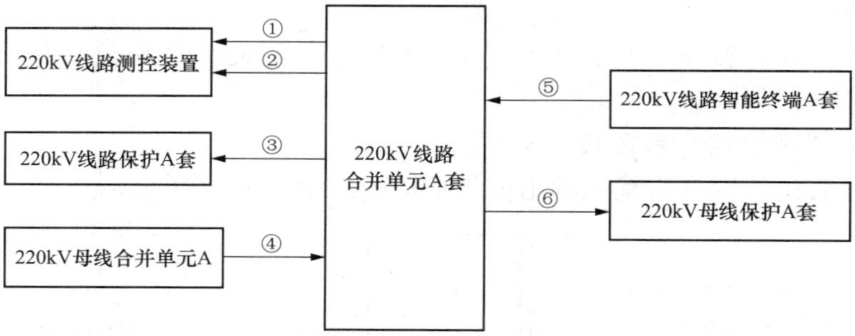

图4-20 220kV线路合并单元A套输入输出信号示意图

（1）220kV线路合并单元A套向该线路测控装置提供该线路间隔A相、B相、C相测量电流，该线路抽取电压，220kV母线A相、B相、C相测量电压，额定延时（SV光纤直连）。

（2）220kV线路合并单元A套向该线路测控装置提供告警总、失步、配置错误、平台高精、SV接收1中断、SV接收2中断、GOOSE中断、PT并列异常、PT切换隔离开关位置无效、PT并列、PT切换隔离开关同时动作、Ⅰ母、Ⅱ母、PT切换隔离开关同时返回、复归、检修状态（GOOSE光纤组网）。

（3）220kV线路合并单元A套向该线路保护A套提供额定延时，该线路抽取电压，该线路间隔A相、B相、C相保护电流，220kV母线A相、B相、C相保护电压（SV光纤直连）。

（4）220kV母线合并单元A向该线路合并单元A套提供220kVⅠ母A相、B相、C相、零序保护电压，220kVⅡ母A相、B相、C相、零序保护电压，220kVⅠ母A相、B相、C相测量电压，220kVⅡ母A相、B相、C相测量电压（SV光纤级联）。

（5）220kV线路智能终端A套向该线路合并单元A套提供–1隔离开关、–2隔离开关位置（GOOSE 光纤组网）。

（6）220kV 线路合并单元 A 套向 220kV 母线保护 A 套提供该线路间隔 A 相、B 相、C 相保护电流，额定延时（SV 光纤直连）。

五、220kV 线路合并单元 B 套

220kV 线路合并单元 B 套输入输出信号示意图，如图 4-21 所示。

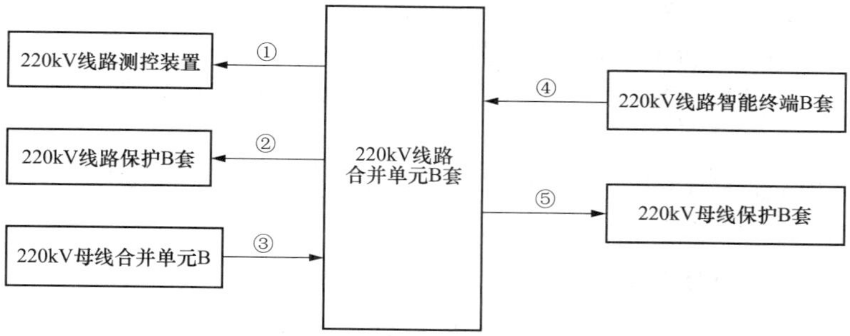

图 4-21　220kV 线路合并单元 B 套输入输出信号示意图

（1）220kV 线路合并单元 B 套向该线路测控装置提供 SV 总报警、光耦电源异常、同步异常、检修连接片投入、GOOSE 总报警、GOOSE A 网链接 1 断链、同时动作、同时返回、输入额定延迟时间异常、光纤光强异常、板 2 光纤 1 接入异常、采样异常、GOOSE 链接 1 配置错误、GOOSE A 网链接 2 断链、SV 发送文本配置错误、母线 MU 数据无效、母线 MU 配置检修（GOOSE 光纤组网）。

（2）220kV 线路合并单元 B 套向该线路保护 B 套提供额定延时，该线路抽取电压，线路间隔 A 相、B 相、C 相保护电流和启动电流，220kV 母线 A 相、B 相、C 相保护电压和启动电压（SV 光纤直连）。

（3）220kV 母线合并单元 B 向线路合并单元 B 套提供的 220kV Ⅰ 母 A 相、B 相、C 相、零序保护电压，220kVⅡ母 A 相、B 相、C 相、零序保护电压，220kV Ⅰ 母 A 相、B 相、C 相测量电压，220kVⅡ母 A 相、B 相、C 相测量电压（SV 光纤级联）。

（4）220kV 线路智能终端 B 套向该线路合并单元 B 套提供–1 隔离开关、–2 隔离开关位置（GOOSE 光纤组网）。

（5）220kV 线路合并单元 B 套向 220kV 母线保护 B 套提供该线路间隔 A 相、B 相、C 相保护电流和启动电流，额定延时（SV 光纤直连）。

六、220kV 线路保护 A 套

220kV 线路保护 A 套输入输出信号示意图，如图 4-22 所示。

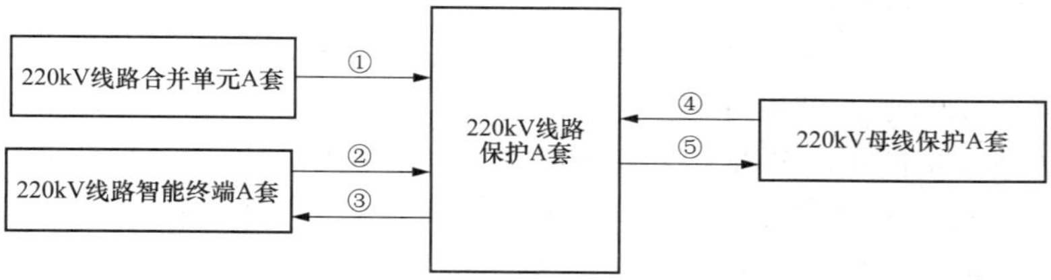

图 4-22　220kV 线路保护 A 套输入输出信号示意图

（1）220kV 线路合并单元 A 套向该线路保护装置 A 套提供额定延时，该线路抽取电压，该线路间隔 A 相、B 相、C 相保护电流，220kV 母线 A 相、B 相、C 相保护电压（SV 光纤直连）。

（2）220kV 线路智能终端 A 套向该线路保护 A 套提供断路器 A 相、B 相、C 相位置、闭锁重合闸、重合压力（低气压闭锁重合闸），手跳开入闭锁重合闸（GOOSE 光纤直连）。

（3）220kV 线路保护 A 套向该线路智能终端 A 套提供断路器 A 相跳闸、B 相跳闸、C 相跳闸、永跳、重合闸命令（GOOSE 光纤直连）。

（4）220kV 母线保护 A 套向 220kV 线路保护 A 套提供闭锁重合闸、远方跳闸命令（GOOSE 光纤组网）。

（5）220kV 线路保护 A 套向 220kV 母线保护 A 套提供 A 相、B 相、C 相启动失灵开入（GOOSE 光纤组网）。

七、220kV 线路保护 B 套

220kV 线路保护 B 套输入输出信号示意图，如图 4-23 所示。

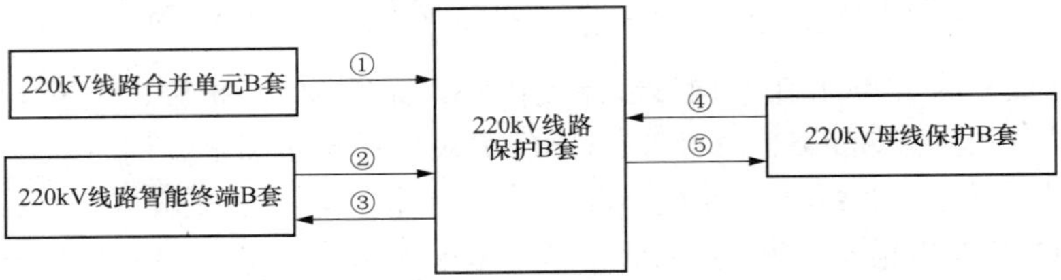

图 4-23　220kV 线路保护 B 套输入输出信号示意图

（1）220kV 线路合并单元 B 套向该线路保护装置 B 套提供额定延时，该线路抽取电压，该线路间隔 A 相、B 相、C 相保护电流和启动电流，220kV 母线 A 相、B 相、C 相保护电压和启动电压（SV 光纤直连）。

（2）220kV 线路智能终端 B 套向该线路保护 B 套提供断路器 A 相、B 相、C 相位置、闭锁重合闸、重合压力（低气压闭锁重合闸）（GOOSE 光纤直连）。

（3）220kV 线路保护 B 套向该线路智能终端 B 套提供断路器 A 相跳闸、B 相跳闸、C 相跳闸、永跳、重合闸命令（GOOSE 光纤直连）。

（4）220kV 母线保护 B 套向 220kV 线路保护 A 套提供远方跳闸命令（GOOSE 光纤组网）。

（5）220kV 线路保护 B 套向 220kV 母线保护 A 套提供 A 相、B 相、C 相启动失灵开入（GOOSE 光纤组网）。

八、220kV 线路间隔网络拓扑

220kV 线路间隔网络拓扑 A 网，如图 4-24 所示。

220kV 线路合并单元 A 背板 6 根 SV 光纤直连，分别与该线路间隔保护 A、测控装置、220kV 母线保护 A、电能表、220kV 故障录波 A 及网络分析仪相连。1 根 SV 光纤级联，与 220kV 母线合并单元 A 相连获取母线电压。1 对 GOOSE 光纤组网，与该间隔过程层交换机 A 相连，一方面获取母线侧隔离开关位置，另一方面将本装置告警信息通过该间隔过程层交换机 A 上送至本间隔测控装置。

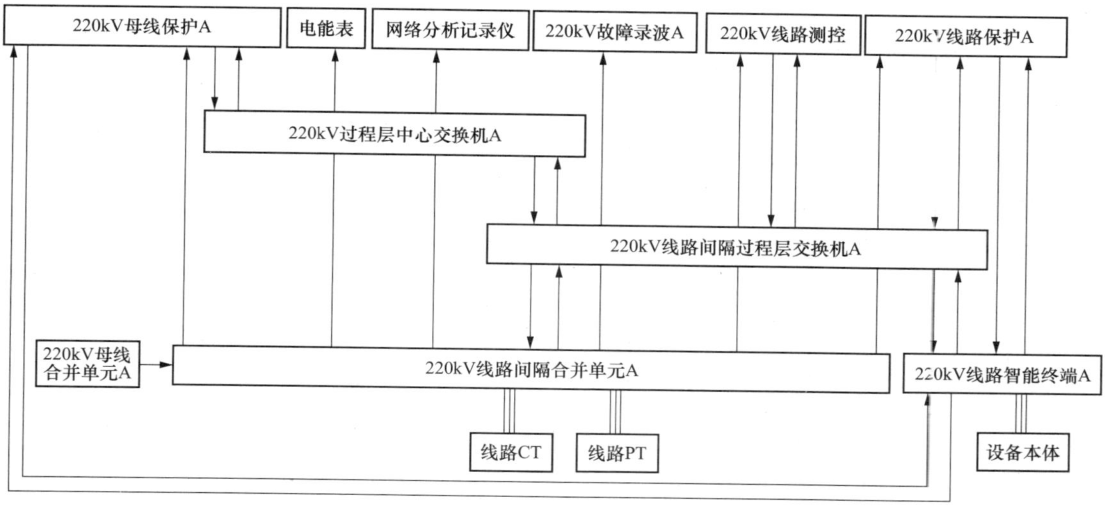

图 4-24　220kV 线路间隔网络拓扑 A 网

220kV 线路间隔智能终端 A 背板 2 对 GOOSE 光纤直连，分别与该线路间隔保护 A、220kV 母线保护 A 相连实现本间隔线路保护 A、220kV 母线保护 A 跳合闸。1 对 GOOSE 光纤组网，与该间隔过程层交换机 A 相连，一方面将本间隔一次设备相关信息通过该间隔过程层交换机 A 上送至本间隔测控及合并单元 A，另一方面实现测控装置对一次设备的遥控操作。

220kV 线路保护装置 A 背板 1 根 SV 光纤直连获取本间隔电流及母线电压值。1 对 GOOSE 光纤直连实现本间隔断路器跳合闸。1 对 GOOSE 光纤组网一方面获取本间隔智能终端 A 及本间隔合并单元 A 所提供的一些信息，另一方面通过本间隔过程层交换机 A 及 220kV 过程层中心交换机 A 同 220kV 母线保护 A 传输闭锁重合闸、远跳开入及启失灵信息。

220kV 线路测控装置背板 1 根 SV 光纤直连获取本间隔电流及母线电压值。1 对 GOOSE 光纤组网获取本间隔智能终端 A 及本间隔合并单元 A 所提供的一些信息。

220kV 本间隔过程层交换机 A 背板 5 对 GOOSE 光纤组网。其中 4 对分别与该线路间隔保护 A、该线路间隔测控装置、合并单元 A、智能终端 A 相连实现本间隔各设备之间的信息共享，另 1 对与 220kV 过程层中心交换机 A 相连实现本间隔同其他 220kV 间隔之间的信息共享（如 220kV 母线保护 A 传输启失灵、远跳、闭锁重合等信息）。

220kV 线路间隔网络拓扑 B 网同 A 网。

220kV 线路间隔 A 套智能终端、B 套智能终端间信息传输示意图，如图 4-25 所示。

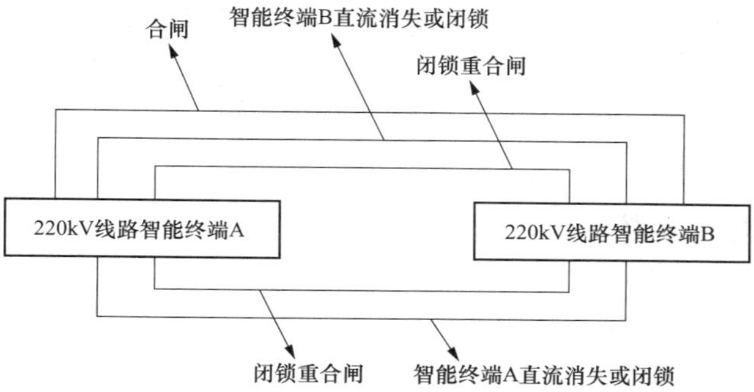

图 4-25　220kV 线路间隔两套智能终端信息传输示意图

第七节　220kV 母联间隔网络拓扑

一、220kV 母联测控装置

220kV 母联测控装置输入输出信号示意图，如图 4-26 所示。

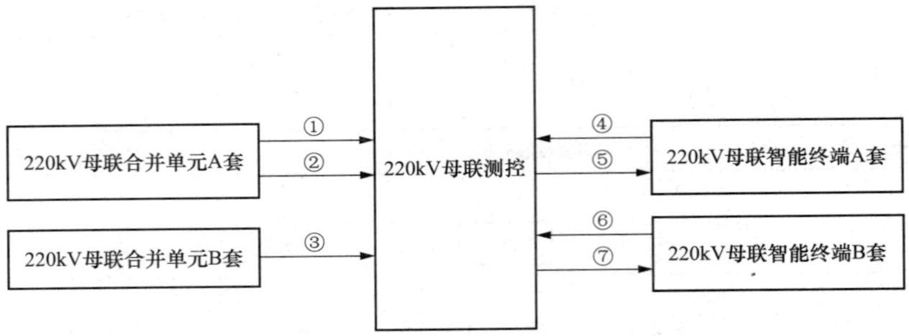

图 4-26　220kV 母联测控装置输入输出信号示意图

（1）220kV 母联合并单元 A 套向 220kV 母联测控装置提供 220kV 母联间隔 A 相、B 相、C 相测量电流，220kV Ⅰ 母线 A 相、B 相、C 相保护电压，220kVⅡ母线 B 相保护电压，额定延时（SV 光纤直连）。

（2）220kV 母联合并单元 A 套向 220kV 母联测控装置提供同步异常、采样异常、检修状态、硬件自检出错、配置文件出错、GOOSE 异常、满足电压并列条件、操作箱检修不一致（GOOSE 光纤组网）。

（3）220kV 母联合并单元 B 套向 220kV 线路测控装置提供同步异常、采样异常、检修状态、硬件自检出错、配置文件出错、GOOSE 异常、满足电压并列条件、操作箱检修不一致（GOOSE 光纤组网）。

（4）220kV 母联智能终端 A 套向 220kV 母联测控装置提供断路器总位置（合位相“与”，跳位相“或”）、断路器 A 相位置、断路器 B 相位置、断路器 C 相位置、隔离开关 1 位置、隔离开关 2 位置、接地隔离开关 1 位置、接地隔离开关 2 位置、合闸动作、手跳、手合、三相不一致、控制回路断线、合后状态、位置不对应、本操作箱运行异常、本操作箱装置故障、GPS 信号异常、断路器低气压报警、外接三相不一致、断路器电机运转信号、断路器弹簧未储能、联锁解除、报警装置直流消失、断路器转换开关就地位置、断路器转换开关远方位置、隔离开关转换开关就地位置、隔离开关转换开关远方位置、断路器气室 SF_6 压力降低闭锁、报警电源、主机故障、断路器气室 SF_6 压力降低报警、断路器电机运转过流过时报警、隔离开关电机运转过流过时报警、其他气室 SF_6 压力降低报警、温度报警、断线报警、合并单元 A 直流消失、空气开关分跳闸报警、加热空气开关分跳闸报警、同期手合、智能终端 A 远方、智能终端 B 告警、智能终端 B 装置闭锁、检修状态、就地复归信号、操作电源正常、装置温度、GCB1_1 网通信中断、GCB1 配置错误、GCB2_1 网通信中断、GCB2 配置错误、从 1GCB1 通信中断、从 1GCB1 配置错误、从 1GCB2 通信中断、从 1GCB2 配置错误、组网口控制命令 1、组网口控制命令 2、组网口控制命令 3、直跳口 1 控制命令、直跳口 2 控制命令、直跳口 3 控制命令（GOOSE 光纤组网）。

（5）220kV 母联测控装置向 220kV 母联智能终端 A 套提供断路器控分、断路器控合、隔离开关 1 控分、隔离开关 1 控合、隔离开关 2 控分、隔离开关 2 控合、接地隔离开关 1 控分、接地隔离开关 1 控合、接地隔离开关 2 控分、接地隔离开关 2 控合、远方复归直控动作出口（GOOSE 光纤组网）。

（6）220kV 母联智能终端 B 套向 220kV 母联测控装置提供断路器 A 相位置、断路器 B 相位置、断路器 C 相位置、隔离开关 1 位置、隔离开关 2 位置、接地隔离开关 1 位置、接地隔离开关 2 位置、合闸动作、手跳、手合、控制回路断线、本操作箱运行异常、本操作箱装置故障、GPS 信号异常、外接三相不一致、合并单元 B 直流消失、智能终端 A 告警、智能终端 A 装置闭锁、检修开入、就地复归信号、操作电源正常、装置温度、GCB1_1 网通信中断、GCB1 配置错误、GCB2_1 网通信中断、GCB2 配置错误、从 1GCB1 通信中断、从 1GCB1 配置错误、从 1GCB2 通信中断、从 1GCB2 配置错误、组网口控制命令 1、组网口控制命令 2、组网口控制命令 3、直跳口 1 控制命令、直跳口 2 控制命令、直跳口 3 控制命令（GOOSE 光纤组网）。

（7）220kV 母联测控装置向 220kV 母联智能终端 B 套提供断路器控分、断路器控合、远方复归直控动作出口（GOOSE 光纤组网）。

二、220kV 母联智能终端 A 套

220kV 母联智能终端 A 套输入输出信号示意图，如图 4-27 所示。

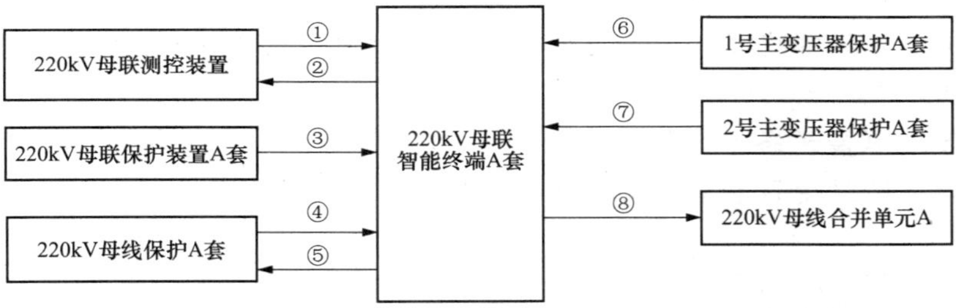

图 4-27 220kV 母联智能终端 A 套输入输出信号示意图

（1）220kV 母联测控装置向 220kV 母联智能终端 A 套提供断路器遥控分闸出口、断路器遥控合闸出口、–1 隔离开关遥控分闸出口、–1 隔离开关遥控合闸出口、–2 隔离开关遥控分闸出口、–2 隔离开关遥控合闸出口、–1KD 接地隔离开关遥控分闸出口、–1KD 接地隔离开关遥控合闸出口、–2KD 接地隔离开关遥控分闸出口、–2KD 接地隔离开关遥控合闸出口、远方复归直控动作出口（GOOSE 光纤组网）。

（2）220kV 母联智能终端 A 套向 220kV 母联测控装置提供断路器总位置（合位相与，跳位相或）、断路器 A 相位置、断路器 B 相位置、断路器 C 相位置、隔离开关 1 位置、隔离开关 2 位置、接地隔离开关 1 位置、接地隔离开关 2 位置、合闸动作、手跳、手合、三相不一致、控制回路断线、合后状态、位置不对应、本操作箱运行异常、本操作箱装置故障、GPS 信号异常、断路器低气压报警、外接三相不一致、断路器电机运转信号、断路器弹簧未储能、联锁解除、报警装置直流消失、断路器转换开关就地位置、断路器转换开关远方位置、隔离开关转换开关就地位置、隔离开关转换开关远方位置、断路器气室 SF_6 压力降低闭锁、报警电源、主机故障、断路器气室 SF_6 压力降低报警、断路器电机运转过流过时报警、隔离开关电机运转过流过时报警、其他气室 SF_6 压力降低报警、温度报警、断线报警、合并单元 A 直流消失、空气开关分跳闸报警、加热空气开关分跳闸报警、同期手合、智能终端 A 远方位置、智能终端 B 告警、智能终端 B 装置闭锁、检修状态、就地复归信号、操作电源正常、装置温度、GCB1_1 网通信中断、GCB1 配置错误、GCB2_1 网通信中断、GCB2 配置错误、从 1GCB1 通信中断、从 1GCB1 配置错误、从 1GCB2 通信中断、从 1GCB2 配置错误、组网口控制命令 1、组网口控制命令 2、组网口控制命令 3、直跳口 1 控制命令、直跳口 2 控制命令、直跳口 3 控制命令（GOOSE 光纤组网）。

（3）220kV 母联保护 A 套向 220kV 母联智能终端 A 套提供跳母联断路器命令（GOOSE 光纤直连）。

（4）220kV 母线保护 A 套向 220kV 母联智能终端 A 套提供母联保护跳闸命令（GOOSE 光纤直连）。

（5）220kV 母联智能终端 A 套向 220kV 母线保护 A 套提供母联断路器及其两侧隔离开关位置、手跳命令（GOOSE 光纤直连）。

（6）1 号主变压器保护 A 向 220kV 母联智能终端 A 套提供主变压器保护跳高压侧母联断路器（GOOSE 光纤组网）。

（7）2 号主变压器保护 A 向 220kV 母联智能终端 A 套提供主变压器保护跳高压侧母联断路器（GOOSE 光纤组网）。

（8）220kV 母联智能终端 A 套向 220kV 母线合并单元 A 提供母联断路器及其两侧隔离开关位置（GOOSE 光纤组网）。

三、220kV 母联智能终端 B 套

220kV 母联智能终端 B 套输入输出信号示意图，如图 4-28 所示。

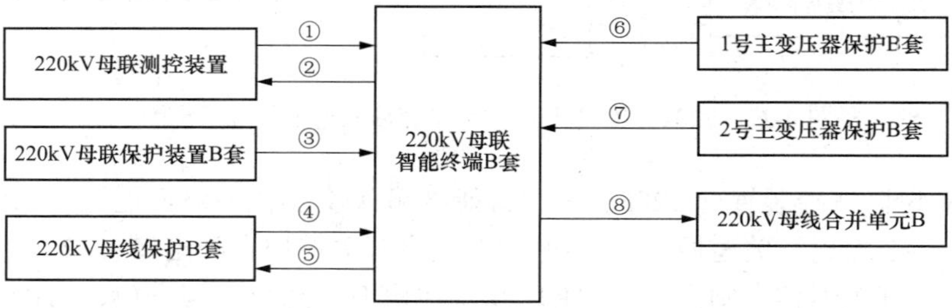

图 4-28　220kV 母联智能终端 B 套输入输出信号示意图

（1）220kV 母联测控装置向 220kV 母联智能终端 B 套提供断路器遥控分闸出口、断路器遥控合闸出口、远方复归直控动作出口（GOOSE 光纤组网）。

（2）220kV 母联智能终端 B 套向 220kV 母联测控装置提供断路器 A 相位置、断路器 B 相位置、断路器 C 相位置、隔离开关 1 位置、隔离开关 2 位置、接地隔离开关 1 位置、接地隔离开关 2 位置、合闸动作、手跳、手合、三相不一致、控制回路断线、合后状态、位置不对应、本操作箱运行异常、本操作箱装置故障、GPS 信号异常、外接三相不一致、合并单元 B 直流消失、智能终端 A 告警、智能终端 A 装置闭锁、检修状态、就地复归信号、操作电源

正常、装置温度、GCB1_1 网通信中断、GCB1 配置错误、GCB2_1 网通信中断、GCB2 配置错误、从 1GCB1 通信中断、从 1GCB1 配置错误、从 1GCB2 通信中断、从 1GCB2 配置错误、组网口控制命令 1、组网口控制命令 2、组网口控制命令 3、直跳口 1 控制命令、直跳口 2 控制命令、直跳口 3 控制命令（GOOSE 光纤组网）。

（3）220kV 母联保护 B 套向 220kV 母联智能终端 B 套提供跳母联断路器跳闸命令（GOOSE 光纤直连）。

（4）220kV 母线保护 B 套向 220kV 母联智能终端 B 套提供母联断路器跳闸命令（GOOSE 光纤直连）。

（5）220kV 母联智能终端 B 套向 220kV 母线保护 B 套提供母联断路器总位置、母联手合开入（GOOSE 光纤直连）。

（6）1 号主变压器保护 B 套向 220kV 母联智能终端 B 套提供主变压器保护跳高压侧母联断路器（GOOSE 光纤组网）。

（7）2 号主变压器保护 B 套向 220kV 母联智能终端 B 套提供主变压器保护跳高压侧母联断路器（GOOSE 光纤组网）。

（8）220kV 母联智能终端 B 套向 220kV 母线合并单元 B 提供母联断路器及其两侧隔离开关位置（GOOSE 光纤组网）。

四、220kV 母联合并单元 A 套

220kV 母联合并单元 A 套输入输出信号示意图，如图 4-29 所示。

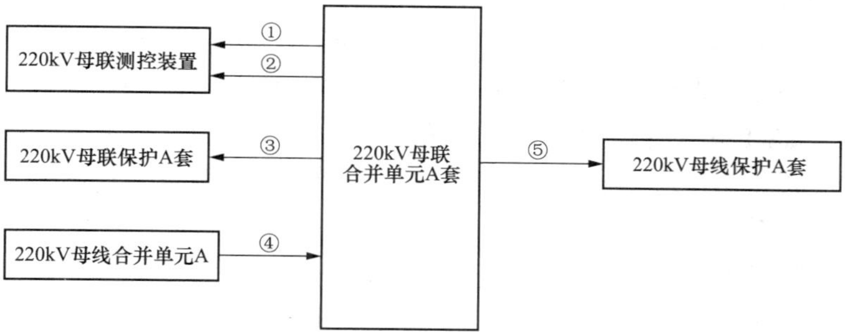

图 4-29 220kV 母联合并单元 A 套输入输出信号示意图

（1）220kV 母联合并单元 A 套向 220kV 母联测控装置提供 220kV 母联间隔 A 相、B 相、C 相测量电流，220kV Ⅰ 母 A 相、B 相、C 相保护电压，220kV Ⅱ 母 B 相保护电压，额定延时（SV 光纤直连）。

（2）220kV 母联合并单元 A 套向 220kV 母联测控装置提供同步异常、采样异常、检修状态、硬件自检出错、配置文件出错、GOOSE 异常、满足电压并列条件、操作箱检修不一致（GOOSE 光纤组网）。

（3）220kV 母联合并单元 A 套向 220kV 母联保护 A 套提供 220kV 母联间隔 A 相、B 相、C 相保护电流和启动电流，额定延时（SV 光纤直连）。

（4）220kV 母线合并单元 A 向 220kV 母联合并单元 A 套提供 220kV Ⅰ 母 A 相、B 相、C 相、零序保护电压，220kV Ⅱ 母 A 相、B 相、C 相、零序保护电压，220kV Ⅰ 母 A 相、B 相、C 相测量电压，220kV Ⅱ 母 A 相、B 相、C 相测量电压（SV 光纤级联）。

（5）220kV 母联合并单元 A 套向 220kV 母线保护 A 套提供 220kV 母联间隔 A 相、B 相、C 相保护电流和启动电流，额定延时（SV 光纤直连）。

五、220kV 母联合并单元 B 套

220kV 母联合并单元 B 套输入输出信号示意图，如图 4-30 所示。

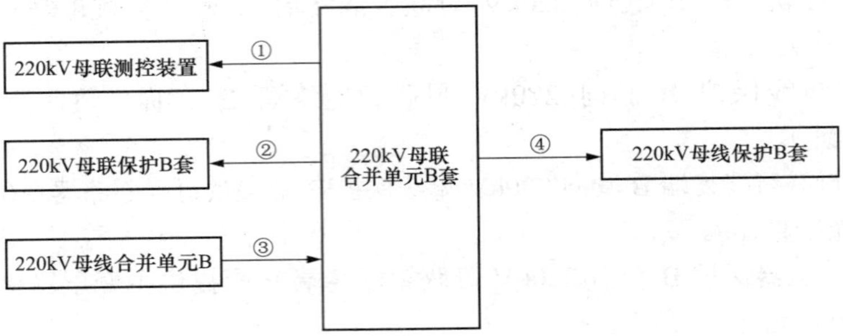

图 4-30　220kV 母联合并单元 B 套输入输出信号示意图

（1）220kV 母联合并单元 B 套向 220kV 母联测控装置提供同步异常、采样异常、检修状态、硬件自检出错、配置文件出错、GOOSE 异常、满足电压并列条件、操作箱检修不一致（GOOSE 光纤组网）。

（2）220kV 母联合并单元 B 套向 220kV 母联保护 B 套提供 220kV 母联间隔 A 相、B 相、C 相保护和启动电流，额定延时（SV 光纤直连）。

（3）220kV 母线合并单元 B 向 220kV 母联合并单元 B 套提供 220kV Ⅰ 母 A 相、B 相、C 相、零序保护电压，220kVⅡ母 A 相、B 相、C 相、零序保护电压，220kV Ⅰ 母 A 相、B 相、C 相测量电压，220kVⅡ母 A 相、B 相、C 相测量电压（SV 光纤级联）。

（4）220kV 母联合并单元 B 套向 220kV 母线保护 B 套提供 220kV 母联 A 相、B 相、C 相保护电流和启动电流，额定延时（SV 光纤直连）。

六、220kV 母联保护 A 套

220kV 母联保护 A 套输入输出信号示意图，如图 4-31 所示。

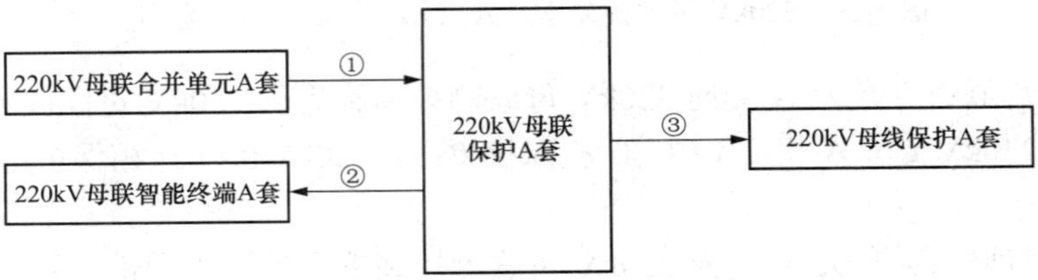

图 4-31　220kV 母联保护 A 套输入输出信号示意图

（1）220kV 母联合并单元 A 套向 220kV 母联保护装置 A 套提供额定延时，220kV 母联间隔 A 相、B 相、C 相保护电流和启动电流（SV 光纤直连）。

（2）220kV 母联保护 A 套向 220kV 母联智能终端 A 套提供跳母联断路器（GOOSE 光纤直连）。

（3）220kV 母联保护 A 套向 220kV 母线保护 A 套提供启动母联失灵（GOOSE 光纤组网）。

七、220kV 母联保护 B 套

220kV 母联保护 B 套输入输出信号示意图，如图 4-32 所示。

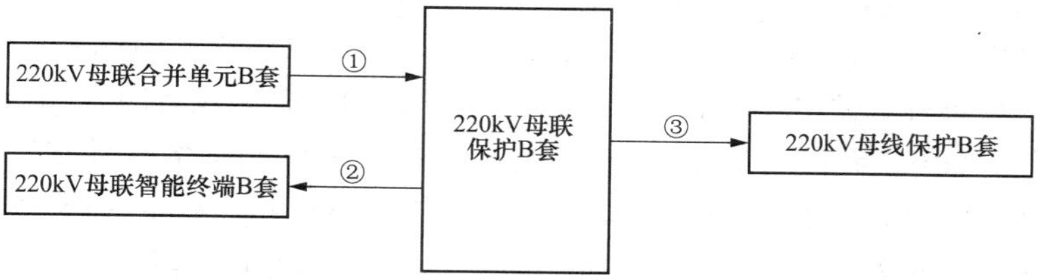

图 4-32　220kV 母联保护 B 套输入输出信号示意图

（1）220kV 母联合并单元 B 套向 220kV 母联保护装置 B 套提供的额定延时，220kV 母联间隔 A 相、B 相、C 相保护电流和启动电流（SV 光纤直连）。

（2）220kV 母联保护 B 套向 220kV 母联智能终端 B 套提供的跳母联断路器（GOOSE 光纤直连）。

（3）220kV 母联合并单元 B 套向 220kV 母线保护 B 套提供的启动母联失灵（GOOSE 光纤组网）。

八、220kV 母联间隔网络拓扑

220kV 母联间隔网络拓扑图同 220kV 线路间隔拓扑图。

第八节　220kV 母线间隔网络拓扑

一、220kV 母线测控装置

220kV 母线测控装置输入输出信号示意图，如图 4-33 所示。

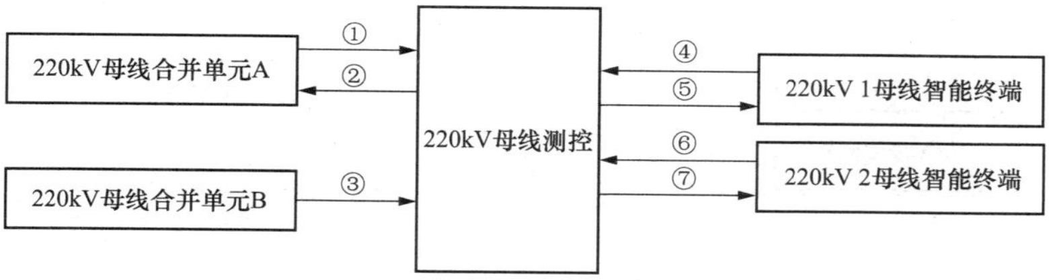

图 4-33　220kV 母线测控装置输入输出信号示意图

（1）220kV 母线合并单元 A 向 220kV 母线测控装置提供 220kV Ⅰ母 A 相、B 相、C 相、零序保护电压，220kVⅡ母 A 相、B 相、C 相、零序保护电压，额定延时（SV 光纤直连）。

（2）220kV 母线合并单元 A 向 220kV 母线测控装置提供同步异常、采样异常、检修状态、硬件自检出错、配置文件出错、GOOSE 异常、满足电压并列条件、操作箱检修不一致、并列到Ⅰ母、并列到Ⅱ母、电压解列、隔离开关分合不一致（GOOSE 光纤组网）。

（3）220kV 母线合并单元 B 向 220kV 母线测控装置提供同步异常、采样异常、检修状

态、硬件自检出错、配置文件出错、GOOSE 异常、满足电压并列条件、操作箱检修不一致、并列到Ⅰ母、并列到Ⅱ母、电压解列、隔离开关分合不一致（GOOSE 光纤组网）。

（4）220kV 1 母线智能终端向 220kV 母线测控提供 1 母线电压互感器一次侧隔离开关位置、接地隔离开关位置、检修开入、报警空气开关分跳闸报警、隔离开关转换开关就地、隔离开关转换开关远方、报警电源、主机故障、隔离开关电机过流报警、空气开关分跳闸报警、隔离开关气室 SF_6 压力降低报警、智能柜温度报警、智能柜温控仪断线报警、加热空气开关分跳闸报警、联锁解除、合并单元闭锁报警及失电、220kV 2 母线智能终端告警、220kV 2 母线智能终端闭锁、GPS 异常、事故总、光耦电源异常、总线启动信号异常、GOOSE 输入长期动作、GOCB1 GOOSE B 网断链、GOCB2 GOOSE B 网断链、GOCB3 GOOSE B 网断链、GOCB4 GOOSE B 网断链、GOCB5 GOOSE B 网断链（GOOSE 光纤组网）。

（5）220kV 母线测控向 220kV 母线 1 智能终端提供 1 母线电压互感器一次侧隔离开关、接地隔离开关控分控合、远方复归直控动作出口（GOOSE 光纤组网）。

（6）220kV 2 母线智能终端向 220kV 母线测控提供 2 母线电压互感器一次侧隔离开关、接地隔离开关位置、本体操作箱运行异常、本体操作箱装置故障、GPS 信号异常、报警空气开关分跳闸报警、联锁解除、隔离开关转换开关远方、报警电源、主机故障、隔离开关电机过流报警、合并单元装置告警、加热空气开关分跳闸报警、空气开关分跳闸报警、隔离开关气室 SF_6 压力降低报警、智能柜温度报警、智能柜温控仪断线报警、220kV 1 母线智能终端告警、220kV 1 母线智能终端闭锁、检修开入、操作电源正常、装置温度、GCB1_1 网通信中断、GCB1 配置错误、GCB2_1 网通信中断、GCB2 配置错误、从 1GCB1 通信中断、从 1GCB1 配置错误、从 1GCB2 通信中断、从 1GCB2 配置错误、组网口控制命令 1、组网口控制命令 2、组网口控制命令 3（GOOSE 光纤组网）。

（7）220kV 母线测控向 220kV 2 母线智能终端提供 2 母线电压互感器一次侧隔离开关、接地隔离开关控分控合、远方复归直控动作出口（GOOSE 光纤组网）。

二、220kV 1 母线智能终端

220kV 母线 1 智能终端输入输出信号示意图，如图 4-34 所示。

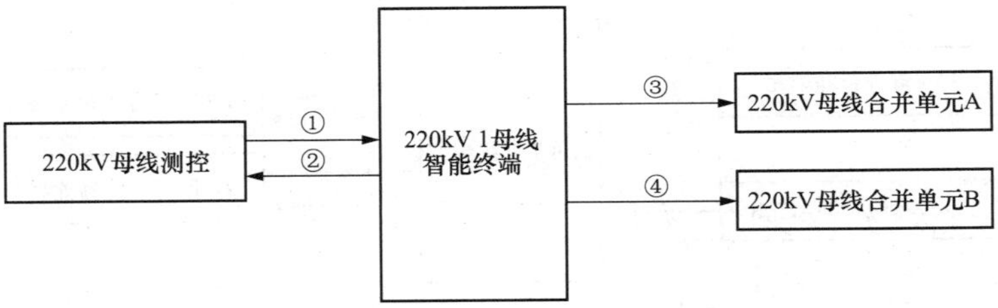

图 4-34　220kV 母线 1 智能终端输入输出信号示意图

（1）220kV 母线测控装置向 220kV 1 母线智能终端提供 1 母线电压互感器一次侧隔离开关、接地隔离开关控分控合、远方复归直控动作出口（GOOSE 光纤组网）。

（2）220kV 1 母线智能终端向母线测控装置提供本体操作箱运行异常、本体操作箱装置故障、GPS 信号异常、1 母线电压互感器一次隔离开关及其接地隔离开关位置、报警空气开关分跳闸、联锁解除、隔离开关远方位置、报警电源主机故障、隔离开关电机过流报警、合并单元装置告警、加热空开分跳闸、空气开关分跳闸、压力降低报警、2 母智能终端装置告警、2 母智能终端装置闭锁、检修开入、操作电源正常、装置温度、GCB1_1 网通信中断、GCB1 配置错误、GCB2_1 网通信中断、GCB2 配置错误、从 1GCB1 通信中断、从 1GCB1 配置错误、从 1GCB2 通信中断、从 1GCB2 配置错误、组网口控制命令 1、组网口控制命令 2、组网口控制命令 3、直跳口 1 控制命令、直跳口 2 控制命令、直跳口 3 控制命令（GOOSE 光纤组网）。

（3）220kV 1 母线智能终端向 220kV 母线合并单元 A 提供 1 母线电压互感器一次侧隔离开关位置（GOOSE 光纤组网）。

（4）220kV 1 母线智能终端向 220kV 母线合并单元 B 提供 1 母线电压互感器一次侧隔离开关位置（GOOSE 光纤组网）。

三、220kV 2 母线智能终端

220kV 2 母线智能终端输入输出信号示意图，如图 4-35 所示。

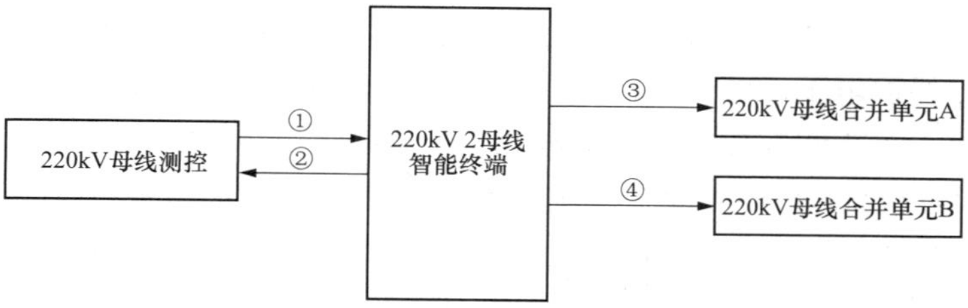

图 4-35　220kV 母线 2 智能终端输入输出信号示意图

（1）220kV 母线测控装置向 220kV 2 母线智能终端提供 2 母线电压互感器一次侧隔离开关、接地隔离开关控分控合、远方复归直控动作出口（GOOSE 光纤组网）。

（2）220kV 2 母线智能终端向母线测控装置提供 2 母线电压互感器一次侧隔离开关位置、接地隔离开关位置、检修开入、报警空气开关分跳闸报警、隔离开关转换开关就地、隔离开关转换开关远方、报警电源、主机故障、隔离开关电机过流报警、空气开关分跳闸报警、隔离开关气室 SF_6 压力降低报警、智能柜温度报警、智能柜温控仪断线报警、加热空气开关分跳闸报警、联锁解除、合并单元闭锁报警及失电、220kV 2 母线智能终端告警、220kV 2 母线智能终端闭锁、GPS 异常、事故总、光耦电源异常、总线启动信号异常、GOOSE 输入长期动作、GOCB1 GOOSE B 网断链、GOCB2 GOOSE B 网断链、GOCB3 GOOSE B 网断链、GOCB4 GOOSE B 网断链、GOCB5 GOOSE B 网断链（GOOSE 光纤组网）。

（3）220kV 2 母线智能终端向 220kV 母线合并单元 A 提供 2 母线电压互感器一次侧隔离开关位置（GOOSE 光纤组网）。

（4）220kV 2 母线智能终端向 220kV 母线合并单元 B 提供 2 母线电压互感器一次侧隔离开关位置（GOOSE 光纤组网）。

四、220kV 母线合并单元 A

220kV 母线合并单元 A 输入输出信号示意图，如图 4-36 所示。

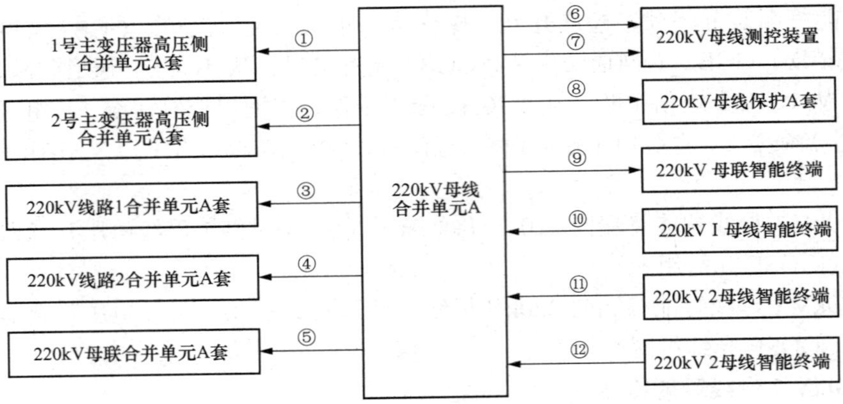

图 4-36 220kV 母线 1 合并单元输入输出信号示意图

（1）220kV 母线合并单元 A 向 1 号主变压器高压侧合并单元 A 套提供 220kV Ⅰ 母 A 相、B 相、C 相、零序保护电压，220kVⅡ母 A 相、B 相、C 相、零序保护电压，220kV Ⅰ 母 A 相、B 相、C 相测量电压，220kVⅡ母 A 相、B 相、C 相测量电压（SV 光纤级联）。

（2）220kV 母线合并单元 A 向 2 号主变压器高压侧合并单元 A 套提供 220kV Ⅰ 母 A 相、B 相、C 相、零序保护电压，220kVⅡ母 A 相、B 相、C 相、零序保护电压，220kV Ⅰ 母 A 相、B 相、C 相测量电压，220kVⅡ母 A 相、B 相、C 相测量电压（SV 光纤级联）。

（3）220kV 母线合并单元 A 向 220kV 线路 1 合并单元 A 套提供 220kV Ⅰ 母 A 相、B 相、C 相、零序保护电压，220kVⅡ母 A 相、B 相、C 相、零序保护电压，220kV Ⅰ 母 A 相、B 相、C 相测量电压，220kVⅡ母 A 相、B 相、C 相测量电压（SV 光纤级联）。

（4）220kV 母线合并单元 A 向 220kV 线路 2 合并单元 A 套提供 220kV Ⅰ 母 A 相、B 相、C 相、零序保护电压，220kVⅡ母 A 相、B 相、C 相、零序保护电压，220kV Ⅰ 母 A 相、B 相、C 相测量电压，Ⅱ母 A 相、B 相、C 相测量电压（SV 光纤级联）。

（5）220kV 母线合并单元 A 向 220kV 母联合并单元 A 套提供 220kV Ⅰ 母 A 相、B 相、C 相、零序保护电压，220kVⅡ母 A 相、B 相、C 相、零序保护电压，220kV Ⅰ 母 A 相、B 相、C 相测量电压，220kVⅡ母 A 相、B 相、C 相测量电压（SV 光纤级联）。

（6）220kV 母线合并单元 A 向 220kV 母线测控提供额定延时，220kV Ⅰ 母 A 相、B 相、C 相、零序保护电压，220kVⅡ母 A 相、B 相、C 相、零序保护电压（SV 光纤级联）。

（7）220kV 母线合并单元 A 向 220kV 母线测控提供同步异常、采样异常、检修状态、硬件自检出错、配置文件出错、GOOSE 异常、满足电压并列条件、操作箱检修不一致、并列到Ⅰ母、并列到Ⅱ母、电压解列、隔离开关分合不一致（GOOSE 光纤组网）。

（8）220kV 母线合并单元 A 向 220kV 母线保护 A 套提供额定延时，220kV Ⅰ 母 A 相、B 相、C 相保护和启动电压，220kVⅡ母 A 相、B 相、C 相保护和启动电压（SV 光纤直连）。

（9）220kV 母联智能终端 A 套向 220kV 母线合并单元 A 提供 220kV 母联断路器总位置（合位相与、跳位相或）、母联–1 隔离开关位置、母联–2 隔离开关位置（GOOSE 光纤组网）。

（10）220kV 1 母线智能终端向 220kV 母线合并单元 A 提供 1 母线电压互感器一次侧隔

离开关位置（GOOSE 光纤组Ⅱ网）。

（11）220kV 2 母线智能终端向 220kV 母线合并单元 A 提供 2 母线电压互感器一次侧隔离开关位置（GOOSE 光纤组网）。

五、220kV 母线合并单元 B

220kV 母线合并单元 B 输入输出信号示意图，如图 4-37 所示。

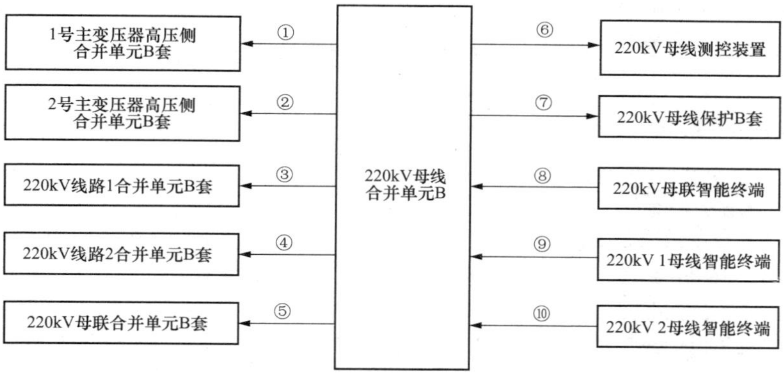

图 4-37 220kV 母线合并单元 B 输入输出信号示意图

（1）220kV 母线合并单元 B 向 1 号主变压器高压侧合并单元 B 套提供 220kV Ⅰ 母 A 相、B 相、C 相、零序保护电压，220kVⅡ母 A 相、B 相、C 相、零序保护电压，220kV Ⅰ 母 A 相、B 相、C 相测量电压，220kVⅡ母 A 相、B 相、C 相测量电压（SV 光纤级联）。

（2）220kV 母线合并单元 B 向 2 号主变压器高压侧合并单元 B 套提供 220kV Ⅰ 母 A 相、B 相、C 相、零序保护电压，220kVⅡ母 A 相、B 相、C 相、零序保护电压，220kV Ⅰ 母 A 相、B 相、C 相测量电压，220kVⅡ母 A 相、B 相、C 相测量电压（SV 光纤级联）。

（3）220kV 母线合并单元 B 向 220kV 线路 1 合并单元 B 套提供 220kV Ⅰ 母 A 相、B 相、C 相、零序保护电压，220kVⅡ母 A 相、B 相、C 相、零序保护电压，220kV Ⅰ 母 A 相、B 相、C 相测量电压，220kVⅡ母 A 相、B 相、C 相测量电压（SV 光纤级联）。

（4）220kV 母线合并单元 B 向 220kV 线路 2 合并单元 B 套提供 220kV Ⅰ 母 A 相、B 相、C 相、零序保护电压，220kVⅡ母 A 相、B 相、C 相、零序保护电压，220kV Ⅰ 母 A 相、B 相、C 相测量电压，220kVⅡ母 A 相、B 相、C 相测量电压（SV 光纤级联）。

（5）220kV 母线合并单元 B 向 220kV 母联合并单元 B 套提供 220kV Ⅰ 母 A 相、B 相、C 相、零序保护电压，220kVⅡ母 A 相、B 相、C 相、零序保护电压，220kV Ⅰ 母 A 相、B 相、C 相测量电压，220kVⅡ母 A 相、B 相、C 相测量电压（SV 光纤级联）。

（6）220kV 母线合并单元 B 向 220kV 母线测控提供同步异常、采样异常、检修状态、硬件自检出错、配置文件出错、GOOSE 异常、满足电压并列条件、操作箱检修不一致、并列到 Ⅰ 母、并列到Ⅱ母、电压解列、隔离开关分合不一致（GOOSE 光纤组网）。

（7）220kV 母线合并单元 B 向 220kV 母线保护 B 套提供额定延时，220kV Ⅰ 母 A 相、B 相、C 相保护和启动电压，220kVⅡ母 A 相、B 相、C 相保护和启动电压（SV 光纤直连）。

（8）220kV 母联智能终端 B 套向 220kV 母线合并单元 B 提供 220kV 母联断路器总位置（合位相与、跳位相或）、220kV 母联–1 隔离开关位置、220kV 母联–2 隔离开关位置（GOOSE

光纤组网)。

(9)220kV 1 母线智能终端向 220kV 母线合并单元 B 提供电压互感器一次侧隔离开关位置(GOOSE 光纤组网)。

(10)220kV 2 母线智能终端向 220kV 母线合并单元 B 提供电压互感器一次侧隔离开关位置(GOOSE 光纤组网)。

六、220kV 母线保护 A 套

220kV 母线保护 A 套输入输出信号示意图,如图 4-38 所示。

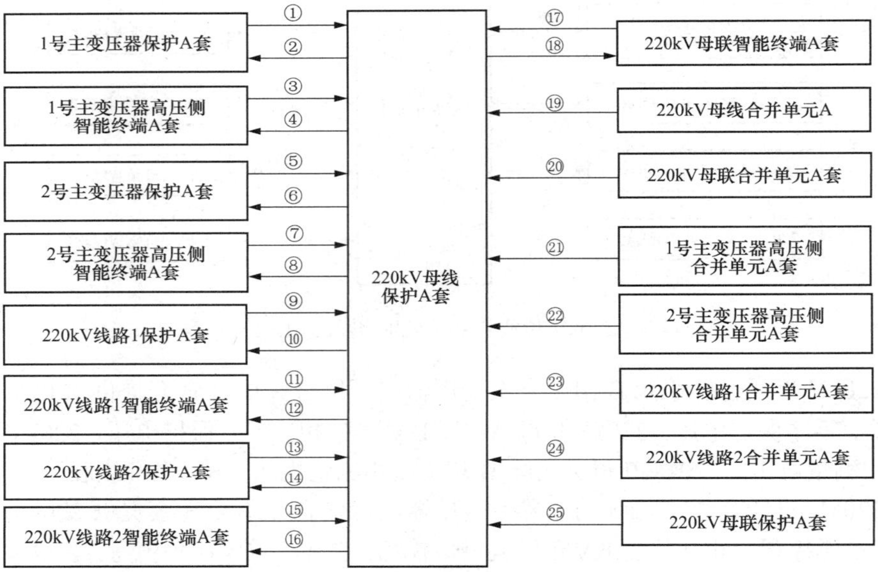

图 4-38 220kV 母线保护 A 套输入输出信号示意图

(1)1 号主变压器保护 A 套向 220kV 母线保护 A 套提供启动高压侧断路器失灵、解除高复压闭锁(GOOSE 光纤组网)。

(2)220kV 母线保护 A 套向 1 号主变压器保护 A 套提供失灵联跳变压器命令(GOOSE 光纤组网)。

(3)1 号主变压器高压侧智能终端 A 套向 220kV 母线保护 A 套提供–1 隔离开关、–2 隔离开关位置(GOOSE 光纤直连)。

(4)220kV 母线保护 A 套向 1 号主变压器高压侧智能终端 A 套提供断路器跳闸命令(GOOSE 光纤直连)。

(5)2 号主变压器保护 A 套向 220kV 母线保护 A 套提供启动高压侧断路器失灵、解除高复压闭锁(GOOSE 光纤组网)。

(6)220kV 母线保护 A 套向 2 号主变压器保护 A 套提供失灵联跳变压器命令(GOOSE 光纤组网)。

(7)2 号主变压器高压侧智能终端 A 套向 220kV 母线保护 A 套提供–1 隔离开关、–2 隔离开关位置(GOOSE 光纤直连)。

(8)220kV 母线保护 A 套向 2 号主变压器高压侧智能终端 A 套提供断路器跳闸命令

（GOOSE 光纤直连）。

（9）220kV 线路 1 保护 A 套向 220kV 母线保护 A 套提供启动断路器 A 相失灵、启动断路器 B 相失灵、启动断路器 C 相失灵（GOOSE 光纤组网）。

（10）220kV 母线保护 A 套向 220kV 线路 1 保护 A 套提供闭锁重合闸、远方跳闸命令（GOOSE 光纤组网）。

（11）220kV 线路 1 智能终端 A 套向 220kV 母线保护 A 套提供–1 隔离开关、–2 隔离开关位置（GOOSE 光纤直连）。

（12）220kV 母线保护 A 套向 220kV 线路 1 智能终端 A 套提供保护跳闸命令（GOOSE 光纤直连）。

（13）220kV 线路 2 保护 A 套向 220kV 母线保护 A 套提供启动断路器 A 相失灵、启动断路器 B 相失灵、启动断路器 C 相失灵（GOOSE 光纤组网）。

（14）220kV 母线保护 A 套向 220kV 线路 2 保护 A 套提供闭锁重合闸、远方跳闸命令（GOOSE 光纤组网）。

（15）220kV 线路 2 智能终端 A 套向 220kV 母线保护 A 套提供–1 隔离开关、–2 隔离开关位置（GOOSE 光纤直连）。

（16）220kV 母线保护 A 套向 220kV 线路 2 智能终端 A 套提供保护跳闸命令（GOOSE 光纤直连）。

（17）220kV 母联智能终端 A 套向 220kV 母线保护 A 套提供断路器 A 相、B 相、C 相位置，母联断路器手合开入（GOOSE 光纤直连）。

（18）220kV 母线保护 A 套向 220kV 母联智能终端 A 套提供保护跳闸命令（GOOSE 光纤直连）。

（19）220kV 母线合并单元 A 向 220kV 母线保护 A 套提供额定延时，Ⅰ母 A 相、B 相、C 相保护和启动电压，Ⅱ母 A 相、B 相、C 相保护和启动电压（SV 光纤直连）。

（20）220kV 母联合并单元 A 套向 220kV 母线保护 A 套提供额定延时，母联间隔 A 相、B 相、C 相保护和启动电流（SV 光纤直连）。

（21）1 号主变压器高压侧合并单元 A 套向 220kV 母线保护 A 套提供额定延时，2 号主变压器高压侧 A 相、B 相、C 相保护和启动电流（SV 光纤直连）。

（22）2 号主变压器高压侧合并单元 A 套向 220kV 母线保护 A 套提供额定延时，3 号主变压器高压侧 A 相、B 相、C 相保护和启动电流（SV 光纤直连）。

（23）220kV 线路 1 合并单元 A 套向 220kV 母线保护 A 套提供额定延时，线路 1 间隔 A 相、B 相、C 相保护和启动电流（SV 光纤直连）。

（24）220kV 线路 2 合并单元 A 套向 220kV 母线保护 A 套提供额定延时，线路 2 间隔 A 相、B 相、C 相保护和启动电流（SV 光纤直连）。

（25）220kV 母联保护 A 套向 220kV 母线保护 A 套提供启动母联失灵命令（GOOSE 光纤组网）。

七、220kV 母线保护 B 套

220kV 母线保护 B 套输入输出信号示意图，如图 4-39 所示。

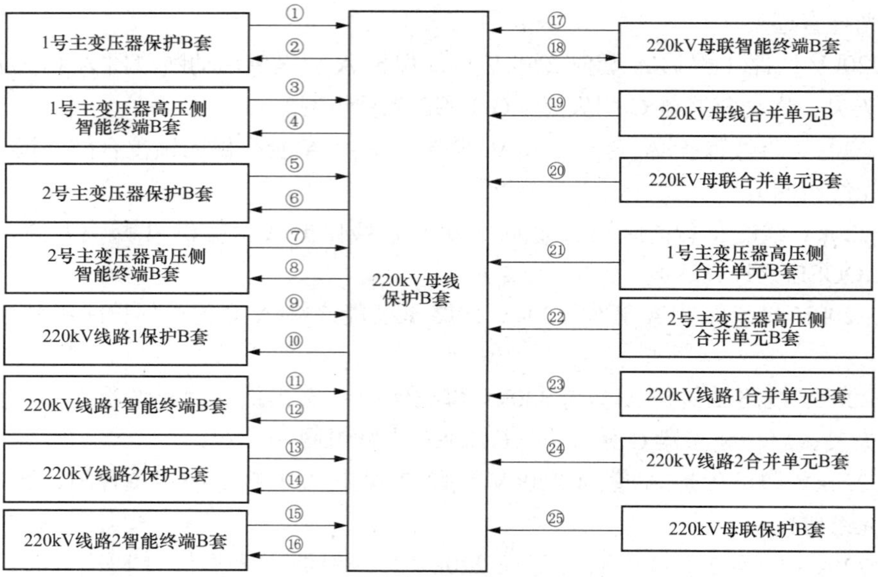

图 4-39 220kV 母线保护 B 套输入输出信号示意图

（1）1 号主变压器保护 B 套向 220kV 母线保护 B 套提供启动高压侧断路器失灵、解除复压闭锁（GOOSE 光纤组网）。

（2）220kV 母线保护 B 套向 1 号主变压器保护 B 套提供失灵联跳变压器命令（GOOSE 光纤组网）。

（3）1 号主变压器高压侧智能终端 B 套向 220kV 母线保护 B 套提供–1 隔离开关、–2 隔离开关位置（GOOSE 光纤直连）。

（4）220kV 母线保护 B 套向 1 号主变压器高压侧智能终端 B 套提供断路器跳闸命令（GOOSE 光纤直连）。

（5）2 号主变压器保护 B 套向 220kV 母线保护 B 套提供启动高压侧断路器失灵、解除复压闭锁（GOOSE 光纤组网）。

（6）220kV 母线保护 B 套向 2 号主变压器保护 B 套提供失灵联跳变压器命令（GOOSE 光纤组网）。

（7）2 号主变压器高压侧智能终端 B 套向 220kV 母线保护 B 套提供–1 隔离开关、–2 隔离开关位置（GOOSE 光纤直连）。

（8）220kV 母线保护 B 套向 2 号主变压器高压侧智能终端 B 套提供断路器跳闸命令（GOOSE 光纤直连）。

（9）220kV 线路 1 保护 B 套向 220kV 母线保护 B 套提供启动断路器 A 相失灵、启动断路器 B 相失灵、启动断路器 C 相失灵（GOOSE 光纤组网）。

（10）220kV 母线保护 B 套向 220kV 线路 1 保护 B 套提供远方跳闸命令（GOOSE 光纤组网）。

（11）220kV 线路 1 智能终端 B 套向 220kV 母线保护 B 套提供–1 隔离开关、–2 隔离开关位置（GOOSE 光纤直连）。

（12）220kV 母线保护 B 套向 220kV 线路 1 智能终端 B 套提供保护跳闸命令（GOOSE

光纤直连）。

（13）220kV 线路 2 保护 B 套向 220kV 母线保护 B 套提供启动断路器 A 相失灵、启动断路器 B 相失灵、启动断路器 C 相失灵（GOOSE 光纤组网）。

（14）220kV 母线保护 B 套向 220kV 线路 2 保护 B 套提供远方跳闸命令（GOOSE 光纤组网）。

（15）220kV 线路 2 智能终端 B 套向 220kV 母线保护 B 套提供–1 隔离开关、–2 隔离开关位置（GOOSE 光纤直连）。

（16）220kV 母线保护 B 套向 220kV 线路 2 智能终端 B 套提供保护跳闸命令（GOOSE 光纤直连）。

（17）220kV 母联智能终端 B 套向 220kV 母线保护 B 套提供断路器 A 相、B 相、C 相位置，母联断路器手合开入（GOOSE 光纤直连）。

（18）220kV 母线保护 B 套向 220kV 母联智能终端 B 套提供保护跳闸命令（GOOSE 光纤直连）。

（19）220kV 母线合并单元 B 向 220kV 母线保护 B 套提供额定延时，Ⅰ母 A 相、B 相、C 相保护和启动电压，Ⅱ母 A 相、B 相、C 相保护和启动电压（SV 光纤直连）。

（20）220kV 母联合并单元 B 套向 220kV 母线保护 B 套提供额定延时，母联间隔 A 相、B 相、C 相保护和启动电流（SV 光纤直连）。

（21）1 号主变压器高压侧合并单元 B 套向 220kV 母线保护 B 套提供额定延时，2 号主变压器高压侧 A 相、B 相、C 相保护和启动电流（SV 光纤直连）。

（22）2 号主变压器高压侧合并单元 B 套向 220kV 母线保护 B 套提供额定延时，3 号主变压器高压侧 A 相、B 相、C 相保护和启动电流（SV 光纤直连）。

（23）220kV 线路 1 合并单元 B 套向 220kV 母线保护 B 套提供额定延时，线路 1 间隔 A 相、B 相、C 相保护和启动电流（SV 光纤直连）。

（24）220kV 线路 2 合并单元 B 套向 220kV 母线保护 B 套提供额定延时，线路 2 间隔 A 相、B 相、C 相保护和启动电流（SV 光纤直连）。

（25）220kV 母联保护 B 套向 220kV 母线保护 B 套提供启动母联失灵命令（GOOSE 光纤组网）。

八、220kV 母线间隔网络拓扑

220kV 母线间隔网络拓扑 A 网，如图 4-40 所示。

220kV 母线合并单元 A 背板 9 根 SV 直连光纤，分别与 220kV 线路 1 合并单元 A、220kV 线路 2 合并单元 A、220kV 母联合并单元 A、1 号主变压器高压侧合并单元 A、2 号主变压器高压侧合并单元 A、220kV 母线保护 A、220kV 母线测控、220kV 故障录波 A 及网络分析仪相连。1 对 GOOSE 光纤组网，与 220kV 过程层中心交换机 A 相连，一方面获取 220kV 1 母线智能终端提供的 1 母电压互感器一次侧隔离开关位置、220kV 2 母线智能终端提供的 2 母电压互感器一次侧隔离开关位置、220kV 母联智能终端 A 提供的母联断路器及其两侧隔离开关位置，另一方面将本装置告警信息上送至 220kV 母线测控装置。

220kV 母线合并单元 B 同 220kV 母线合并单元 A。

220kV 1 母线智能终端背板 2 对 GOOSE 光纤组网，一根与 220kV 过程层中心交换机 A 相连，一方面将 1 母线电压互感器一次设备相关信息上送至过程层 A 网络实现信息共享（220kV

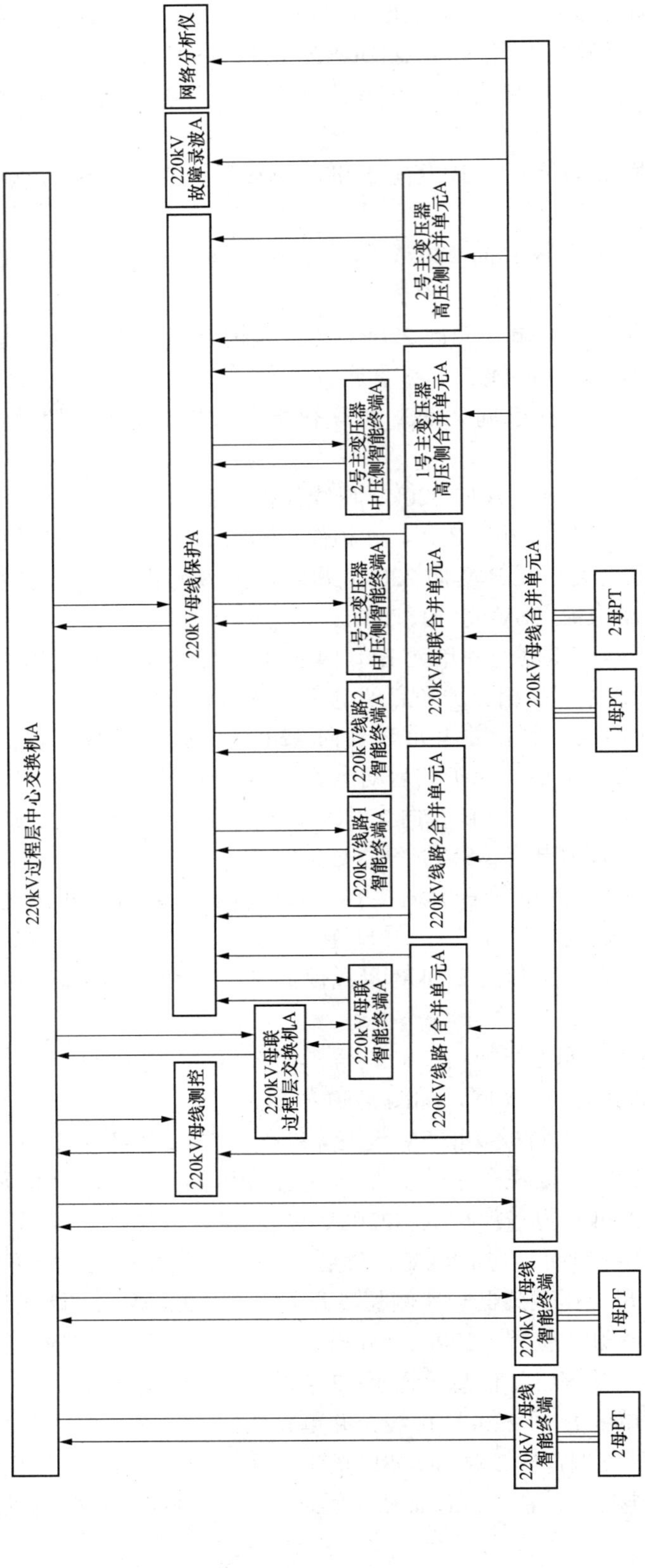

图 4-40 220kV 母线间隔网络拓扑图 A 网

母线合并单元 A 获取 1 母电压互感器一次侧隔离开关位置），另一方面实现 220kV 母线测控对 1 母线电压互感器一次设备的遥控操作。另一跟与 220kV 过程层中心交换机 B 相连，将 1 母线电压互感器一次设备相关信息上送至过程层 B 网络实现信息共享（220kV 母线合并单元 B 获取 1 母电压互感器一次侧隔离开关位置）。

220kV 2 母线智能终端背板 2 对 GOOSE 光纤组网，一根与 220kV 过程层中心交换机 A 相连，一方面将 2 母线电压互感器一次设备相关信息上送至过程层 A 网络实现信息共享（220kV 母线合并单元 A 获取 2 母电压互感器一次侧隔离开关位置），另一方面实现 220kV 母线测控对 2 母线电压互感器一次设备的遥控操作。另一根与 220kV 过程层中心交换机 B 相连，将 2 母线电压互感器一次设备相关信息上送至过程层 B 网络实现信息共享（220kV 母线合并单元获 B 取 2 母电压互感器一次侧隔离开关位置）。

220kV 母线保护 A 背板 6 根 SV 光纤直连，分别与 220kV 线路 1 合并单元 A、220kV 线路 2 合并单元 A、220kV 母联合并单元 A、1 号主变压器高压侧合并单元 A、2 号主变压器高压侧合并单元 A、220kV 母线合并单元 A 相连。5 对 GOOSE 光纤直连，分别于 220kV 线路 1 智能终端 A、220kV 线路 2 智能终端 A、220kV 母联智能终端 A、1 号主变压器高压侧智能终端 A、2 号主变压器高压侧智能终端 A 相连。1 对 GOOSE 光纤组网，与 220kV 过程层中心交换机 A 相连（与 220kV 各间隔传输启失灵、远跳、闭锁重合闸等信息）。

220kV 母线测控装置背板一根 SV 光纤直连与 220kV 母线合并单元 A 相连。2 对 GOOSE 光纤组网，其中一对与 220kV 过程层中心交换机 A 相连（220kV 母线合并单元 A 告警信息上送至 220kV 母线测控装置、220kV 1 母智能终端、220kV 2 母智能终端将 1 母线、2 母线电压互感器间隔一次设备信息上送至 220kV 母线测控，实现 220kV 母线测控对 1 母线、2 母线电压互感器间隔一次设备的遥控操作）。另一对与 220kV 过程层中心交换机 B 相连（220kV 母线合并单元 B 告警信息上送至 220kV 母线测控装置）。

220kV 母线间隔网络拓扑 B 网同 220kV 母线间隔网络拓扑 A 网。

第九节　220kV 过程层网络拓扑

220kV 过程层网络拓扑 A 网示意图，如图 4-41 所示。

220kV 过程层中心交换机 A 背板 12 对 GOOSE 组网，分别与 220kV 线路 1 间隔过程层交换机 A、220kV 线路 2 间隔过程层交换机 A、220kV 母联间隔过程层交换机 A、1 号主变压器 220kV 侧过程层交换机 A、2 号主变压器 220kV 侧过程层交换机 A、220kV 母线合并单元 A、220kV 1 母线智能终端、220kV 2 母线智能终端、220kV 母线测控装置、220kV 母线保护 A、220kV 故障录波 A、网络分析记录仪。传输的主要信号为 1 母线、2 母线电压互感器间隔一次设备信息、母联断路器及其两侧隔离开关位置信息（220kV 母线合并单元 A 实现电压互感器二次并列），220kV 母线合并单元 A 告警信息、220kV 各线路间隔保护 A 启失灵信息、220kV 母线保护 A 闭锁重合闸及远跳信息、主变压器高压侧启动失灵信息、失灵联跳主变压器等。

220kV 过程层网络拓扑 B 网同 220kV 过程层网络拓扑 A 网。

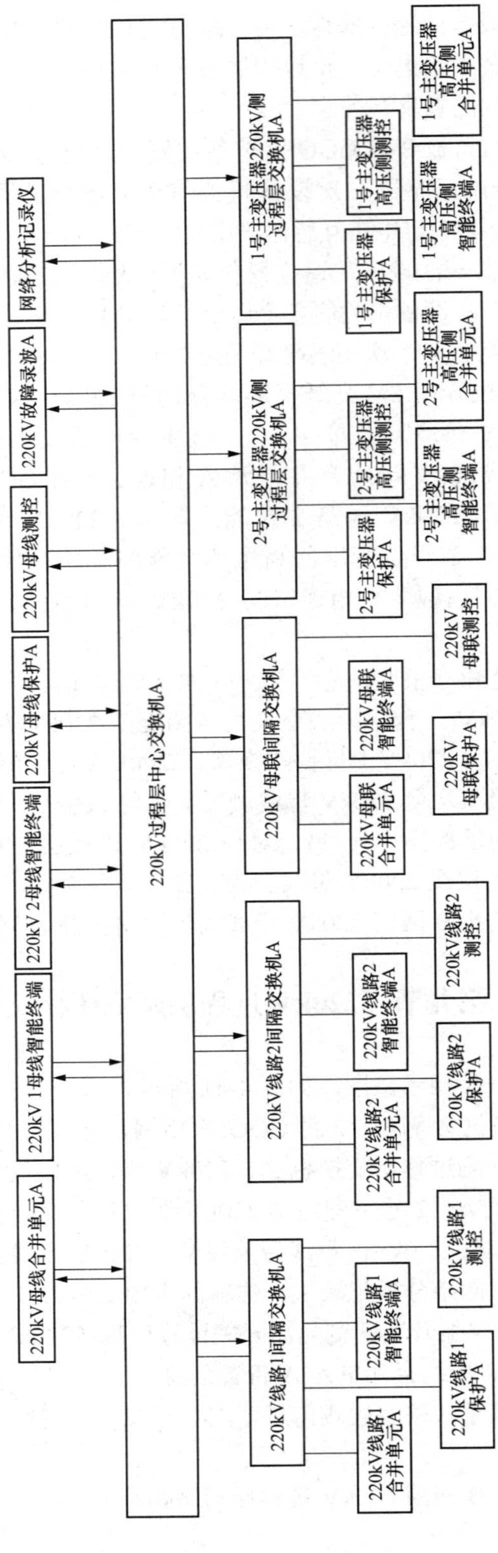

图 4-41　220kV 过程层网络拓扑 A 网示意图

第十节　2号主变压器间隔网络拓扑

一、2号主变压器中压侧测控装置

2号主变压器中压侧测控装置输入输出信号示意图，如图4-42所示。

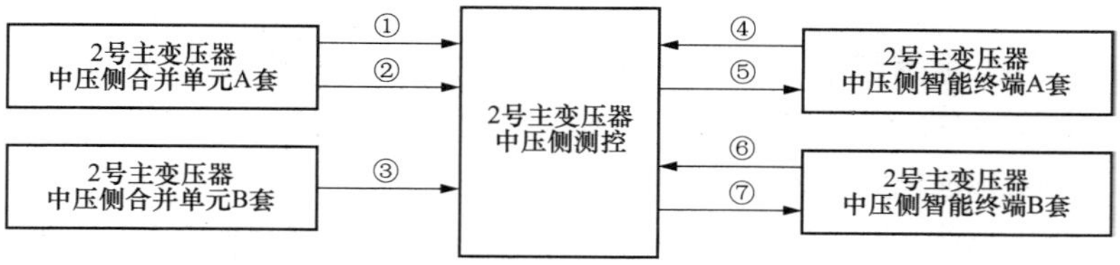

图4-42　2号主变压器中压侧测控装置输入输出信号示意图

（1）2号主变压器中压侧合并单元A套向2号主变压器中压侧测控装置提供2号主变压器中压侧A相、B相、C相测量电流，110kV母线A相、B相、C相保护/测量电压，零序电压（SV光纤直连）。

（2）2号主变压器中压侧合并单元A套向2号主变压器中压侧测控装置提供同步异常、采样异常、检修状态、硬件自检出错、配置文件出错、GOOSE异常、操作箱检修不一致、PT失压告警（GOOSE光纤组网）。

（3）2号主变压器中压侧合并单元B套向2号主变压器中压侧测控装置提供同步异常、采样异常、检修状态、硬件自检出错、配置文件出错、GOOSE异常、操作箱检修不一致、PT失压告警（GOOSE光纤组网）。

（4）2号主变压器中压侧智能终端A套向2号主变压器中压侧测控装置提供断路器位置、隔离开关1位置、隔离开关2位置、接地隔离开关1位置、接地隔离开关2位置、接地隔离开关3位置、合闸动作、手合开入、手跳开入，控制回路断线、合后状态、位置不对应、智能终端运行异常、智能终端装置故障、智能终端GPS信号异常、断路器弹簧储能超时信号、断路器合闸弹簧储能信号、断路器气室低气压报警、其他气室低气压报警、断路器电机断电信号、隔离接地开关电机断电信号、隔离接地开关控制断电信号、辅助回路断电信号、驱潮加热回路断电信号、隔离接地开关驱潮加热回路断电信号、断路器低气压闭锁、信号及指示回路断电信号、断路器近控控制信号、隔离接地开关近控控制信号、联锁解除信号、合闸弹簧未储能信号、合闸弹簧已储能信号、A相带电显示有电信号、A相带电显示无电信号、B相带电显示有电信号、B相带电显示无电信号、C相带电显示有电信号、C相带电显示无电信号、合并单元A告警、断路器/隔离开关就地，另一套智能终端告警，另一套智能终端闭锁、跳闸出口、检修开入、操作电源正常、装置温度、GCB1_1网通信中断、GCB1配置错误、GCB2_1网通信中断、GCB2配置错误、从1GCB1通信中断、从1GCB1配置错误、从1GCB2通信中断、从1GCB2配置错误、组网口控制命令1、组网口控制命令2、组网口控制命令3、直跳口1控制命令、直跳口2控制命令、直跳口3控制命令（GOOSE光纤组网）。

（5）2号主变压器中压侧测控装置向2号主变压器中压侧智能终端A套提供断路器控分、断路器控合、隔离开关1控分、隔离开关1控合、隔离开关2控分、隔离开关2控合、接地隔离开关1控分、接地隔离开关1控合、接地隔离开关2控分、接地隔离开关2控合、接地隔离开关3控分、接地隔离开关3控合、远方复归（GOOSE光纤组网）。

（6）2号主变压器中压侧智能终端B套向2号主变压器中压侧测控装置提供智能终端运行异常、智能终端装置故障、智能终端GPS信号异常、合并单元B套直流消失、智能终端A套告警及直流消失，智能终端A套闭锁、跳闸出口、检修开入、操作电源正常、装置温度、GCB1_1网通信中断、GCB1配置错误、GCB2_1网通信中断、GCB2配置错误、从1GCB1通信中断、从1GCB1配置错误、从1GCB2通信中断、从1GCB2配置错误、组网口控制命令1、组网口控制命令2、组网口控制命令3、直跳口1控制命令、直跳口2控制命令、直跳口3控制命令（GOOSE光纤组网）。

（7）2号主变压器中压侧测控装置向2号主变压器中压侧智能终端B套提供的远方复归直控出口动作（GOOSE光纤组网）。

二、2号主变压器高压侧测控装置

2号主变压器高压侧测控装置输入输出信号示意图，如图4-43所示。

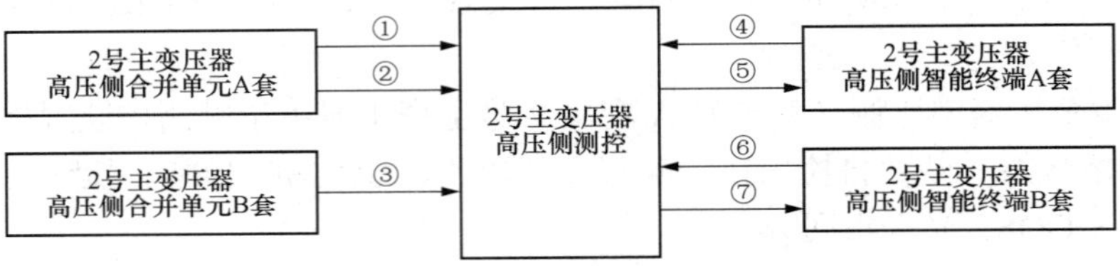

图4-43　2号主变压器高压侧测控装置输入输出信号示意图

（1）2号主变压器高压侧合并单元A套向2号主变压器高压侧测控装置提供2号主变压器高压侧A相、B相、C相测量电流，220kV母线A相、B相、C相保护/测量电压、零序电压（SV光纤直连）。

（2）2号主变压器高压侧合并单元A套向2号主变压器高压侧测控装置提供同步异常、采样异常、检修状态、硬件自检出错、配置文件出错、GOOSE异常、操作箱检修不一致、切换到Ⅰ母、切换到Ⅱ母、PT失压告警、隔离开关分合不一致（GOOSE光纤组网）。

（3）2号主变压器高压侧合并单元B套向2号主变压器高压侧测控装置提供同步异常、采样异常、检修状态、硬件自检出错、配置文件出错、GOOSE异常、操作箱检修不一致、切换到Ⅰ母、切换到Ⅱ母、PT失压告警、隔离开关分合不一致（GOOSE光纤组网）。

（4）2号主变压器高压侧智能终端A套向2号主变压器高压侧测控装置提供断路器总位置（合位相与，跳位相或）、断路器A相位置、断路器B相位置、断路器C相位置、隔离开关1位置、隔离开关2位置、隔离开关3位置、接地隔离开关1位置、接地隔离开关2位置、接地隔离开关3位置、合闸动作、手合开入、手跳开入、三相不一致、控制回路断线、合后状态、位置不对应、智能终端运行异常、智能终端装置故障、智能终端GPS信号异常、弹簧未储能、非全相动作、电机运转、报警装置直流消失、断路器转换开关就地位置、断路器转换开关远方位置、隔离开关转换开关就地位置、隔离开关转换开关远方位置、断路器气室SF_6压力降低闭锁、报警电源、主机故障、断路器气室SF_6压力降低报警、断路器电机运转过流过时报警、隔离开关电机运转过流过时报警、其他气室SF_6压力降低报警、温度报警、断线报警、合并单元 A 装置告警或直流消失、断路器、隔离接地空气开关分跳闸报警、加热空开分跳闸、联锁解除、断路器/隔离开关就地、智能终端 B 套告警、智能终端 B 套闭锁、A 相跳闸出口、B 相跳闸出口、C 相跳闸出口、检修开入、操作电源正常、装置温度、GCB1_1 网通信中断、GCB1 配置错误、GCB2_1 网通信中断、GCB2 配置错误、从 1GCB1 通信中断、从 1GCB1 配置错误、从 1GCB2 通信中断、从 1GCB2 配置错误、组网口控制命令 1、组网口控制命令 2、组网口控制命令 3、直跳口 1 控制命令、直跳口 2 控制命令、直跳口 3 控制命令（GOOSE 光纤组网）。

（5）2 号主变压器高压侧测控装置向 2 号主变压器高压侧智能终端 A 套提供断路器控分、断路器控合、隔离开关 1 控分、隔离开关 1 控合、隔离开关 2 控分、隔离开关 2 控合、隔离开关 3 控分、隔离开关 3 控合、接地隔离开关 1 控分、接地隔离开关 1 控合、接地隔离开关 2 控分、接地隔离开关 2 控合、接地隔离开关 3 控分、接地隔离开关 3 控合、远方复归（GOOSE 光纤组网）。

（6）2 号主变压器高压侧智能终端 B 套向 2 号主变压器高压侧测控装置提供控制回路断线、智能终端运行异常、智能终端装置故障、智能终端 GPS 信号异常、开关非全相动作、合并单元 B 装置告警或直流消失、智能终端 A 套告警、智能终端 A 套闭锁、A 相跳闸出口、B 相跳闸出口、C 相跳闸出口、检修开入、操作电源正常、装置温度、GCB1_1 网通信中断、GCB1 配置错误、GCB2_1 网通信中断、GCB2 配置错误、从 1GCB1 通信中断、从 1GCB1 配置错误、从 1GCB2 通信中断、从 1GCB2 配置错误、组网口控制命令 1、组网口控制命令 2、组网口控制命令 3、直跳口 1 控制命令、直跳口 2 控制命令、直跳口 3 控制命令（GOOSE 光纤组网）。

（7）2 号主变压器高压侧测控装置向 2 号主变压器高压侧智能终端 B 套提供断路器遥控分闸、断路器遥控合闸命令、远方复归直控出口动作（GOOSE 光纤组网）。

三、2 号主变压器低压侧测控装置

2 号主变压器低压侧测控装置输入输出信号示意图，如图 4-44 所示。

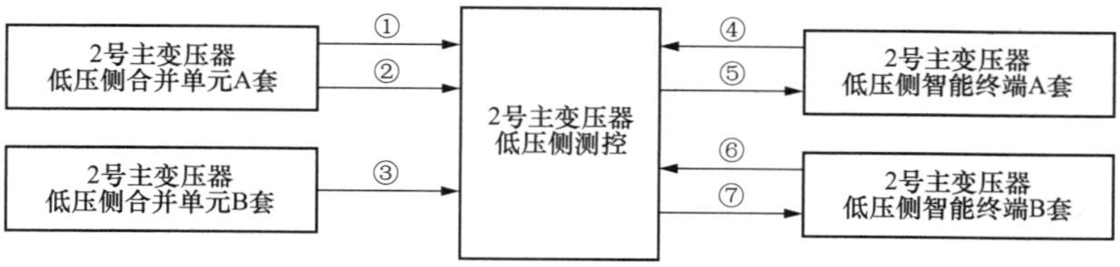

图 4-44　2 号主变压器低压侧测控装置输入输出信号示意图

（1）2 号主变压器低压侧合并单元 A 套向 2 号主变压器低压侧测控装置提供 2 号主变压器低压侧 A 相、B 相、C 相测量电流，10kV 母线 A 相、B 相、C 相测量电压、零序电压（SV 光纤直连）。

（2）2 号主变压器低压侧合并单元 A 套向 2 号主变压器低压侧测控装置提供同步异常、采样异常、检修状态、硬件自检出错、配置文件出错、GOOSE 异常、操作箱检修不一致、PT 失压告警（GOOSE 光纤组网）。

（3）2 号主变压器低压侧合并单元 B 套向 2 号主变压器低压侧测控装置提供同步异常、采样异常、检修状态、硬件自检出错、配置文件出错、GOOSE 异常、操作箱检修不一致、

PT 失压告警（GOOSE 光纤组网）。

（4）2 号主变压器低压侧智能终端 A 套向 2 号主变压器低压侧测控装置提供断路器位置、合闸动作、手跳命令、手合开入、控制回路断线、合后状态、位置不对应、智能终端运行异常、智能终端装置故障、智能终端 GPS 信号异常、弹簧未储能、隔离手车工作位置、隔离手车试验位置、开关手车工作位置、合并单元 A 告警、断路器隔离开关就地、智能终端 B 告警、智能终端 B 闭锁、跳闸出口、检修开入、操作电源正常、装置温度、GCB1_1 网通信中断、GCB1 配置错误、GCB2_1 网通信中断、GCB2 配置错误、从 1GCB1 通信中断、从 1GCB1 配置错误、从 1GCB3 通信中断、从 1GCB3 配置错误、从 1GCB4 通信中断、从 1GCB4 配置错误、从 1GCB5 通信中断、从 1GCB5 配置错误、组网口控制命令 1、组网口控制命令 2、组网口控制命令 3、直跳口 1 控制命令、直跳口 2 控制命令、直跳口 3 控制命令（GOOSE 光纤组网）。

（5）2 号主变压器低压侧测控装置向 2 号主变压器低压侧智能终端 A 套提供断路器控分、断路器控合、远方复归直控出口动作（GOOSE 光纤组网）。

（6）2 号主变压器低压侧智能终端 B 套向 2 号主变压器低压侧测控装置提供智能终端运行异常、智能终端装置故障、智能终端 GPS 信号异常、低压侧合并单元 B 装置告警、智能终端 A 套告警、智能终端 A 套闭锁、跳闸出口、检修开入、操作电源正常、装置温度、GCB1_1 网通信中断、GCB1 配置错误、GCB2_1 网通信中断、GCB2 配置错误、从 1GCB1 通信中断、从 1GCB1 配置错误、从 1GCB2 通信中断、从 1GCB2 配置错误、组网口控制命令 1、组网口控制命令 2、组网口控制命令 3、直跳口 1 控制命令、直跳口 2 控制命令、直跳口 3 控制命令（GOOSE 光纤组网）。

（7）2 号主变压器低压侧测控装置向 2 号主变压器低压侧智能终端 B 套提供远方复归直控出口动作（GOOSE 光纤组网）。

四、2 号主变压器本体测控

2 号主变压器本体测控输入输出信号示意图，如图 4-45 所示。

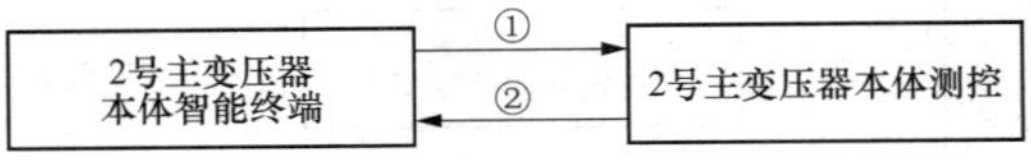

图 4-45　2 号主变压器本体测控输入输出信号示意图

（1）2 号主变压器本体智能终端向 2 号主变压器本体测控提供高压侧中性点接地隔离开关位置、中压侧中性点接地隔离开关 2 位置、本操作箱运行异常、本操作箱装置故障、GPS 信号异常、档位、本体重瓦斯、调压重瓦斯、油温高跳闸、绕组过温跳闸、调压压力释放、本体轻瓦斯、调压轻瓦斯、油温高告警、绕组温度高告警、调压油位低、调压油位高、油位低、油位高、调压就地、分接开关未完成切换、高压侧中性点接地隔离开关近控、中压侧中性点接地隔离开关近控、分接开关正在操作、电机保护开关脱扣、非电量跳闸信号、检修状态、操作电源正常、智能终端装置温度、主变压器油面温度 1、主变压器油面温度 2、主变压器绕组温度、GCB1_1 网通信中断、GCB1 配置错误、GCB2_1 网通信中断、GCB2 配置错误、GCB3_1 网通信中断、GCB3 配置错误、GCB4_1 网通信中断、GCB4 配置错误、GCB5_1 网通信中断、GCB5 配置错误（GOOSE 光纤组网）。

（2）2 号主变压器本体测控向 2 号主变压器本体智能终端提供高压侧、中压侧中性点接地隔离开关遥控分闸出口、中性点接地隔离开关遥控合闸出口、档位升、档位停、档位降、远方复归直控动作出口（GOOSE 光纤组网）。

五、2 号主变压器中压侧智能终端 A 套

2 号主变压器中压侧智能终端 A 套输入输出信号示意图，如图 4-46 所示。

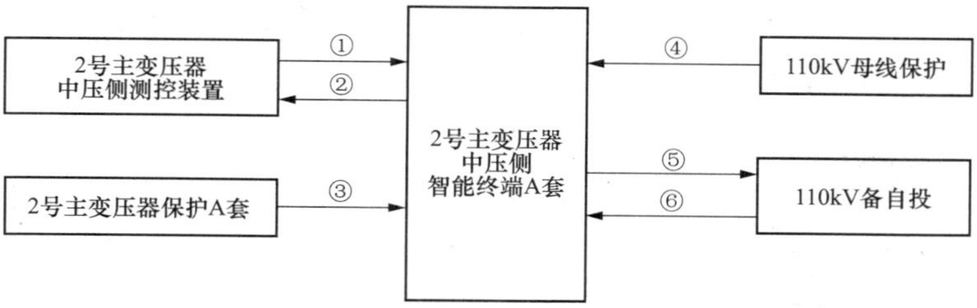

图 4-46　2 号主变压器中压侧智能终端 A 套输入输出信号示意图

（1）2 号主变压器中压侧测控装置向 2 号主变压器中压侧智能终端 A 套提供断路器遥控分闸出口、断路器遥控合闸出口、隔离开关 1 遥控分闸出口、隔离开关 1 遥控合闸出口、隔离开关 2 遥控分闸出口、隔离开关 2 遥控合闸出口、接地隔离开关 1 遥控分闸出口、接地隔离开关 1 遥控合闸出口、接地隔离开关 2 遥控分闸出口、接地隔离开关 2 遥控合闸出口、接地隔离开关 3 遥控分闸出口、接地隔离开关 3 遥控合闸出口、远方复归直控动作出口（GOOSE 光纤组网）。

（2）2 号主变压器中压侧智能终端 A 套向 2 号主变压器中压侧测控装置提供断路器位置、隔离开关 1 位置、隔离开关 2 位置、接地隔离开关 1 位置、接地隔离开关 2 位置、接地隔离开关 3 位置、合闸动作、手合开入、手跳开入，控制回路断线、合后状态、位置不对应、智能终端运行异常、智能终端装置故障、智能终端 GPS 信号异常、断路器弹簧储能超时信号、断路器合闸弹簧储能信号、断路器气室低气压报警、其他气室低气压报警、断路器电机断电信号、隔离接地开关电机断电信号、隔离接地开关控制断电信号、辅助回路断电信号、驱潮加热回路断电信号、隔离接地开关驱潮加热回路断电信号、断路器低气压闭锁、信号及指示回路断电信号、断路器近控控制信号、隔离接地开关近控控制信号、联锁解除信号、合闸弹簧未储能信号、合闸弹簧已储能信号、A 相带电显示有电信号、A 相带电显示无电信号、B 相带电显示有电信号、B 相带电显示无电信号、C 相带电显示有电信号、C 相带电显示无电信号、合并单元 A 告警、断路器/隔离开关就地、另一套智能终端告警，另一套智能终端闭锁、跳闸出口、检修开入、操作电源正常、装置温度、GCB1_1 网通信中断、GCB1 配置错误、GCB2_1 网通信中断、GCB2 配置错误、从 1GCB1 通信中断、从 1GCB1 配置错误、从 1GCB2 通信中断、从 1GCB2 配置错误、组网口控制命令 1、组网口控制命令 2、组网口控制命令 3、直跳口 1 控制命令、直跳口 2 控制命令、直跳口 3 控制命令（GOOSE 光纤组网）。

（3）2 号主变压器保护 A 套向 2 号主变压器中压侧智能终端 A 套提供断路器跳闸命令（GOOSE 光纤直连）。

（4）110kV 母线保护向 2 号主变压器中压侧智能终端 A 套提供跳闸命令（GOOSE 光纤直连）。

（5）2 号主变压器中压侧智能终端 A 向 110kV 备自投保护提供断路器位置、手跳闭锁备自投信息（GOOSE 光纤组网）。

（6）110kV 备自投保护向 2 号主变压器中压侧智能终端提供跳闸命令（GOOSE 光纤组网）。

六、2 号主变压器中压侧智能终端 B 套

2 号主变压器中压侧智能终端 B 套输入输出信号示意，如图 4-47 所示。

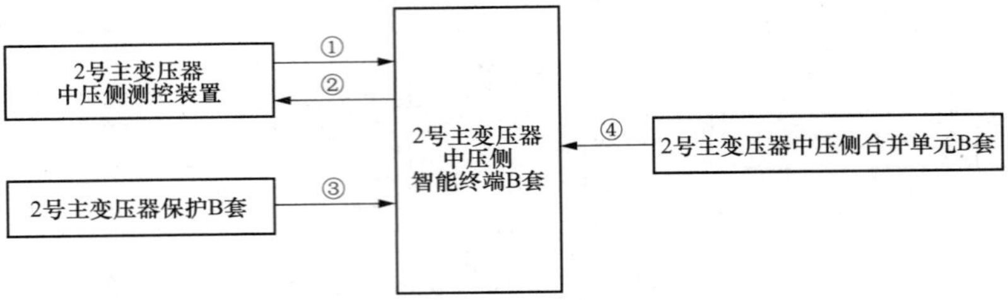

图 4-47　2 号主变压器中压侧智能终端 B 套输入输出信号示意图

（1）2 号主变压器中压侧测控装置向 2 号主变压器中压侧智能终端 B 套提供远方复归直控动作出口（GOOSE 光纤组网）。

（2）2 号主变压器中压侧智能终端 B 套向 2 号主变压器中压侧测控装置提供智能终端运行异常、智能终端装置故障、智能终端 GPS 信号异常、合并单元 B 套直流消失、智能终端 A 套告警及直流消失，智能终端 A 套闭锁、跳闸出口、检修开入、操作电源正常、装置温度、GCB1_1 网通信中断、GCB1 配置错误、GCB2_1 网通信中断、GCB2 配置错误、从 1GCB1 通信中断、从 1GCB1 配置错误、从 1GCB2 通信中断、从 1GCB2 配置错误、组网口控制命令 1、组网口控制命令 2、组网口控制命令 3、直跳口 1 控制命令、直跳口 2 控制命令、直跳口 3 控制命令（GOOSE 光纤组网）。

（3）2 号主变压器保护 B 套向 2 号主变压器中压侧智能终端 B 套提供断路器跳闸命令（GOOSE 光纤直连）。

七、2 号主变压器高压侧智能终端 A 套

2 号主变压器高压侧智能终端 A 套输入输出信号示意图，如图 4-48 所示。

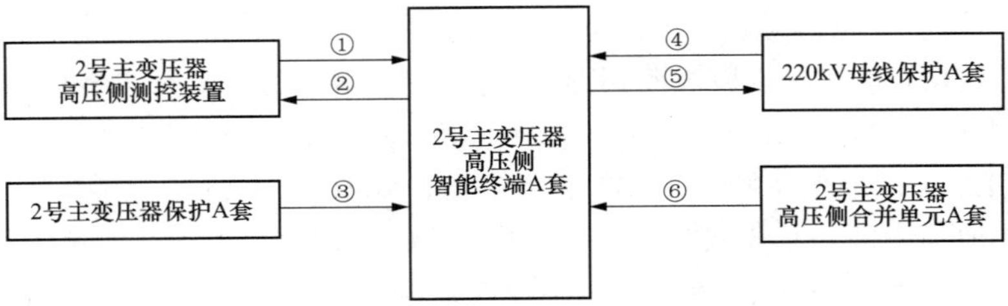

图 4-48　2 号主变压器高压侧智能终端 A 套输入输出信号示意图

（1）2 号主变压器高压侧测控装置向 2 号主变压器高压侧智能终端 A 套提供断路器遥控分闸出口、断路器遥控合闸出口、隔离开关 1 遥控分闸出口、隔离开关 1 遥控合闸出口、隔离开关 2 遥控分闸出口、隔离开关 2 遥控合闸出口、隔离开关 3 遥控分闸出口、隔离开关 3 遥控合闸出口、接地隔离开关 1 遥控分闸出口、接地隔离开关 1 遥控合闸出口、接地隔离开关 2 遥控分闸出口、接地隔离开关 2 遥控合闸出口、接地隔离开关 3 遥控分闸出口、接地隔

离开关 3 遥控合闸出口、远方复归直控动作出口（GOOSE 光纤组网）。

（2）2 号主变压器高压侧智能终端 A 套向 2 号主变压器高压侧测控装置提供断路器总位置（合位相与，跳位相或）、断路器 A 相位置、断路器 B 相位置、断路器 C 相位置、隔离开关 1 位置、隔离开关 2 位置、隔离开关 3 位置、接地隔离开关 1 位置、接地隔离开关 2 位置、接地隔离开关 3 位置、合闸动作、手合开入、手跳开入、三相不一致、控制回路断线、合后状态、位置不对应、智能终端运行异常、智能终端装置故障、智能终端 GPS 信号异常、弹簧未储能、非全相动作、电机运转、报警装置直流消失、断路器转换开关就地位置、断路器转换开关远方位置、隔离开关转换开关就地位置、隔离开关转换开关远方位置、断路器气室 SF_6 压力降低闭锁、报警电源、主机故障、断路器气室 SF_6 压力降低报警、断路器电机运转过流过时报警、隔离开关电机运转过流过时报警、其他气室 SF_6 压力降低报警、温度报警、短线报警、合并单元 A 装置告警或直流消失、断路器、隔离接地空气开关分跳闸报警、加热空开分跳闸、联锁解除、断路器/隔离开关就地、智能终端 B 套告警、智能终端 B 套闭锁、A 相跳闸出口、B 相跳闸出口、C 相跳闸出口、检修开入、操作电源正常、装置温度、GCB1_1 网通信中断、GCB1 配置错误、GCB2_1 网通信中断、GCB2 配置错误、从 1GCB1 通信中断、从 1GCB1 配置错误、从 1GCB2 通信中断、从 1GCB2 配置错误、组网口控制命令 1、组网口控制命令 2、组网口控制命令 3、直跳口 1 控制命令、直跳口 2 控制命令、直跳口 3 控制命令（GOOSE 光纤组网）。

（3）2 号主变压器保护 A 套向 2 号主变压器高压侧智能终端 A 套提供断路器跳闸命令（GOOSE 光纤直连）。

（4）220kV 母线保护 A 套向 2 号主变压器高压侧智能终端 A 套提供跳闸命令（GOOSE 光纤直连）。

（5）2 号主变压器高压侧智能终端 A 套向 220kV 母线保护 A 套提供–1 隔离开关位置、–2 隔离开关位置（GOOSE 光纤直连）。

（6）2 号主变压器高压侧智能终端 A 套向 2 号主变压器高压侧合并单元 A 套提供–1 隔离开关位置、–2 隔离开关位置（GOOSE 光纤组网）。

八、2 号主变压器高压侧智能终端 B 套

2 号主变压器高压侧智能终端 B 套输入输出信号示意图，如图 4-49 所示。

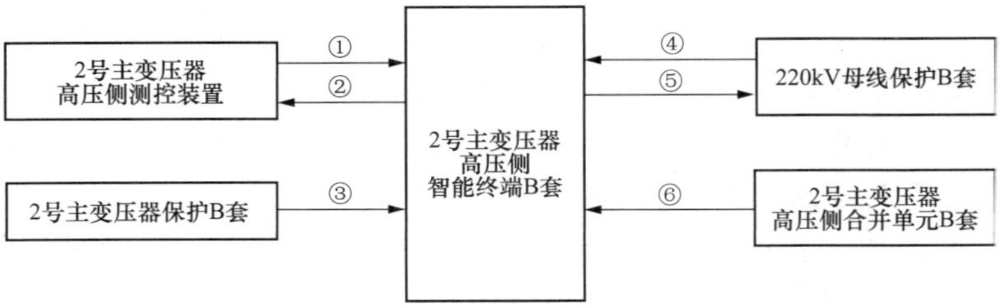

图 4-49　2 号主变压器高压侧智能终端 B 套输入输出信号示意图

（1）2 号主变压器高压侧测控装置向 2 号主变压器高压侧智能终端 B 套提供断路器遥控分闸出口、断路器遥控合闸出口、远方复归直控动作出口（GOOSE 光纤组网）。

（2）2 号主变压器高压侧智能终端 B 套向 2 号主变压器高压侧测控装置提供控制回路断

线、智能终端运行异常、智能终端装置故障、智能终端 GPS 信号异常、开关非全相动作、合并单元 B 装置告警或直流消失、智能终端 A 套告警、智能终端 A 套闭锁、A 相跳闸出口、B 相跳闸出口、C 相跳闸出口、检修开入、操作电源正常、装置温度、GCB1_1 网通信中断、GCB1 配置错误、GCB2_1 网通信中断、GCB2 配置错误、从 1GCB1 通信中断、从 1GCB1 配置错误、从 1GCB2 通信中断、从 1GCB2 配置错误、组网口控制命令 1、组网口控制命令 2、组网口控制命令 3、直跳口 1 控制命令、直跳口 2 控制命令、直跳口 3 控制命令（GOOSE 光纤组网）。

（3）2 号主变压器保护 B 套向 2 号主变压器高压侧智能终端 B 套提供断路器跳闸命令（GOOSE 光纤直连）。

（4）220kV 母线保护 B 套向 2 号主变压器高压侧智能终端 B 套提供跳闸命令（GOOSE 光纤直连）。

（5）2 号主变压器高压侧智能终端 B 套向 220kV 母线保护 B 套提供–1 隔离开关位置、–2 隔离开关位置（GOOSE 光纤直连）。

（6）2 号主变压器高压侧智能终端 B 套向 2 号主变压器高压侧合并单元 B 套提供–1 隔离开关位置、–2 隔离开关位置（GOOSE 光纤组网）。

九、2 号主变压器低压侧智能终端 A 套

2 号主变压器低压侧智能终端 A 套输入输出信号示意图，如图 4-50 所示。

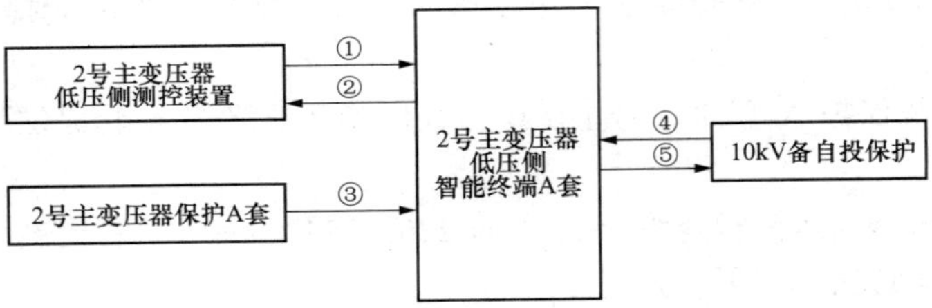

图 4-50 2 号主变压器低压侧智能终端 A 套输入输出信号示意图

（1）2 号主变压器低压侧测控装置向 2 号主变压器低压侧智能终端 A 套提供断路器遥控分闸出口、断路器遥控合闸出口、远方复归直控动作出口（GOOSE 光纤组网）。

（2）2 号主变压器低压侧智能终端 A 套向 2 号主变压器低压侧测控装置提供断路器位置、合闸动作、手跳命令、手合开入、控制回路断线、合后状态、位置不对应、智能终端运行异常、智能终端装置故障、智能终端 GPS 信号异常、弹簧未储能、隔离手车工作位置、隔离手车试验位置、开关手车工作位置、合并单元 A 告警、断路器隔离开关就地、智能终端 B 告警、智能终端 B 闭锁、跳闸出口、检修开入、操作电源正常、装置温度、GCB1_1 网通信中断、GCB1 配置错误、GCB2_1 网通信中断、GCB2 配置错误、从 1GCB1 通信中断、从 1GCB1 配置错误、从 1GCB3 通信中断、从 1GCB3 配置错误、从 1GCB4 通信中断、从 1GCB4 配置错误、从 1GCB5 通信中断、从 1GCB5 配置错误、组网口控制命令 1、组网口控制命令 2、组网口控制命令 3、直跳口 1 控制命令、直跳口 2 控制命令、直跳口 3 控制命令（GOOSE 光纤组网）。

（3）2 号主变压器保护 A 套向 2 号主变压器低压侧智能终端 A 套提供断路器跳闸命令（GOOSE 光纤直连）。

（4）10kV 备自投保护向 2 号主变压器低压侧智能终端 A 套提供备自投跳闸命令（GOOSE 光纤组网）。

（5）2 号主变压器低压侧智能终端 A 套向 10kV 备自投保护提供断路器位置、KK 合后、手跳开入闭锁自投（GOOSE 光纤组网）。

十、2 号主变压器低压侧智能终端 B 套

2 号主变压器低压侧智能终端 B 套输入输出信号示意图，如图 4-51 所示。

（1）2 号主变压器低压侧测控装置向 2 号主变压器低压侧智能终端 B 套提供远方复归直控动作出口（GOOSE 光纤组网）。

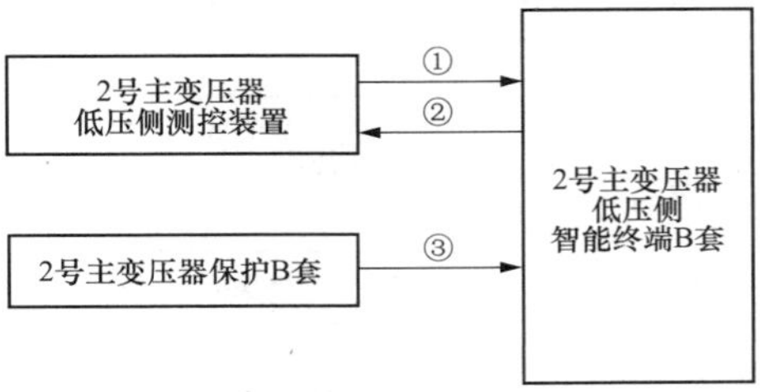

图 4-51　2 号主变压器低压侧智能终端 B 套输入输出信号示意图

（2）2 号主变压器低压侧智能终端 B 套向 2 号主变压器低压侧测控装置提供智能终端运行异常、智能终端装置故障、智能终端 GPS 信号异常、低压侧合并单元 B 装置告警、智能终端 A 套告警、智能终端 A 套闭锁、跳闸出口、检修开入、操作电源正常、装置温度、GCB1_1 网通信中断、GCB1 配置错误、GCB2_1 网通信中断、GCB2 配置错误、从 1GCB1 通信中断、从 1GCB1 配置错误、从 1GCB2 通信中断、从 1GCB2 配置错误、组网口控制命令 1、组网口控制命令 2、组网口控制命令 3、直跳口 1 控制命令、直跳口 2 控制命令、直跳口 3 控制命令（GOOSE 光纤组网）。

（3）2 号主变压器保护 B 套向 2 号主变压器低压侧智能终端 B 套提供断路器跳闸命令（GOOSE 光纤直连）。

十一、2 号主变压器本体智能终端

2 号主变压器本体智能终端输入输出信号示意图，如图 4-52 所示。

（1）2 号主变压器本体测控装置向 2 号主变压器本体智能终端提供高中压侧中性点接地隔离开关遥合、遥分、档位升、档位降、档位停、远方复归直控动作出口。

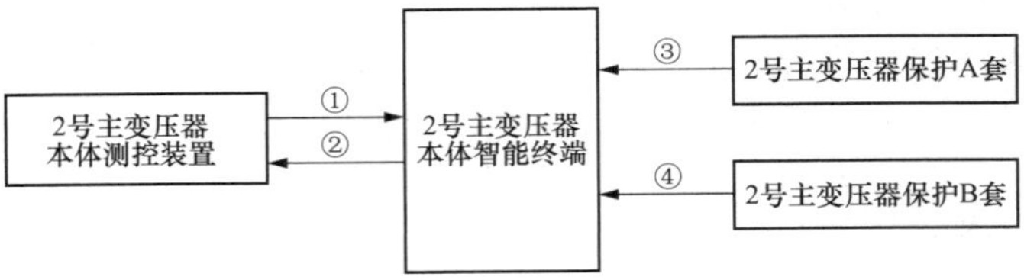

图 4-52　2 号主变压器本体智能终端输入输出信号示意图

（2）2 号主变压器本体智能终端向 2 号主变压器本体测控装置提供高压侧中性点接地隔离开关位置、中压侧中性点接地隔离开关 2 位置、本操作箱运行异常、本操作箱装置故障、GPS 信号异常、档位、本体重瓦斯、调压重瓦斯、油温高跳闸、绕组过温跳闸、调压压力释放、本体轻瓦斯、调压轻瓦斯、油温高告警、绕组温度高告警、调压油位低、调压油位高、油位低、油位高、调压就地、分接开关未完成切换、高压侧中性点接地隔离开关近控、中压侧中性点接地隔离开关近控、分接开关正在操作、电机保护开关脱扣、非电量跳闸信号、检修状态、操作电源正常、智能终端装置温度、主变压器油面温度 1、主变压器油面温度 2、主

变压器绕组温度、GCB1_1 网通信中断、GCB1 配置错误、GCB2_1 网通信中断、GCB2 配置错误、GCB3_1 网通信中断、GCB3 配置错误、GCB4_1 网通信中断、GCB4 配置错误、GCB5_1 网通信中断、GCB5 配置错误（GOOSE 光纤组网）。

（3）2 号主变压器保护 A 套向 2 号主变压器本体智能终端提供过负荷启动风冷 I 段。

（4）2 号主变压器保护 B 套向 2 号主变压器本体智能终端提供过负荷启动风冷 I 段。

十二、2 号主变压器中压侧合并单元 A 套

2 号主变压器中压侧合并单元 A 套输入输出信号示意图，如图 4-53 所示。

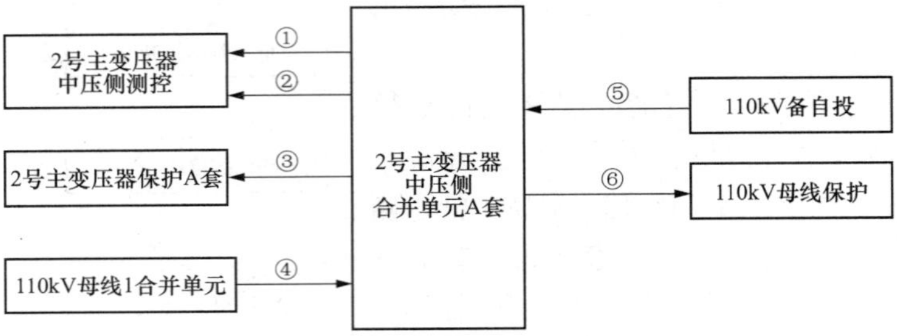

图 4-53　2 号主变压器中压侧合并单元 A 套输入输出信号示意图

（1）2 号主变压器中压侧合并单元 A 套向 2 号主变压器中压侧测控装置提供 2 号主变压器中压侧 A 相、B 相、C 相测量电流，110kV 母线 A 相、B 相、C 相保护/测量电压，额定延时（SV 光纤直连）。

（2）2 号主变压器中压侧合并单元 A 套向 2 号主变压器中压侧测控装置提供同步异常、采样异常、检修状态、硬件自检出错、配置文件出错、GOOSE 异常、操作箱检修不一致、PT 失压告警（GOOSE 光纤组网）。

（3）2 号主变压器中压侧合并单元 A 套向 2 号主变压器保护 A 套提供额定延时，2 号主变压器中压侧 A 相、B 相、C 相、零序、间隙保护电流和启动电流，110kV 2 号母线 A 相、B 相、C 相保护电压和启动电压（SV 光纤直连）。

（4）110kV 1 母线合并单元向 2 号主变压器中压侧合并单元 A 套提供 110kV 2 号母线 A 相、B 相、C 相、零序保护/测量电压（SV 光纤级联）。

（5）2 号主变压器中压侧合并单元 A 向 110kV 备自投提供采样额定延迟时间、A 相测量电流（SV 光纤直连）。

（6）2 号主变压器中压侧合并单元 A 套向 110kV 母线保护提供该 2 号主变压器中压侧 A 相、B 相、C 相保护电流和启动电流，额定延时（SV 光纤直连）。

十三、2 号主变压器中压侧合并单元 B 套

2 号主变压器中压侧合并单元 B 套输入输出信号示意图，如图 4-54 所示。

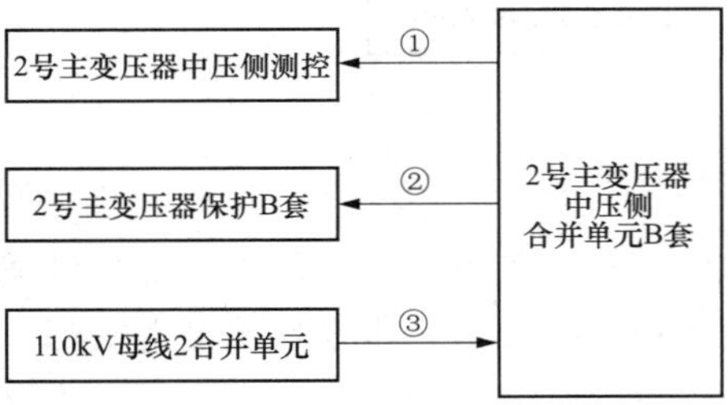

图 4-54　2 号主变压器中压侧合并单元 B 套输入输出信号示意图

（1）2 号主变压器中压侧合并单元 B 套向 2 号主变压器中压侧测控装置提供同步异常、采样异常、检修状态、硬件自检出错、配置文件出错、GOOSE 异常、操作箱检修不一致、PT 失压告警（GOOSE 光纤组网）。

（2）2 号主变压器中压侧合并单元 B 套向 2 号主变压器保护 B 套提供额定延时，2 号主变压器中压侧 A 相、B 相、C 相、零序、间隙保护电流和启动电流，110kV 2 号母线 A 相、B 相、C 相保护电压和启动电压（SV 光纤直连）。

（3）110kV 2 母线合并单元向 2 号主变压器中压侧合并单元 B 套提供 110kV 2 号母线 A 相、B 相、C 相、零序保护/测量电压（SV 光纤级联）。

十四、2 号主变压器高压侧合并单元 A 套

2 号主变压器高压侧合并单元 A 套输入输出信号示意图，如图 4-55 所示。

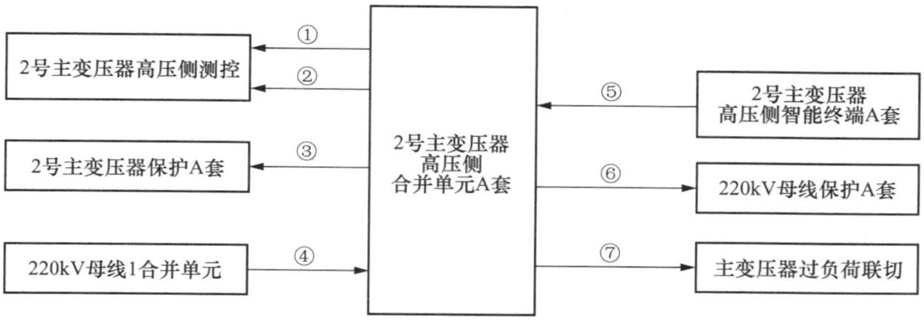

图 4-55　2 号主变压器高压侧合并单元 A 套输入输出信号示意图

（1）2 号主变压器高压侧合并单元 A 套向 2 号主变压器高压侧测控装置提供 2 号主变压器高压侧 A 相、B 相、C 相测量电流，2 号主变压器中压侧 A 相保护电压，110kV 母线 A 相、B 相、C 相保护电压，零序电压（SV 光纤直连）。

（2）2 号主变压器高压侧合并单元 A 套向 2 号主变压器高压侧测控装置提供同步异常、采样异常、检修状态、硬件自检出错、配置文件出错、GOOSE 异常、操作箱检修不一致、切换到Ⅰ母、切换到Ⅱ母、PT 失压告警、隔离开关分合不一致（GOOSE 光纤组网）。

（3）2 号主变压器高压侧合并单元 A 套向 2 号主变压器保护 A 套提供额定延时，2 号主变压器高压侧 A 相、B 相、C 相、零序、间隙保护电流和启动电流，220kV 母线 A 相、B 相、C 相保护电压和启动电压、零序电压（SV 光纤直连）。

（4）220kV 母线合并单元 A 向 2 号主变压器高压侧合并单元 A 套提供 220kV Ⅰ母 A 相、B 相、C 相、零序保护电压，220kV Ⅱ母 A 相、B 相、C 相、零序保护电压，220kV Ⅰ母 A 相、B 相、C 相测量电压，220kV Ⅱ母 A 相、B 相、C 相测量电压（SV 光纤级联）。

（5）2 号主变压器高压侧智能终端 A 套向 2 号主变压器高压侧合并单元 A 套提供隔离开关 1 位置、隔离开关 2 位置（GOOSE 组网）。

（6）2 号主变压器高压侧合并单元 A 套向 220kV 母线保护 A 套提供 2 号主变压器高压侧 A 相、B 相、C 相保护电流和启动电流，额定延时（SV 光纤直连）。

（7）2 号主变压器高压侧合并单元 A 套向主变压器过负荷联切提供额定延时、2 号主变压器高压侧 A 相、B 相、C 相保护电流、220kV 母线 A 相、B 相、C 相保护/测量电压（SV 光纤直连）。

十五、2 号主变压器高压侧合并单元 B 套

2 号主变压器高压侧合并单元 B 套输入输出信号示意图，如图 4-56 所示。

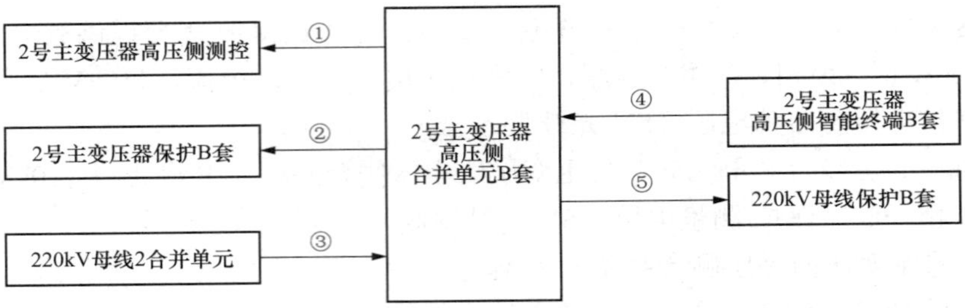

图 4-56 2 号主变压器高压侧合并单元 B 套输入输出信号示意图

（1）2 号主变压器高压侧合并单元 B 套向 2 号主变压器高压侧测控装置提供同步异常、采样异常、检修状态、硬件自检出错、配置文件出错、GOOSE 异常、操作箱检修不一致、切换到 I 母、切换到Ⅱ母、PT 失压告警、隔离开关分合不一致（GOOSE 光纤组网）。

（2）2 号主变压器高压侧合并单元 B 套向 2 号主变压器保护 B 套提供额定延时，2 号主变压器高压侧 A 相、B 相、C 相、零序、间隙保护电流和启动电流，220kV 母线 A 相、B 相、C 相保护电压和启动电压、零序电压（SV 光纤直连）。

（3）220kV 母线 2 合并单元向 2 号主变压器高压侧合并单元 B 套提供 220kV I 母 A 相、B 相、C 相、零序保护电压，220kVⅡ母 A 相、B 相、C 相、零序保护电压，220kV I 母 A 相、B 相、C 相测量电压，220kVⅡ母 A 相、B 相、C 相测量电压（SV 光纤级联）。

（4）2 号主变压器高压侧智能终端 B 套向 2 号主变压器高压侧合并单元 B 套提供隔离开关 1 位置、隔离开关 2 位置（GOOSE 组网）。

（5）2 号主变压器高压侧合并单元 B 套向 220kV 母线保护 B 套提供 2 号主变压器高压侧 A 相、B 相、C 相保护电流和启动电流，额定延时（SV 光纤直连）。

十六、2 号主变压器低压侧合并单元 A 套

2 号主变压器低压侧合并单元 A 套输入输出信号示意图，如图 4-57 所示。

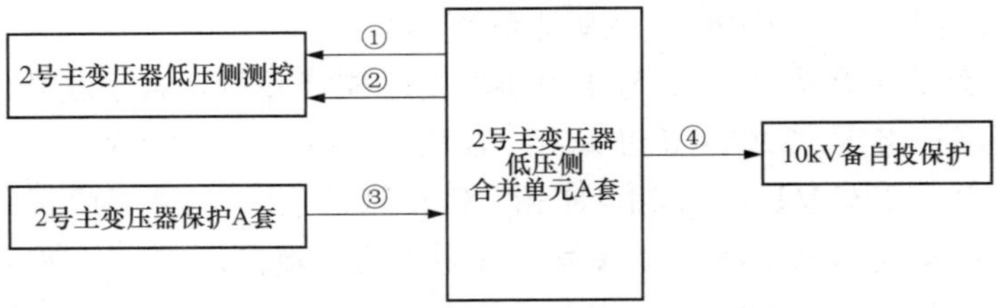

图 4-57 2 号主变压器低压侧合并单元 A 套输入输出信号示意图

（1）2 号主变压器低压侧合并单元 A 套向 2 号主变压器低压侧测控装置提供 2 号主变压器低压侧 A 相电流，10kV 母线 A 相、B 相、C 相电压，额定延时（SV 光纤直连）。

（2）2 号主变压器低压侧合并单元 A 套向 2 号主变压器低压侧测控装置提供同步异常、采样异常、检修状态、硬件自检出错、配置文件出错、GOOSE 异常、操作箱检修不一致、PT 失压告警（GOOSE 光纤组网）。

（3）2 号主变压器低压侧合并单元 A 套向 2 号主变压器保护 A 套提供额定延时，2 号主变压器低压侧 A 相、B 相、C 相保护电流和启动电流，10kV 母线 A 相、B 相、C 相保护电压

和启动电压（SV 光纤直连）。

（4）2 号主变压器低压侧合并单元 A 套向 10kV 备自投保护提供 2 号主变压器低压侧 B 相保护电流，10kV 母线 A 相、B 相、C 相保护电压、额定延时（SV 光纤直连）。

十七、2 号主变压器低压侧合并单元 B 套

2 号主变压器低压侧合并单元 B 套输入输出信号示意图，如图 4-58 所示。

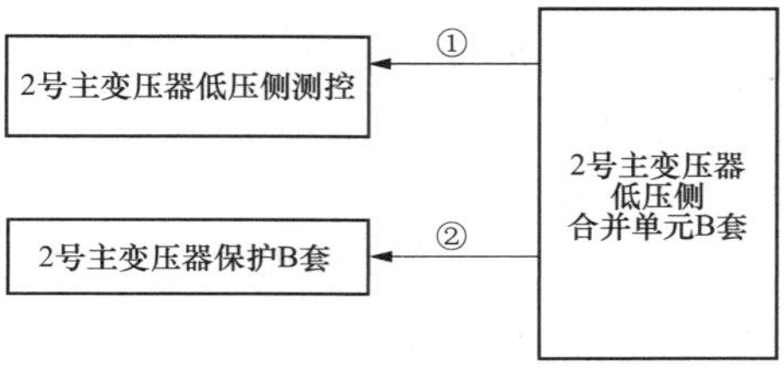

图 4-58　2 号主变压器低压侧合并单元 B 套输入输出信号示意图

（1）2 号主变压器低压侧合并单元 B 套向 2 号主变压器低压侧测控装置提供同步异常、采样异常、检修状态、硬件自检出错、配置文件出错、GOOSE 异常、操作箱检修不一致、PT 失压告警（GOOSE 光纤组网）。

（2）2 号主变压器低压侧合并单元 B 套向 2 号主变压器保护 B 套提供额定延时，2 号主变压器低压侧 A 相、B 相、C 相保护电流和启动电流，10kV 母线 A 相、B 相、C 相保护电压和启动电压。

十八、2 号主变压器保护 A 套

2 号主变压器保护 A 套输入输出信号示意图，如图 4-59 所示。

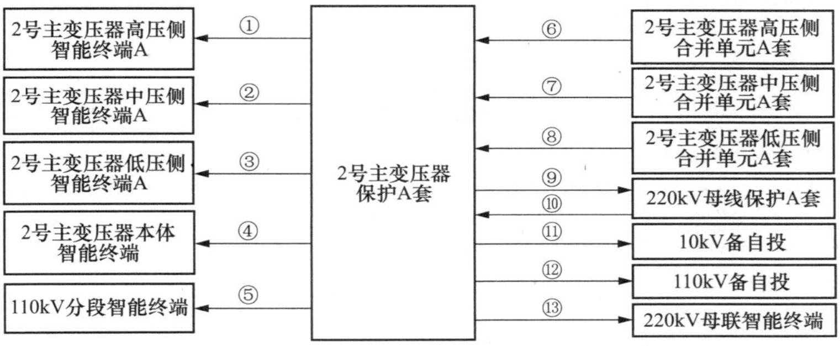

图 4-59　2 号主变压器保护 A 套输入输出信号示意图

（1）2 号主变压器保护 A 套向 2 号主变压器高压侧智能终端 A 套提供断路器跳闸命令（GOOSE 光纤直连）。

（2）2 号主变压器保护 A 套向 2 号主变压器中压侧智能终端 A 套提供断路器跳闸命令（GOOSE 光纤直连）。

（3）2 号主变压器保护 A 套向 2 号主变压器低压侧智能终端 A 套提供断路器跳闸命令（GOOSE 光纤直连）。

（4）2 号主变压器保护 A 套向 2 号主变压器本体智能终端提供过负荷启动风冷 I 段（GOOSE 光纤组网）。

（5）2 号主变压器保护 A 套向 110kV 分段智能终端提供跳中压侧分段（GOOSE 光纤组网）。

（6）2 号主变压器高压侧合并单元 A 套向 2 号主变压器保护 A 套提供额定延时，2 号主变压器高压侧 A 相、B 相、C 相电压、电流、零序电流、间隙电流（SV 光纤直连）。

（7）2 号主变压器中压侧合并单元 A 套向 2 号主变压器保护 A 套提供额定延时，2 号主变压器中压侧 A 相、B 相、C 相电压、电流、零序电流、间隙电流（SV 光纤直连）。

（8）2 号主变压器低压侧合并单元 A 套向 2 号主变压器保护 A 套提供额定延时，2 号主变压器低压侧 A 相、B 相、C 相电压、电流（SV 光纤直连）。

（9）2 号主变压器保护 A 套向 220kV 母线保护 A 套提供启动高压侧断路器失灵（GOOSE 光纤组网）。

（10）220kV 母线保护 A 套向 2 号主变压器保护 A 套提供解除高复压闭锁、失灵联跳变压器命令（GOOSE 光纤组网）。

（11）2 号主变压器保护 A 套向 10kV 备自投提供跳低压分段、闭锁低压备自投（GOOSE 光纤组网）。

（12）2 号主变压器保护 A 套向 110kV 备自投提闭锁低压备自投（GOOSE 光纤组网）。

（13）2 号主变压器保护 A 套向 220kV 母联智能终端提供跳高压侧母联（GOOSE 光纤组网）。

2 号主变压器主变保护 B 套输入输出信号示意图同 A 套。

十九、10kV 备自投网络拓扑图

10kV 备自投输入输出信号，如图 4-60 所示。

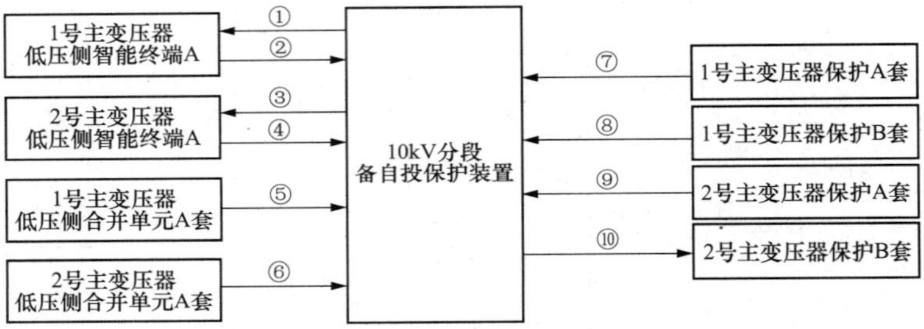

图 4-60 10kV 备自投输入输出信号示意图

（1）10kV 分段备自投向 1 号主变压器低压侧智能终端提供永跳命令。

（2）1 号主变压器低压侧智能终端 A 向 10kV 分段备自投提供 1 号主变压器低压侧断路器合后位置、手跳闭锁备自投命令、断路器总位置。

（3）10kV 分段备自投向 2 号主变压器低压侧智能终端提供永跳命令。

（4）2 号主变压器低压侧智能终端 A 向 10kV 分段备自投提供 2 号主变压器低压侧断路器合后位置、手跳闭锁备自投命令、断路器总位置。

（5）1 号主变压器低压侧合并单元 A 向 10kV 分段备自投提供 10kV 1 号母线 A、B、C 相电压值、1 号主变压器低压侧 A 相电流值。

（6）2 号主变压器低压侧合并单元 A 向 10kV 分段备自投提供 10kV 2 号母线 A、B、C 相电压值、2 号主变压器低压侧 A 相电流值。

（7）1 号主变压器保护 A 套向 10kV 分段备自投提供闭锁备自投命令。

（8）1 号主变压器保护 B 套向 10kV 分段备自投提供闭锁备自投命令。

（9）2 号主变压器保护 A 套向 10kV 分段备自投提供闭锁备自投命令。

（10）2 号主变压器保护 B 套向 10kV 分段备自投提供闭锁备自投命令。

二十、2 号主变压器间隔网络拓扑图

2 号主变压器间隔网络拓扑 A 网示意图，如图 4-61 所示。

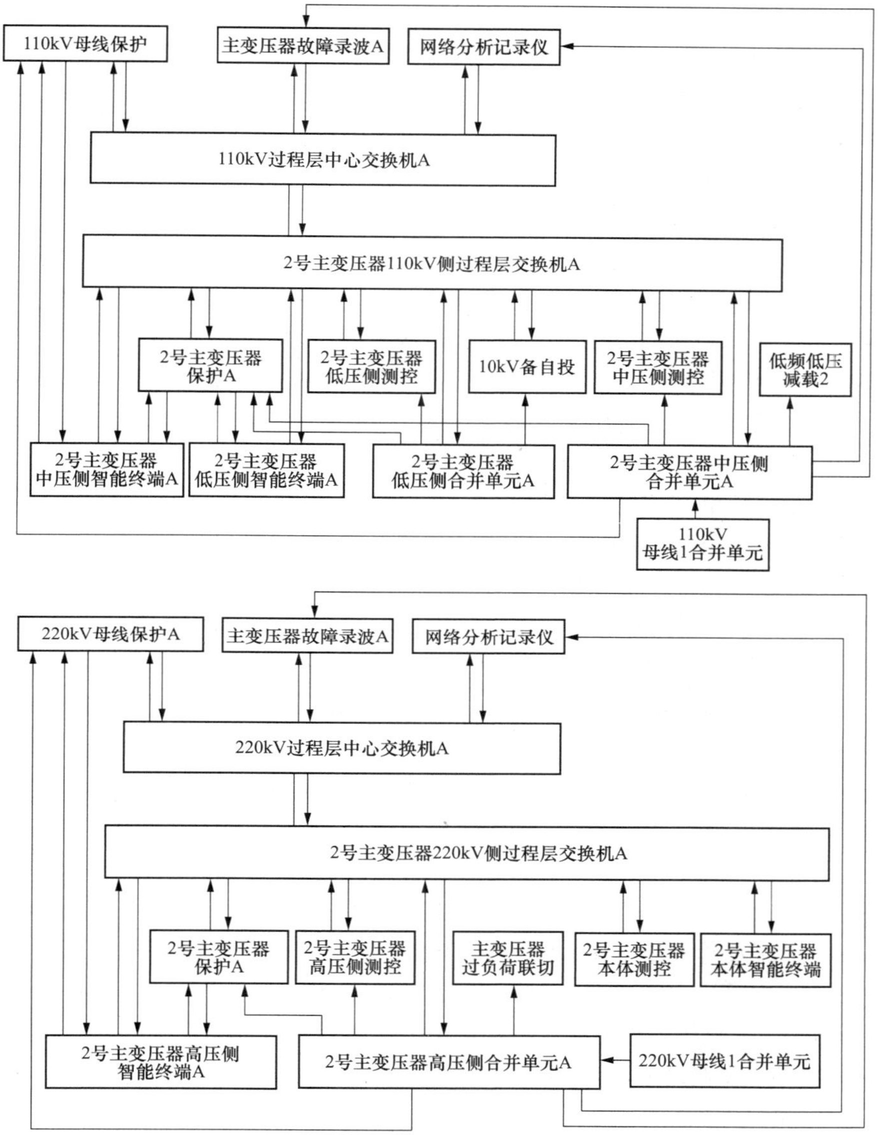

图 4-61　2 号主变压器间隔网络拓扑 A 网示意图

2 号主变压器高压侧合并单元 A 背板 6 根 SV 光纤直连，分别与 2 号主变压器保护 A、2 号主变压器高压侧测控、220kV 母线保护 A、主变压器过负荷联切、主变压器故障录波 A 及网络分析仪相连。1 根 SV 光纤级联，与 220kV 母线 1 合并单元相连获取母线电压。1 对 GOOSE 光纤组网，与 2 号主变压器 220kV 侧过程层交换机 A 相连，一方面获取母线侧隔离开关位置，另一方面将本装置告警信息上送至 2 号主变压器高压侧测控装置。

2 号主变压器中压侧合并单元 A 背板 6 根 SV 光纤直连，分别与 2 号主变压器保护 A、2 号主变压器中压侧测控、110kV 母线保护、低频低压减载 2、主变压器故障录波 A 及网络分析仪相连。1 根 SV 光纤级联，与 110kV 母线 1 合并单元相连获取母线电压。1 对 GOOSE 光纤组网，与 2 号主变压器 110kV 侧过程层交换机 A 相连，一方面获取母线侧隔离开关位置，另一方面将本装置告警信息上送至 2 号主变压器中压侧测控装置。

2 号主变压器低压侧合并单元 A 背板 5 根 SV 光纤直连，分别与 2 号主变压器保护 A、2 号主变压器低压侧测控、10kV 备自投、主变压器故障录波 A 及网络分析仪（连线未画）相连。1 对 GOOSE 光纤组网，与 2 号主变压器 110kV 侧过程层交换机 A 相连，将本装置告警信息上送至 2 号主变压器低压侧测控装置。

2 号主变压器高压侧智能终端 A 背板 2 对 GOOSE 光纤直连，分别与 2 号主变压器保护 A、220kV 母线保护 A 相连实现 2 号主变压器保护保护 A、220kV 母线保护 A 跳合闸。1 对 GOOSE 光纤组网，与 2 号主变压器 220kV 侧过程层交换机 A 相连，一方面将本间隔一次设备相关信息通过上送至 2 号主变压器高压侧测控及 2 号主变压器高压侧合并单元 A，另一方面实现 2 号主变压器高压侧测控装置对 2 号主变压器高压侧一次设备的遥控操作。

2 号主变压器中压侧智能终端 A 背板 2 对 GOOSE 光纤直连，分别与 2 号主变压器保护 A、110kV 母线保护相连实现 2 号主变压器保护保护 A、110kV 母线保护 A 跳合闸。1 对 GOOSE 光纤组网，与 2 号主变压器 110kV 侧过程层交换机 A 相连，一方面将本间隔一次设备相关信息通过上送至 2 号主变压器中压侧测控及 2 号主变压器中压侧合并单元 A，另一方面实现 2 号主变压器中压侧测控装置对 2 号主变压器中压侧一次设备的遥控操作。

2 号主变压器低压侧智能终端 A 背板 1 对 GOOSE 光纤直连与 2 号主变压器保护 A 相连实现 2 号主变压器保护 A 跳合闸。1 对 GOOSE 光纤组网，与 2 号主变压器 110kV 侧过程层交换机 A 相连，一方面将本间隔一次设备相关信息通过上送至 2 号主变压器低压侧测控，另一方面实现 2 号主变压器低压侧测控装置对 2 号主变压器低压侧一次设备的遥控操作。

2 号主变压器保护 A 背板 3 根 SV 光纤直连分别与 2 号主变压器高中低三侧合并单元 A 相连，获取三侧电流及母线电压值。3 对 GOOSE 光纤直连分别与 2 号主变压器高中低三侧智能终端相连，实现主变压器保护跳三侧断路器。2 对 GOOSE 光纤组网，其中一对与 2 号主变压器 220kV 侧过程层交换机 A 相连，主要传递的信息为高压侧启失灵、启动风冷等，另一对与 2 号主变压器 110kV 侧过程层交换机 A 相连，主要传递的信息为失灵联跳主变压器及主变压器后备保护跳中低压侧母联等。

2 号主变压器 220kV 侧过程层中心交换机 A 背板 7 对 GOOSE 组网，其中 6 对分别与 2 号主变压器高压侧合并单元 A、2 号主变压器高压侧智能终端 A、2 号主变压器高压侧测控、2 号主变压器保护 A、2 号主变压器本体测控、2 号主变压器本体智能终端相连实现本间隔信息共享，另 1 对与 220kV 过程层中心交换机 A 相连，传输的主要信息为 2 号主变压器高压侧断路器启失灵，失灵联跳变压器命令。

2 号主变压器 110kV 侧过程层中心交换机 A 背板 9 对 GOOSE 组网，其中 8 对分别与 2 号主变压器中压侧合并单元 A、2 号主变压器中压侧智能终端 A、2 号主变压器中压侧测控、2 号主变压器低压侧合并单元 A、2 号主变压器低压侧智能终端 A、2 号主变压器低压侧测控、

2 号主变压器保护 A 相连实现本间隔信息共享，另一对与 110kV 过程层中心交换机 A 相连，传输的主要信息为 2 号主变压器后备保护跳中低压侧分段。

2 号主变压器间隔网络拓扑 B 网示意图，如图 4-62 所示。

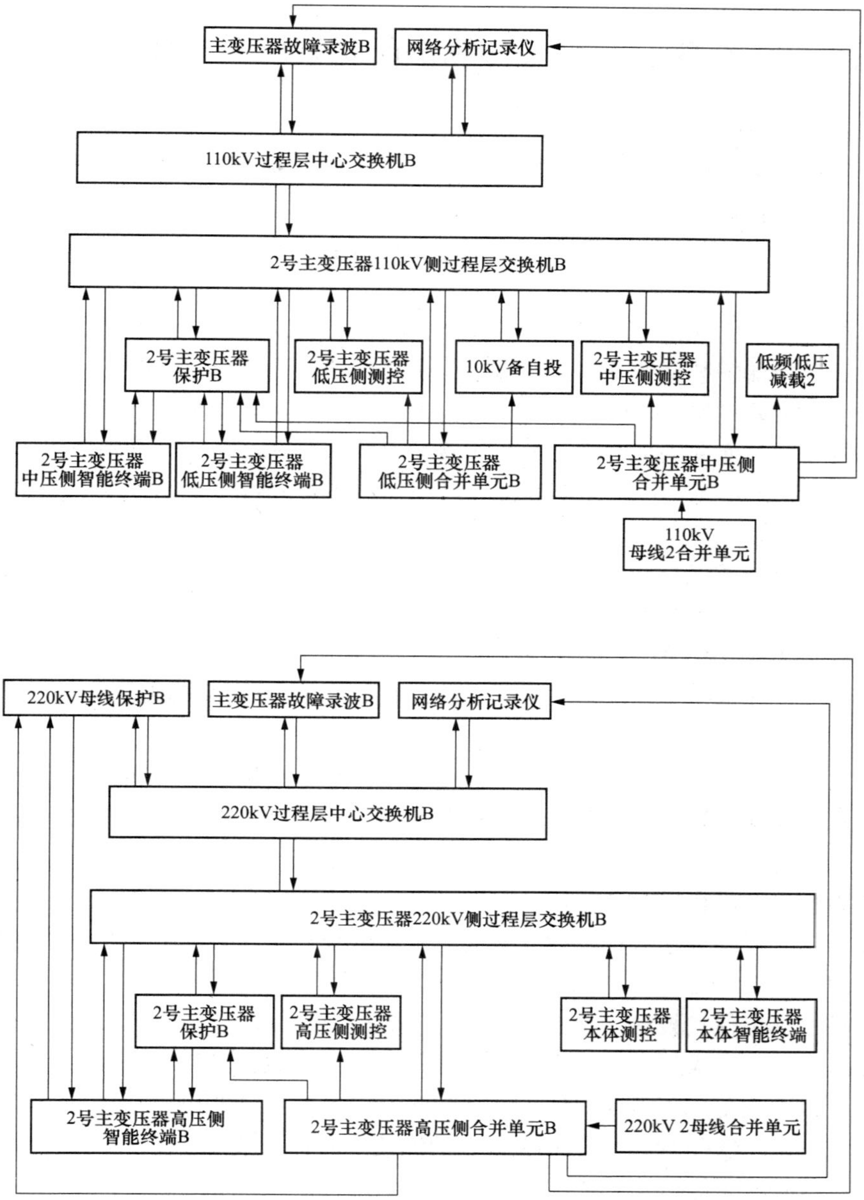

图 4-62　2 号主变压器间隔网络拓扑 B 网示意图

第五章　智能变电站运行维护

第一节　继电保护及安全自动装置连接片概述

一、保护连接片概述

保护连接片简称保护连片，是保护装置联系外部二次接线的桥梁和纽带，关系到保护的功能和动作出口能否正常发挥作用。

按照连接片接入保护装置二次回路位置的不同，可分为功能连接片和出口连接片两类。

功能连接片是指实现保护装置某些功能如光差保护、距离保护、零序保护等的投退功能的连接片，一般接保护装置的开入量，或是保护装置的软连接片，它在进入保护装置之前必须经过光电耦合或隔离继电器隔离，转化为弱电开入，其抗干扰能力更好。

出口连接片包括面向智能终端、操作箱及断路器的跳闸连接片、合闸连接片，面向隔离开关的控分、控合连接片，以及向其他装置进行接点（GOOSE）输出回路上的连接片，包括启动/闭锁重合闸、启动失灵保护、解除失灵保护电压闭锁、启动远跳、闭锁备自投等连接片。保护出口连接片决定了保护动作的结果，跳闸出口连接片和合闸出口连接片直接作用于开关跳合闸。启动连接片作为其他保护开入之用。

当一套保护装置的主保护和后备保护共用跳闸出口时，退出这套保护装置中的某些保护时只能退其功能连接片，而不能退出口连接片，否则该保护装置中的其他保护将失去作用。

按照连接片安装位置的不同，又可分为硬连接片和软连接片。硬连接片是安装在保护屏柜上，可直观地在保护屏柜上对其进行巡视和操作，软连接片则是在保护装置或后台监控上进行巡视和操作的。

二、智能变电站后台监控连接片

智能变电站实行软连接片控制模式，大量减少硬连接片的设置，因此在智能变电站后台监控机上设置了大量连接片。

后台监控中继电保护设备、连接片、信号的界面符合《变电站监控系统图形界面规范》Q/GDW 11162-2014 的要求，显示软、硬连接片的实际状态，连接片名称与《线路保护及辅助装置标准化设计规范》Q/GDW 1161-2013、《变压器、高压并联电控器和母线保护及辅助装置标准化设计规范》Q/GDW 1175-2013 规定的连接片名称一致，可操作的连接片与只监视不操作的连接片应有明显区分。

监控后台可操作的软连接片包括保护功能软连接片、GOOSE 软连接片、SV 接收软连接片、间隔投入软连接片、母线隔离开关位置强制等。

监控后台只监视不操作的软连接片包括远方修改定值、远方切换定值区、远方投退连接片等软连接片。

监控后台监视的硬连接片除常规保护、智能终端出口硬连接片外的其余硬连接片的实际状态，包括“远方操作”和“检修状态”硬连接片。

三、智能变电站软连接片

（一）软连接片分类

1. 保护功能投退软连接片

实现某保护功能的完整投入或退出，此类连接片为控制保护功能的主连接片。

（1）GOOSE 软连接片。

分为发送软连接片和接收软连接片，用于从逻辑上隔离信号输入、输出。相当于常规保护中的跳合闸出口硬连接片或启动用硬连接片，用于跳合闸出口或启动相关保护，一般分为三相共用，不分相。装置输入信号由保护输入信号和接收连接片状态共同决定。装置输出信号由保护输出信号和发送连接片状态共同决定，通过改变连接片状态可以实现对某一 GOOSE 信号的输入输出控制。

（2）SV 接收软连接片。

SV 接收软连接片控制保护装置是否对 SV 报文进行处理。如果该连接片退出，装置不处理该连接片对应的 SV 报文。MU 接收、MU 投入、间隔投入、间隔接收等软连接片也有同样或类似的作用。相当于以往保护与电流互感器、电压互感器之间的连线，正常不进行操作。但是主变压器保护、母线保护等由多个间隔数据构成的保护，需要在其中某一间隔检修时将保护中对应该间隔 SV 接收软连接片退出。如某一线路间隔检修时，需退出对应该电压等级母线保护中该线路间隔的 SV 接收软连接片，从而使该线路合并单元传递的数据不再用于母线保护计算。

2. 测控功能连接片

实现某测控功能的完整投入或退出。此类连接片用于控制测控功能，相当于测控装置的定值，如检无压、检同期等。

3. 控制连接片

标记保护定值、软连接片的远方控制模式，正常时不进行操作。如远方修改定值、远方切换定值区、远方控制等。

（1）远方修改定值（软）。

装置软连接片，后台只显示其状态，连接片受远方投退软连接片控制，投入后可远方修改定值，退出不可修改定值。

（2）远方切换定值区（软）。

装置软连接片，后台只显示其状态，连接片受远方投退软连接片控制，投入后可远方切换定值区，退出不能远方切换定值区。

（3）远方控制（软）。

装置软连接片，后台只显示其状态，连接片受远方投退软连接片控制，投入后可远方控制软连接片投退，退出后不能远方投退软连接片。

（二）软连接片后台设置原则

（1）保护功能投退软连接片应在后台画面显示，具备遥控功能。

（2）GOOSE 出口连接片应在后台画面显示，具备遥控功能。

（3）SV 软连接片在后台画面显示，其连接片具备遥控功能。

（4）测控功能连接片不在后台画面显示，其连接片状态在投运前应设置完成，投运后不得改变。

（5）控制连接片应在后台画面显示，但不具备遥控功能。

（三）某 220kV 智能变电站后台监控软连接片设置实例

1. 110kV 线路分画面

110kV 线路分画面软连接片设置见表 5-1。

表 5-1 110kV 线路分画面软连接片设置

分 画 面	软 连 接 片		正常运行时投退状态
110kV 线路分画面（PCS-941）	保护功能连接片	距离保护软连接片	投入
		零序保护软连接片	投入
		重合闸退出软连接片	退出
	出口连接片	总出口软连接片	投入
		GOOSE 跳闸出口软连接片	投入
		GOOSE 合闸出口软连接片	投入
	SV 接收软连接片	MU 电流电压软连接片	投入
	控制连接片	远方修改定值	退出
		远方控制	投入
		远方切换定值区	退出

2. 110kV 母联分画面

110kV 母联分画面软连接片设置见表 5-2。

表 5-2 110kV 分段分画面软连接片设置

分 画 面	软 连 接 片		正常运行时投退状态
110kV 母联分画面（CSC122M）	保护功能连接片	充电过流 I 段	退出
		充电过流Ⅱ段	退出
		零序过流 I 段	退出
		零序过流Ⅱ段	退出
	出口连接片	充电保护跳闸出口	退出
	控制连接片	远方修改定值	退出
		远方控制	投入
		允许远方操作	退出

3. 110kV 母线分画面

110kV 母线分画面软连接片设置见表 5-3。

表 5-3 110kV 母线分画面软连接片设置

分 画 面	软 连 接 片		正常运行时投退状态
110kV 母线分画面（PCS915）	保护功能连接片	差动保护软连接片	投入
		失灵保护软连接片	投入
	出口连接片	110kV 线路开关跳闸 GOOSE 软连接片	投入

续表 5-3

分画面	软连接片		正常运行时投退状态
110kV 母线分画面（PCS915）	出口连接片	110kV 分段开关跳闸 GOOSE 软连接片	投入
		主变压器 110kV 侧开关跳闸 GOOSE 软连接片	投入
	SV 接收软连接片	110kV 线路间隔投入软连接片	投入
		110kV 分段间隔投入软连接片	投入
		主变压器 110kV 侧间隔投入软连接片	投入

4. 220kV 线路分画面

220kV 线路分画面软连接片设置见表 5-4。

表 5-4　220kV 线路分画面软连接片设置

分画面	软连接片		正常运行时投退状态
220kV 线路分画面（PSL603）	保护功能连接片	纵联差动保护软连接片	投入
		停用重合闸软连接片	退出
		远方跳闸 GOOSE	投入
	出口连接片	跳闸出口软连接片	投入
		启失灵出口软连接片	投入
		合闸出口软连接片	投入
		三相不一致出口	退出
	SV 接收软连接片	SV 接收软连接片	投入
	GOOSE 接收软连接片	智能终端 GOOSE 接收	投入
		母差 GOOSE 接收	投入
	控制连接片	远方修改定值	退出
		远方控制	投入
		远方切换定值区	退出
220kV 线路分画面（PCS931）	保护功能连接片	纵联差动保护软连接片	投入
		停用重合闸软连接片	退出
	出口连接片	跳闸出口软连接片	投入
		启动母差失灵出口软连接片	投入
		重合闸合闸出口软连接片	投入
		远传及通道告警 GOOSE 发送	投入
		闭锁重合闸 GOOSE 发送	投入
	SV 接收软连接片	SV 接收软连接片	投入
	GOOSE 接收软连接片	智能终端 GOOSE 接收	投入
		母差 GOOSE 接收	投入
	控制连接片	远方修改定值	退出
		远方控制	投入
		远方切换定值区	退出

5. 220kV 母联分画面

220kV 母联分画面软连接片设置见表 5-5。

表 5-5 220kV 母联分画面软连接片设置

分　画　面	软 连 接 片		正常运行时投退状态
220kV 母联分画面（CSC122）	保护功能连接片	充电过流	退出
	出口连接片	充电保护跳闸出口	退出
	SV 接收软连接片	MU 软连接片	投入
	控制连接片	远方修改定值	退出
		远方控制	投入
		允许远方操作	投入
		远方切换定值区	退出
220kV 母联分画面（CSC122）	保护功能连接片	充电过流	退出
	出口连接片	充电保护跳闸出口	退出
	SV 软连接片	MU 软连接片	投入
	控制连接片	远方修改定值	退出
		远方控制	投入
		允许远方操作	投入
		远方切换定值区	退出
测控装置	测控功能连接片	同期投入	退出
		同期检无压	退出
		同期检同期	退出

6. 220kV 母线分画面

220kV 母线分画面软连接片设置见表 5-6。

表 5-6 220kV 母线分画面软连接片设置

分　画　面	软 连 接 片		正常运行时投退状态
220kV 母线分画面（PCS915）	保护功能连接片	差动保护软连接片	投入
		母线互联软连接片	退出
		母联分列软连接片	退出
		失灵保护软连接片	投入
		220kV 母联失灵开入软连接片	投入
		主变压器 220kV 侧失灵开入软连接片	投入
		220kV 线路失灵开入软连接片	投入
		主变压器失灵联跳三侧	投入
	出口连接片	220kV 线路开关跳闸 GOOSE 软连接片	投入
		220kV 母联开关跳闸 GOOSE 软连接片	投入

续表 5-6

分 画 面	软 连 接 片		正常运行时投退状态
220kV 母线分画面（PCS915）	出口连接片	主变压器 220kV 侧开关跳闸 GOOSE 软连接片	投入
	SV 接收软连接片	电压接收软连接片	投入
		220kV 线路间隔投入软连接片	投入
		220kV 母联间隔投入软连接片	投入
		主变压器 220kV 侧间隔投入软连接片	投入
	控制连接片	远方切换定值区软连接片	退出
		远方修改定值区软连接片	退出
		远方控制软连接片	投入
220kV 母线分画面（CSC150）	保护功能连接片	差动保护软连接片	投入
		母线互联软连接片	退出
		母联分列软连接片	退出
		失灵保护软连接片	投入
		220kV 母联失灵开入软连接片	投入
		主变压器 220kV 侧失灵开入软连接片	投入
		220kV 线路失灵开入软连接片	投入
		主变压器失灵联跳三侧	投入
	出口连接片	Ⅰ母差动出口软连接片	投入
		Ⅱ母差动出口软连接片	投入
		Ⅰ母失灵出口软连接片	投入
		Ⅱ母失灵出口软连接片	投入
		220kV 线路开关跳闸 GOOSE 软连接片	投入
		220kV 母联开关跳闸 GOOSE 软连接片	投入
		主变压器 220kV 侧开关跳闸 GOOSE 软连接片	投入
	SV 接收软连接片	电压接收软连接片	投入
		220kV 线路间隔投入软连接片	投入
		220kV 母联间隔投入软连接片	投入
		主变压器 220kV 侧间隔投入软连接片	投入
	控制连接片	远方切换定值区软连接片	退出
		远方修改定值区软连接片	退出
		远方控制软连接片	投入

7. 主变压器分画面

主变压器分画面软连接片设置见表 5-7。

表 5-7 主变压器分画面软连接片设置

分　画　面	软 连 接 片		正常运行时投退状态
主变压器分画面（PTS1200）	保护功能连接片	主保护软连接片	投入
		高压侧后备保护软连接片	投入
		中压侧后备保护软连接片	投入
		低压侧后备保护软连接片	投入
		主变压器 220kV 侧失灵开入软连接片	投入
		解除 220kV 母差复压软连接片	投入
		主变压器 220kV 侧失灵启动软连接片	投入
		闭锁 110kV 分段备自投软连接片	投入
	出口连接片	跳主变压器高压侧开关软连接片	投入
		跳主变压器中压侧开关软连接片	投入
		跳主变压器低压侧开关软连接片	投入
		跳 220kV 母联开关软连接片	退出
		跳 110kV 分段开关软连接片	投入
		跳 10kV 分段开关软连接片	投入
	SV 接收软连接片	高压侧电压投入软连接片	投入
		中压侧电压投入软连接片	投入
		低压侧电压投入软连接片	投入
		高压侧 SV 接收软连接片	投入
		中压侧 SV 接收软连接片	投入
		低压侧 SV 接收软连接片	投入
	控制连接片	远方切换定值区软连接片	退出
		远方修改定值区软连接片	退出
		远方控制软连接片	投入
主变压器分画面（CSC326）	保护功能连接片	差动保护软连接片	投入
		高压侧复压过流保护软连接片	投入
		高压侧零序电流保护软连接片	投入
		高压侧间隙保护软连接片	投入
		中压侧复压过流保护软连接片	投入
		中压侧零序电流保护软连接片	投入
		中压侧间隙保护软连接片	投入
		低压侧复压过流保护软连接片	投入
		低压侧零序电流保护软连接片	退出
		主变压器 220kV 侧失灵启动软连接片	投入
		主变压器 220kV 侧失灵开入软连接片	投入
		解除高复压闭锁软连接片	投入

续表 5-7

分　画　面	软　连　接　片		正常运行时投退状态
主变压器分画面（CSC326）	保护功能连接片	主变压器高压侧失灵联跳保护软连接片	投入
		后备闭锁 110kV 分段备自投软连接片	投入
	出口连接片	出口总软连接片	投入
		跳主变压器高压侧开关软连接片	投入
		跳主变压器中压侧开关软连接片	投入
		跳主变压器低压侧开关软连接片	投入
		跳 220kV 母联开关软连接片	退出
		跳 110kV 分段开关软连接片	投入
		跳 10kV 分段开关软连接片	投入
	SV 接收软连接片	高压侧电压投入软连接片	投入
		中压侧电压投入软连接片	投入
		低压侧电压投入软连接片	投入
		高压侧 MU 软连接片	投入
		中压侧 MU 软连接片	投入
		低压侧 MU 软连接片	投入
	控制连接片	远方切换定值区软连接片	退出
		远方修改定值区软连接片	退出
		远方控制软连接片	投入

（四）软连接片投退操作

1. 软连接片操作一般原则

（1）运维人员操作保护功能停启用软连接片应在监控后台实现，操作前核对监控画面软连接片实际状态，操作后应在监控画面和保护装置上核对软连接片实际状态。

（2）禁止通过投退智能终端的断路器跳合闸硬连接片的方式投退保护。

（3）操作软连接片时，运维人员应在监控后台核对各软连接片状态正确后，再对软连接片进行操作，并确认遥控成功信息反馈正确。投退软连接片完成后，应在监控后台再次调取、核对各软连接片状态正确，核对上报的保护功能信息正确。投退重合闸、备自投软连接片后，应确认上送的重合闸、备自投充电状态信号正确。上述核对、检查项目应列入操作票。

（4）保护退出时连接片操作顺序：先出口连接片，再功能连接片，后间隔投入连接片。保护投入时连接片操作顺序：先间隔投入连接片，再功能连接片，后出口连接片。

（5）保护装置的 SV 接收连接片，应在该合并单元对应的互感器停电的情况下进行操作。否则应先采取防止保护误动的措施，再操作 SV 接收连接片。

（6）保护操作后的信号、信息、位置等具体反应，运维人员应在每次操作中予以检查核对。

（7）实现顺序控制的，控制流程中应核实收到的反馈信息正确。

2. SV 接收软连接片操作解析

（1）SV 接收软连接片作用。

如图 5-1 所示，正常运行中，合并单元实时采集一次设备的电流、电压数据，并将其提供给保护装置用于保护计算，从而对一次设备运行工况进行判断，当设备发生故障时，保护会发出跳闸命令实现开关跳闸，切除故障。

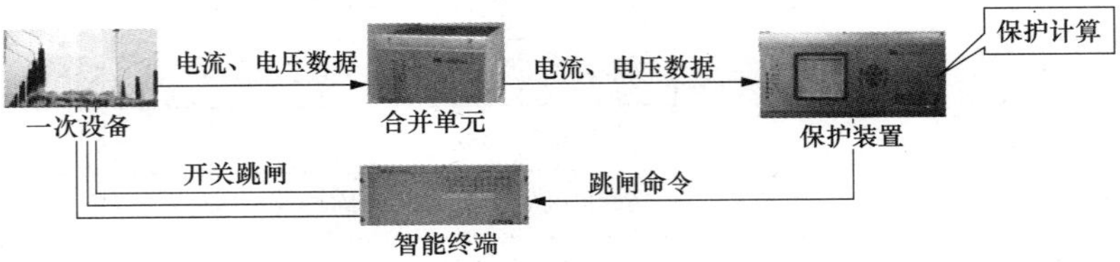

图 5-1 保护动作示意图

但有一些特殊情况，如单间隔设备停电检修时，一次设备的实际电流应该为零，合并单元提供给公用保护装置如母线、主变压器保护的电流也应该为零，但工作过程中工作人员为了传动试验会通过保护测试仪给合并单元加入一个试验电流值，合并单元会把该试验电流值提供给公用保护装置，此时，保护装置如果仍利用这些数据进行保护计算判断设备的运行情况，就会造成保护装置误判断、误跳闸。因为该试验电流值并不是一次设备的真实电流值。

因此为了防止这种情况的发生，设置了 SV 接收软连接片（间隔投入软连接片）。通过对该连接片的投退操作来控制保护装置是否对电流、电压数据进行处理。如果 SV 接收软连接片在投入状态，则保护装置处理该连接片对应的电流电压数据，如果 SV 接收软连接片在退出状态，则保护装置不处理该连接片对应的电流电压数据。

（2）SV 接收软连接片操作注意事项。

1）SV 接收软连接片正常运行时应投入。

2）由多间隔数据构成的保护，应将检修设备间隔从该保护中退出。如某线路间隔设备检修，要退出相应电压等级母线保护中该间隔的 SV 接收软连接片，如主变压器某侧开关停运有工作，应退出主变压器保护相应侧的 SV 接收软连接片，同时退出相应电压等级的母线保护中对应的 SV 接收软连接片。

3）SV 接收软连接片，应在该合并单元对应的互感器一次侧不带电（冷备用或检修）的情况下进行操作。否则应先采取防止保护误动的措施，再操作 SV 接收连接片。如间隔停电检修，应先停运一次设备，电流互感器一次侧不带电后，再操作仍运行的二次设备对应检修间隔的 SV 接收软连接片；恢复送电时，应先投入运行的二次设备对应检修间隔的 SV 接收软连接片，再操作一次设备。

四、智能变电站硬连接片

传统变电站中保护、测控屏柜上设有大量的硬连接片，主要包括跳合闸连接片、光差、距离、零序、启动失灵等，而智能变电站则主要实行软连接片控制模式，硬连接片设置大大减少，具体设置见表 5-8。

表 5-8　硬连接片设置

序　　号	屏　　柜	硬 连 接 片	投 退 状 态
1	保护屏	检修状态硬连接片	正常运行时退出
2	测控屏	检修状态硬连接片	正常运行时退出
3	汇控柜	合并单元检修状态硬连接片	正常运行时退出
		智能终端检修状态硬连接片	正常运行时退出
		跳闸出口连接片	正常运行时投入
		合闸出口连接片	正常运行时投入
		非全相出口连接片	正常运行时投入
		遥控操作连接片	正常运行时投入

所有保护装置跳合闸必须经过智能控制柜内的跳合闸硬连接片实现。智能控制柜内的跳合闸硬连接片为公共分合闸直接出口连接片，仅在一次设备转检修时或智能操作箱异常时停用，保护功能正常投退只能操作装置功能连接片，GOOSE 跳合闸出口连接片、GOOSE 启动失灵连接片等。

1. “检修状态”硬连接片

（1）“检修状态”硬连接片作用。

对于采用《变电站通信网络和系统》DL/T 860 标准的保护装置、合并单元、智能终端等智能电子设备，当“检修状态”硬连接片投入时，装置报文上送带品质位信息。“检修状态”硬连接片遥信不置检修标志。报文接收装置将接收到的 GOOSE 报文 TEST 位、SV 报文数据品质 TEST 位与装置自身“检修状态”连接片状态进行比较，做“异或”逻辑判断。两者一致时，信号进行处理或动作；两者不一致时，则报文视为无效，不参与逻辑运算。对于采用 IEC 60870—5—103 规约接口的部分保护装置，也设置有检修连接片，是为了防止保护装置进行试验时保护向后台机、远动机发送相关信息，而干扰监控系统的正常运行。该连接片投入时，动作报告不会通过通信口上送，但本地的显示、打印不受影响。正常运行时，该连接片也应退出。

简单来说，传统变电站“检修状态”硬连接片的作用是屏蔽装置的故障、动作信息，不上传给站控层。智能站则是为了方便设备检修，在检修过程中不发生误跳合闸，而在保护装置、测控装置、安全自动装置、合并单元、智能终端都配置了相应的“检修状态”硬连接片。在装置的“检修状态”硬连接片投入后，该装置所发出的数据便被打上了“检修状态”的标志，而收到该数据的装置会将该数据的标志和其自身的标志做比较，两者状态一致，则动作；不一致则不动作，如图 5-2 所示。

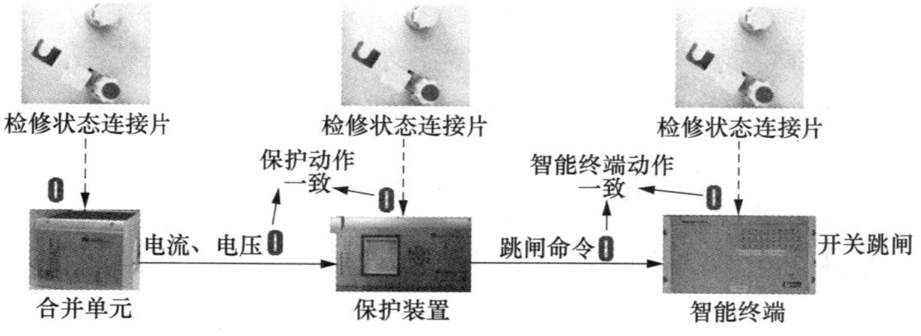

图 5-2　检修状态一致

每台合并单元、保护装置及智能终端都设有一个检修状态硬连接片。其检修状态硬连接片的投退状态决定了该装置的检修状态标志及其所发送报文的检修状态标志。而报文接收装置会将接收到的报文的检修状态标志与其自身的检修状态标志相比较，一致装置动作，不一致装置不动作。

正常运行过程中，合并单元、保护装置及智能终端的检修状态硬连接片均在退出状态，因此其检修状态标志为 0，合并单元向保护装置提供的电流电压数据的检修状态标志也为 0，与保护装置自身的检修状态标志一致，因此当设备发生故障时，保护装置可以动作，向智能终端发出跳闸命令，且跳闸命令报文的检修状态标志也为 0（因为保护装置的检修状态标志为 0），智能终端在收到跳闸命令报文后判断报文的检修状态标志和其自身的检修状态标志一致，智能终端可以动作接通开关跳闸回路实现开关跳闸。

相反，如果合并单元、智能终端检修状态连接片在退出状态，保护装置检修状态连接片在投入状态，则在设备发生故障时，将会造成保护拒动。因为保护装置在收到合并单元提供的电流电压数据时会判断该数据的检修状态标志与其自身装置的检修状态不一致，因此保护装置不动作，如图 5-3 所示。

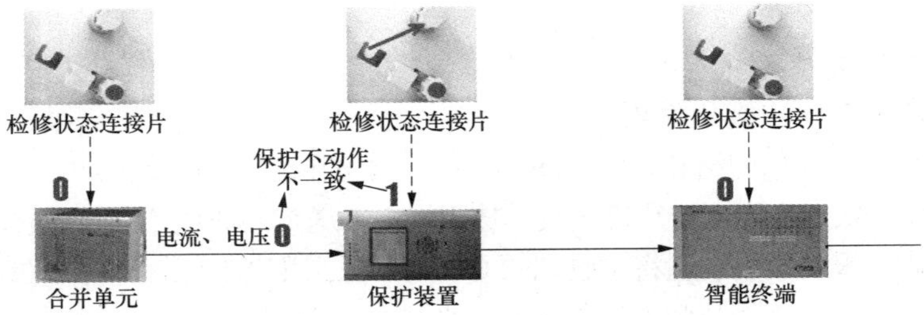

图 5-3 检修状态不一致

合并单元、保护装置、智能终端检修状态连接片在不同状态下，设备发生故障达到保护整定值时，各装置的动作结果见表 5-9。

表 5-9 检修状态机制

合并单元检修状态	保护装置检修状态	智能终端检修状态	动 作 结 果
退出	退出	退出	保护装置正确动作，智能终端出口，开关跳闸
退出	投入	退出	保护拒动
退出	退出	投入	保护装置正确动作，智能终端不出口，开关不跳闸
投入	投入	退出	保护装置正确动作，智能终端不出口，开关不跳闸
退出	投入	投入	保护拒动
投入	投入	投入	保护装置正确动作，智能终端出口，开关跳闸

（2）MMS 报文检修处理机制。

保护装置报文上送带品质位信息，“保护检修状态”硬连接片遥信不置检修标志。

客户端根据上送报文中的品质 q 的 Test 位判断报文是否为检修报文并做出相应处理。当报文为检修报文，报文内容不应显示在简报窗中，不发出音响告警，但应该刷新画面，保证画面的状态与实际相符。检修报文应存储，并可通过单独的窗口进行查询。

（3）GOOSE 报文检修处理机制。

装置检修连接片投入时，装置发送的 GOOSE 报文中的 Test 位应置 True。

GOOSE 接收端装置应将接收的 GOOSE 报文中的 Test 位与装置自身的检修连接片状态进行比较，只有两者一致时才将信号作为有效进行处理或动作，不一致时不认可对方发送过来的 GOOSE 信息，如：对于保护装置，跳闸位置保持原来的值，其他信号清零。

当发送方 GOOSE 报文中 Test 置位时发生 GOOSE 中断，接收装置应报具体的 GOOSE 中断告警，但不应报“运行异常”信号，不应点“装置告警（异常）”灯。

（4）SV 报文检修处理机制。

当合并单元装置检修连接片投入时，发送采样值报文中采样值数据的品质 q 的 Test 位应置 True。

SV 接收端装置应将接受的 SV 报文中的 Test 位与装置自身的检修连接片状态进行比较，只有两者一致时才将该信号用于保护逻辑，否则应按相关通道采样异常进行处理。

对于多路 SV 输入的保护装置，一个 SV 接收软连接片退出时应退出该路采样值，该 SV 中断或检修均不影响本装置运行。

2. 远方操作连接片

“远方操作”只设硬连接片。“远方投退连接片”、“远方切换定制区”和“远方修改定值”只设软连接片，只能在装置本地操作，三者功能相互独立，分别与“远方操作”硬连接片采用“与门”逻辑。当“远方操作”硬连接片投入后，上述三个软连接片远方功能才有效。

五、智能变电站连接片操作

1. 一般原则

（1）保护装置的 SV 接收连接片、间隔接收软连接片，应在该合并单元对应的互感器一次侧不带电（冷备用或检修）的情况下进行操作。否则应先采取防止保护误动的措施，再操作 SV 接收软连接片、间隔接收软连接片。如，间隔停电检修，应先停运一次设备，电流互感器一次侧不带电后，再操作仍运行的二次设备对应检修间隔的 SV 接收软连接片、间隔接收软连接片；恢复送电时，应先投入运行的二次设备对应检修间隔的 SV 接收软连接片、间隔接收软连接片，再操作一次设备。

（2）运行的保护装置、智能终端等二次设备对应检修间隔的 GOOSE 接收软连接片、SV 接收软连接片、间隔接收软连接片、间隔投入软连接片等可能危及运行设备的连接片退出。间隔热备用时，对应该间隔的 SV 接收、GOOSE 出口、GOOSE 接收等连接片不退出。

（3）未接入母线保护的备用间隔，其 GOOSE 接收软连接片、SV 接收软连接片、间隔接收软连接片、间隔投入软连接片、GOOSE 出口软连接片、出口硬连接片等均应退出。

（4）智能变电站，退出某间隔保护的失灵启动开出连接片时，同时退出失灵保护中对应此间隔的失灵启动开入连接片。如某线路保护检修，线路保护侧退出失灵启动连接片，母线保护侧同时退出对应线路保护的 GOOSE 失灵开入连接片。

2. 间隔停电检修压板操作

本间隔的二次设备检修时：应退出本间隔二次设备所有与运行设备联络的输出软连接片，包括跳闸出口软连接片、失灵启动软连接片、启动远跳软连接片、失灵联跳软连接片等。

运行的二次设备：应退出运行的保护装置、智能终端等二次设备对应检修间隔的 GOOSE 接收软连接片、SV 接收软连接片、间隔投入软连接片等可能危及运行设备的连接片等。对于

3/2 接线形式，还应投入运行线路保护或主变压器保护装置内对应的“断路器强制分位（停运开关检修）”软连接片。

3. 间隔不停电，二次设备检修

（1）保护装置检修。

运维人员：退出该保护装置与运行设备联络的输出软连接片，包括跳闸出口软连接片、失灵启动软连接片、启动远跳软连接片、失灵联跳软连接片等；退出该保护装置跳本间隔的跳闸、合闸出口软连接片。

情况紧急，且保护装置损坏或通信中断无法操作软连接片时，应先退出与该保护装置对应的智能终端出口硬连接片。同时退出与该保护装置关联的运行设备 GOOSE 接收软连接片或其对应智能终端出口硬连接片。

检修人员：投入“检修状态”硬连接片。

（2）间隔合并单元检修。

运维人员：首先退出该合并单元对应的所有保护装置的出口软连接片，包括跳闸出口软连接片、失灵启动软连接片、启动远跳软连接片、失灵联跳软连接片等，其次退出对应于该合并单元的 SV 接收或间隔投入软连接片。投入时按相反顺序投入。

检修人员：投入本合并单元及相关保护装置的“检修状态”硬连接片。

（3）母线电压合并单元检修。

运维人员：按保护装置失压处理原则执行。

检修人员：“检修状态”硬连接片根据工作内容投退。

（4）间隔智能终端检修。

运维人员：不宜在对应一次设备不停电状态下进行间隔智能终端检修工作。

停电状态下检修智能终端，退出该智能终端所有出口硬连接片。根据调度令退出相应保护装置的出口软连接片，包括跳闸出口软连接片、失灵启动软连接片、启动远跳软连接片、失灵联跳软连接片等。

检修人员：投入“检修状态”硬连接片。

（5）母线智能终端。

运维人员：退出该智能终端所有出口硬连接片。

检修人员：投入“检修状态”硬连接片。

（6）变压器本体智能终端。

运维人员：退出该智能终端所有出口硬连接片。

检修人员：“检修状态”硬连接片根据工作内容投退。

4. 过程层设备异常

确认过程层设备异常时，按以下原则处置：

（1）间隔合并单元异常，退出其对应的保护装置。

（2）母联合并单元异常，退出其对应的母联保护；双重化配置的两套母联合并单元同时异常，母线保护投对应的“互联”方式。

（3）母线电压合并单元异常，需要消缺时再退出对应的保护装置。

（4）间隔智能终端异常，退出该智能终端。需要消缺时，宜停运相应一次设备。不停运相应一次设备消缺时应退出其对应的保护装置。

（5）母线智能终端异常，退出该智能终端。

（6）变压器本体智能终端异常，退出该智能终端。

六、案例分析

（一）案例一

1. 接线方式

如图5-4所示，某一3/2接线，3021、3022带甲乙线运行。甲乙线配置南瑞继保PCS-931G-D型、许继电气WXH-803B型保护装置，两套保护均设置3021 SV接收、3022SV接收软连接片。

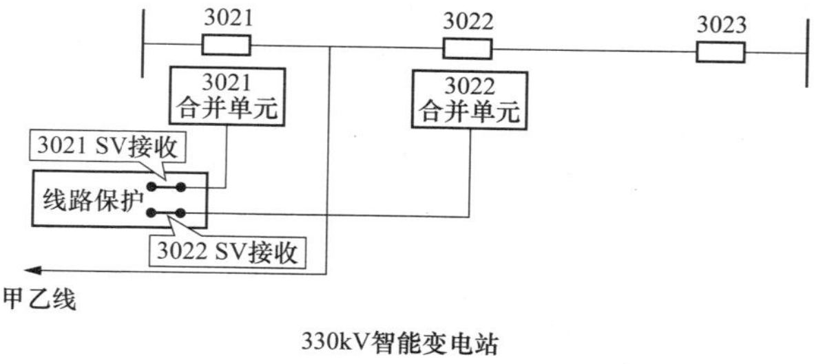

图5-4 接线方式

2. 事故经过

某日，3022开关检修，工作人员投入3022开关汇控柜智能合并单元A、B套“装置检修”连接片，甲乙线线路保护“SV接收”连接片未退出。工作过程中甲乙线11号杆塔发生异物短路，由于甲乙线线路保护闭锁造成越级跳闸。

3. 现场情况

投入3022开关汇控柜智能合并单元A、B套“装置检修”连接片后，甲乙线A套保护装置（南瑞继保设备，型号PCS-931G-D）“告警”灯亮，面板显示“3022A套合并单元SV检修投入报警”；甲乙线B套保护装置（许继电气设备，型号WXH-803B）“告警”灯亮，面板显示“中CT检修不一致”。

4. 保护闭锁原因

通过分析南瑞继保PCS-931G-D型、许继电气WXH-803B型保护装置，其中，PCS-931G-D保护装置告警信息“SV检修投入报警”含义为“链路在软连接片投入情况下，收到检修报文”，处理方法为“检查SV接收软连接片、检修状态连接片投退状态是否正确”；WXH-803B保护装置告警信息“CT检修不一致”含义为“合并单元和保护装置不一致”，处理方法为“检查合并单元和保护装置检修状态连接片投入是否一致”。按照保护装置设计原理，如图5-5所示。

当3022合并单元装置检修连接片投入时，3022合并单元采样数据为检修状态，保护电流采样无效，闭锁相关电流保护，只有将保护装置“SV接收”软连接片退出，才能解除保护闭锁，检修状态下电流保护相关逻辑图，如图5-6所示。

闭锁逻辑：在边开关电流SV（电流采样）连接片投入的前提下，保护装置或合并单元有且仅有一个为检修态时，闭锁所有电流相关保护，当保护装置和合并单元都为检修态或都不为检修态时，不闭锁相关电流保护；中开关同理。

（二）案例二

1. 接线方式

某220kV变电站220kV部分采用双母线双分段接线，如图5-7所示。

2. 事故经过

某日，开展Ⅱ-Ⅳ母分段204开关合并单元及智能终端更换、调试工作，204开关处于检修状态。按现场工作需要和调度令，站内退出 220kV Ⅰ-Ⅱ段母线及Ⅲ-Ⅳ段母线 A 套差动保护。工作结束后运行人员按调度令开始操作恢复 220kV Ⅰ-Ⅱ段母线及Ⅲ-Ⅳ段母线 A 套差动保护，在退出Ⅰ-Ⅱ段母线 A 套差动保护“投检修”连接片后，操作批量投入各间隔的“GOOSE 发送软连接片”和“间隔投入软连接片”造成Ⅰ-Ⅱ段母线母差保护动作。

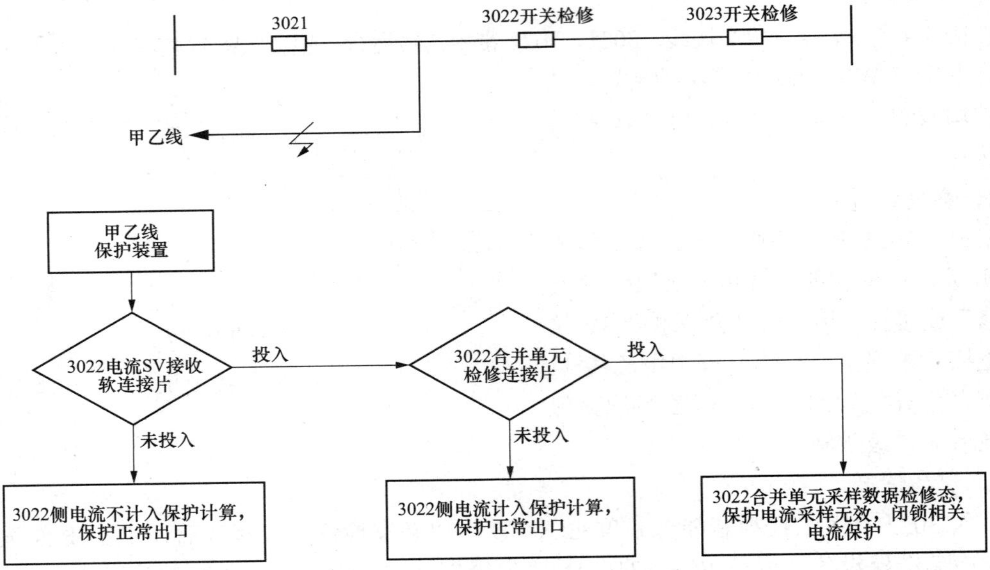

图 5-5 甲乙线相关保护原理图

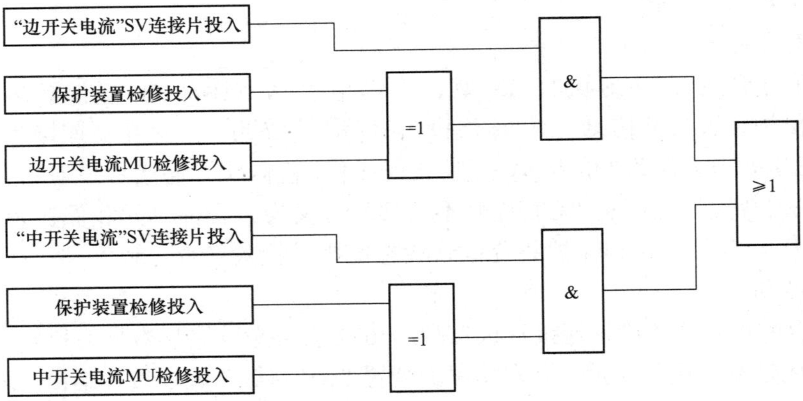

图 5-6 检修状态下电流保护相关逻辑

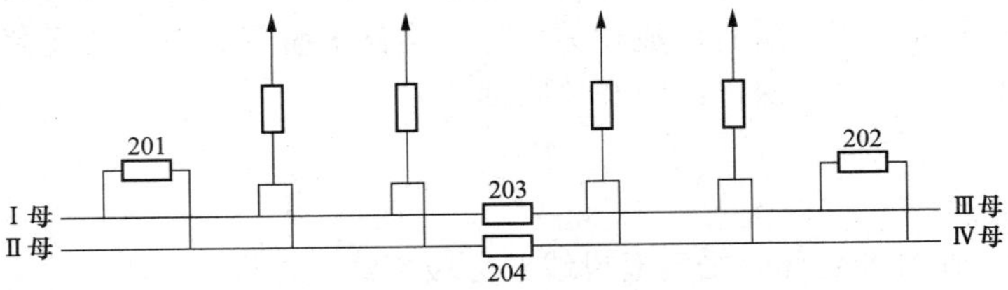

图 5-7 接线示意图

3. 保护动作原因

在恢复220kV Ⅰ-Ⅱ段母线A套差动保护过程中，运行人员错误地将母差保护“投检修”连接片提前退出，先投入了Ⅰ、Ⅱ母各间隔“GOOSE发送软连接片”，使母差保护具备了跳闸出口条件，之后在批量投入“间隔投入软连接片”过程中，母差保护出现差流并达到动作门槛，母差保护动作。

第二节　智能变电站运行操作

一、主变压器、分路操作规定

主变压器停运操作，必须退出相应变压器两套保护的跳高压侧母联、中压侧母联、低压侧分段开关连接片、启动高压侧失灵保护、退出220kV、110kV母差保护相应间隔GOOSE出口软连接片。

主变压器一侧开关检修时，应退出对应侧母差保护的该开关间隔投入软连接片（支路_SV接收软连接片）、退出35kV母差PCS-915保护相应间隔GOOSE出口软连接片。

220kV断路器、CT检修或二次回路工作时，220kV开关、CT检修或二次回路工作时，必须退出本间隔两套保护启动失灵连接片，退出母差保护本间隔GOOSE发送软连接片，退出母差保护本间隔SV接收软连接片。一次设备检修时应退出电机电源、控制电源。

110kV断路器、CT检修或二次回路工作时，一次设备停电，必须退出110kV母差保护本间隔GOOSE发送软连接片、110kV母差保护本间隔SV接收软连接片。

35kV断路器、CT检修或二次回路工作时，一次设备停电，必须退出35kV母差保护本间隔投入连接片。

二、保护操作规定

新投运保护，合上直流电源开关、投入智能终端箱内保护跳合闸连接片、后台机保护功能连接片和GOOSE跳闸（联跳、启动失灵）连接片。

停运保护，一般只退出GOOSE跳闸连接片、GOOSE联跳连接片、GOOSE启动失灵连接片。单一保护功能投退时，只操作保护功能投退软连接片。

保护装置退出重合闸功能，投入“停用重合闸”连接片，退出“GOOSE重合闸出口”连接片；恢复重合闸时，操作时相反。

220kV线路运行，单套保护停运时，必须退出本保护纵联差动保护、GOOSE跳闸连接片、GOOSE重合闸连接片、GOOSE启动失灵连接片、远跳连接片、母差GOOSE接收连接片。

220kV母差保护停运时，必须退出GOOSE跳闸各分路开关连接片、GOOSE联跳主变压器三侧连接片。

110kV、35kV母差保护停运时，必须退出GOOSE跳分路开关连接片。

主变压器运行，单套保护停运时，必须退出本保护G00SE跳高压侧断路器、G00SE跳中压侧断路器、G00SE跳低压侧断路器、G00SE跳101开关、G00SE跳302开关、闭锁低压侧302备投、G00SE启动高压侧失灵保护。

主变压器非电量保护在室外智能终端箱通过电接点进行跳闸，保护功能和跳闸连接片在智能终端箱内，非电量保护停运时，退出智能终端箱内跳闸连接片即可（跳高压侧开关线圈1、跳高压侧开关线圈2、跳中压侧开关、跳低压侧开关）。

第三节 电子式互感器运行与维护

一、电子式互感器巡视与检查

（1）设备标识齐全、正确，压力指示正常。

（2）设备基础牢固完整，无倾斜、裂纹、变形。

（3）设备无锈蚀、无异声、无异味。

（4）套管、伞裙无裂纹、放电闪络现象，均压环固定良好，无倾斜。

（5）各引线导线松紧程度适中，无松脱、断股或变形。

（6）互感器接地良好，并在接地处旁标有明显的接地符号。

（7）设备各组成部分及连接接点测温正常。

（8）电子式互感器及采集模块应防水，有良好的密封性能，外观正常。

二、电子式互感器运行注意事项

（1）电子式互感器采集系统包括其二次线圈、采集单元、合并单元。当采集系统有维护工作，可能影响继电保护系统正常运行时，应将相关保护进行调整。如进行维护工作时，与带电设备安全距离不足时，应将有关带电设备停运。

（2）有源式电子式互感器不得断开其工作电源。

（3）光学原理互感器应采取措施，避免因温度、振动等对互感器精度和稳定性的影响。

三、电子式互感器检修后验收

（1）各引线导线松紧程度适中，无松脱、断股或变形。

（2）现场清洁，设备上无临时短路接线及其他遗留物。

（3）绝绝子清洁、无破损裂纹，引线固定牢固，金属件无锈蚀或机械损伤，外壳接地引线焊接牢固。

（4）相色标志明显、正确，压力指示正常。

（5）端子箱密封良好，二次接线排列整齐，接头应紧固、无松动，编号清楚。

（6）试验项目齐全，试验结果符合标准。

（7）互感器采集模块外观正常，光纤应具有保护套管，固定、密封良好。

四、电子式互感器故障及异常处理

（1）电子式互感器发生下列故障现象应立即停用：

1）内部有放电声或其他异常声响。

2）发生冒烟、异常焦臭味、爆炸等险情时。

3）严重过热现象。

4）二次异常或故障需将一次设备停运时。

（2）电压互感器发生异常并确认可能发展为故障需停用时，其处理原则如下：

1）停用前做好相应措施，防止保护失去或误动。

2）电压互感器高压侧隔离开关可以远方操作时，应用高压侧隔离开关远方隔离，禁止用近控的方法操作该电压互感器高压侧隔离开关。

3）无法采用高压侧隔离开关远方隔离时，应用开关切断该电压互感器所在母线的电源，然后再隔离故障的电压互感器。

4）禁止将该电压互感器所在母线保护停用或将母差保护改为互联方式。

（3）有源式电子式电压互感器二次侧空开跳闸时应检查二次侧空开跳闸原因，如试送空开不成功上报检修人员处理。

第四节　合并单元运行与维护

一、合并单元运行注意事项

（1）正常运行时，禁止关闭合并单元电源。

（2）合并单元的投入及检查应在对应保护投入之前，合并单元的退出应在对应保护退出之后。

（3）一次设备运行时，严禁将合并单元退出运行，否则将造成相应电压、电流采样数据丢失，引起保护误动或闭锁。

（4）电流、电压互感器运行或热备用时，对应的合并单元不得退出，除非对应的保护已退出。

（5）正常运行时，运维人员严禁投入检修连接片。

（6）一次设备停电检修，对应的合并单元同时检修而相关保护（母线保护、主变压器保护、双开关接线的线路保护等）继续运行时，应在一次设备停电后，先退出运行保护中相应的SV接收软连接片、间隔接收软连接片，再许可合并单元检修工作。一次设备恢复运行前，应先恢复合并单元运行，并投入运行保护中相应的SV接收软连接片、间隔接收软连接片。

二、合并单元巡视与检查

（1）外观正常，无异常发热，装置运行状态、通道状态、对时同步灯、GOOSE通信灯等LED指示灯指示正常，电压切换指示灯与实际隔离开关运行位置指示一致，其他故障灯都熄灭。

（2）正常运行时，应检查合并单元检修硬连接片是否在退出位置。

（3）一次设备运行时，严禁将合并单元退出运行，否则将造成相应电压、电流采样数据失去，引起保护误动或闭锁。

（4）双母线接线，双套配置的母线电压合并单元并列把手应保持一致，且电压并列把手位置应与监控系统显示一致。

（5）母线合并单元，母线隔离开关位置指示灯指示正确。

（6）合并单元不带电金属部分应在电气上连成一体，具备可靠接地端子，并应有相应的标识。

（7）检查光纤是否连接正确、牢固，有无光纤损坏、弯折现象；检查光纤接头（含光纤配线架侧）是否完全旋进或插牢，无虚接现象，检查光纤标号是否正确，网线接口是否可靠，备用芯和备用光口防尘帽是否无破裂、脱落，密封良好。

（8）模拟量输入式合并单元电流端子排测温检查正常。

（9）电子式互感器合并单元输入无异常。

（10）屏柜二次电缆接线正确；电流、电压端子接触良好，编号清晰并且正确。

三、合并单元检修后验收

（1）设备外观正常，无异响、异味，合并单元面板上各指示灯指示正常，无告警。

（2）备用芯和备用光口防尘帽无破裂、脱落，密封良好。

（3）设备投运前，确认合并单元检修连接片在退出位置。

（4）合并单元同步对时无异常。

（5）双母线接线，双套配置的母线电压合并单元并列把手应保持一致，且电压并列把手位置应与监控系统显示一致。

（6）模拟量输入式合并单元输入侧的电流、电压二次回路断开的连片和短路线已恢复，与停电检修前一致。

（7）对应保护装置（主变压器、线路、断路器保护、母线保护等）、测控装置、网络报文分析仪、故障录波器采样正常，差动保护（母差保护、变压器保护、线路保护等）无差流。

四、合并单元故障及异常处理

（1）合并单元硬件缺陷，光口损坏，通知检修人员处理。

（2）合并单元装置电源空开跳闸时，经调度同意，应退出对应的保护装置的出口软连接片后，将装置改停用状态后重启装置一次，如异常消失将装置恢复运行状态；如异常未消失，则汇报调度，通知检修人员处理。

（3）当后台发“SV 总告警”，应检查相关保护装置采样，汇报调度，申请退出相关保护装置，通知检修人员处理。

（4）当后台发“合并单元同步异常报警、光耦失电报警、GOOSE 总报警”时，汇报调度，通知检修人员处理。

（5）当装置接收的 IEC 60044—8 采样值光强低于设定值时，则“光纤光强异常”指示灯点亮，检查装置接收母线电压的光纤是否损坏及松动，检查保护装置电压是否正常后，汇报调度，通知检修人员处理。

（6）内部逻辑处理或数据处理芯片损坏，表现为数据异常，判别方法为：假若 A 相电流数据异常，可将 A 相数据光纤接到 B 口，B 口光纤接到 A 口，如数据仍然表现 A 相数据异常，则可断定合并单元数据接口异常。此类性质的问题通常是更换插件，通知检修人员联系厂家处理。

（7）对于继电保护采用“直采直跳”方式的合并单元失步，不会影响保护功能，但是需要通知检修人员处理。

（8）当合并单元失步时，同步灯熄灭，但不告警，要检查本屏的交换机是否失电，保证交换机工作正常。否则要看其他同网的合并单元是否也同时失步，如果都同时失步，要马上检查主干交换机和主时钟是否失电，要保证主干交换机和主时钟工作正常。如果均正常，则通知相关调度和部门进行处理，通知检修人员处理。

（9）合并单元电压采集回路断线（PT 断线）时，应立即通知检修人员处理。

（10）合并单元电流采集回路断线（CT 断线）时，应停用接入该合并单元电流的保护装置，并通知检修人员处理。

第五节　智能终端运行与维护

一、智能终端运行注意事项

（1）正常运行时，禁止关闭智能终端电源。

（2）智能终端退出运行时，对应的测控和保护跳闸不能出口。

（3）在对应保护投入之前，应先对智能终端装置进行检查（直流投入、信号灯检查等）；在对应保护投入无异常后，再投入智能终端的出口连接片。

（4）正常运行时，运维人员严禁投入检修连接片。

（5）正常运行时，对应的跳闸出口硬连接片应在投入位置。

（6）间隔不停电状态下检修智能终端，退出该智能终端所有出口硬连接片。同时，宜申请退出相应的间隔保护、母线保护等受直接影响的保护装置。如间隔智能终端检修时，检修作业班组确认其他运行的保护设备不受影响时，可不申请退出相关保护。现场运行人员应注意在间隔智能终端投入运行前后，检查相关二次设备及站端监控系统运行状态正常。

（7）母线不停运，对应的母线智能终端检修时，退出该智能终端所有出口硬连接片，注意可能影响到电压并列功能。

（8）变压器不停运，其本体智能终端检修时，退出该智能终端所有出口硬连接片。注意影响到的功能，如非电量保护、调压、风冷控制等。智能终端集成非电量保护功能时，应退出非电量保护。

（9）除装置异常处理、事故检查等特殊情况外，禁止通过投退智能终端的跳、合闸出口硬连接片投退保护。

二、智能终端巡视与检查

（1）外观正常，无异常发热，空气开关都应在合位，电源及各种指示灯正常，无告警。

（2）智能终端前面板断路器、隔离开关位置指示灯与实际状态一致。

（3）正常运行时，装置检修连接片在退出位置。

（4）正常运行时，变压器本体智能终端，非电量保护功能连接片（按定值要求）、非电量保护跳闸连接片应在投入位置。

（5）装置上硬连接片及转换开关位置应与运行要求一致，闲置及备用连接片已摘除。

（6）检查光纤是否连接正确、牢固，有无光纤损坏、弯折现象；检查光纤接头（含光纤配线架侧）是否完全旋进或插牢，无虚接现象，检查光纤标号是否正确，网线接口是否可靠，备用芯和备用光口防尘帽是否无破裂、脱落，密封良好。

（7）屏柜二次电缆接线正确，端子接触良好、编号清晰、正确。

（8）智能终端不带电金属部分应在电气上连成一体，具备可靠接地端子，并应有相应的标识。

三、智能终端检修后验收

（1）设备外观正常，无异响、异味，设备面板上各指示灯显示正常，无告警。

（2）智能终端硬连接片位置正确，设备投运前，确认智能终端检修连接片在退出位置。

（3）智能终端同步对时无异常。

（4）断路器分、合闸位置、隔离开关位置、接地隔离开关位置及信号均指示准确。

（5）检修中，涉及的二次线缆和光纤已恢复，与停电检修前一致。

（6）备用芯和备用光口防尘帽无破裂、脱落，密封良好。

四、智能终端故障及异常处理

（1）硬件缺陷、光口损坏、装置电源损坏等，通知检修人员联系厂家处理。

（2）双重化配置的智能终端，单套故障需退出运行时，应参照智能终端检修中的相应部分内容执行临时安全措施，同时向有关调度汇报，并通知检修人员处理。

（3）双重化配置的智能终端故障双套均发生故障时，应立即向有关调度汇报，必要时可申请将相应间隔停电，并及时通知有关检修部门处理。

（4）当装置运行灯出现红色、发装置闭锁信号时，汇报调度，申请退出该智能终端及相关保护，通知检修人员处理。

（5）当装置发外部时钟丢失、智能开入、开出插件故障、开入电源监视异常、GOOSE告警等异常信号时，汇报调度，必要时申请退出该智能终端及相关保护，通知检修人员处理。

（6）当装置断路器、隔离开关位置指示灯异常时，汇报调度，必要时申请退出该智能终端及相关保护，通知检修人员处理。

（7）内部操作回路损坏，表现为继电器拒动、抖动、遥信丢失等。首先检查开入开出量是否正确，检查装置接受发送的GOOSE报文是否正确，装置CPU运行是否正常。排除以上情况，确定为内部元件损坏，通知检修人员联系厂家处理。

第六节　智能组件柜运行与维护

一、智能控制柜巡视与检查

（1）智能控制柜柜门密封良好，柜内无尘土，接线无松动、断裂，光缆无脱落，锁具、铰链、外壳防护及防雨设施良好，无进水受潮，通风顺畅。

（2）柜内应整洁、美观，各焊口应无裂缝、烧穿、咬边、气孔、夹渣等缺陷，柜内安装的非金属材料附件应无脱层、空洞等缺陷，设备状态正常，无告警及异常，无过热等现象。

（3）汇控柜断路器、隔离开关位置指示与一次设备状态一致。

（4）检查柜内的操动切换把手与实际运行位置相符，控制、电源开关位置正常，连锁位置指示正常。

（5）智能组件柜应对柜内温度、湿度具有自主调节功能，使最低温度保持在+5℃以上，最高温度不超过柜外、室外环境最高温度或40℃（当柜外、室外环境最高温度超过50℃时），湿度保持在90%以下，柜内应无凝露和结冰，温、湿度显示与后台显示一致。加热器通电后表面温度不应高于85℃。柜内IED及其他电气部件与加热器之间的距离不应小于80mm。

（6）柜内应配线及电缆进线固定牢固、密封圈密封良好，光缆与电缆分开布置并保证光缆弯曲半径不小于50mm。

二、智能控制柜运行注意事项

（1）正常运行时不得插拔柜内IED设备上的光纤、网线等。

（2）季节发生变化时，应检查智能控制柜柜内温度、湿度控制系统工作是否正常，高温、大负荷期间应增加户外智能控制柜巡视次数，尤其在雨季和冰雪融化季节里柜体防雨盖是否有存水及漏水现象。

（3）定期检查柜内二次设备，清扫二次设备时注意不得造成柜内二次设备的电源失电。

（4）保电期间应适当增加巡视次数。

（5）除非特殊情况下，禁止在柜内对运行的断路器进行就地操作，应采用远方或遥控操作。

三、智能控制柜检修后验收

（1）智能控制柜中环境温、湿度数据上传正确。

（2）智能控制柜中加热器，温、湿度控制装置工作正常。

（3）汇控柜的一次设备状态显示和实际设备运行方式一致，防误闭锁装置完好。

（4）智能控制柜内设备接线无异常、无尘土、封堵良好。

（5）结构各结合处及门的缝隙应匀称，门的开启、关闭应灵活自如，在规定的运动范围内不应与其他零件碰撞或摩擦。锁紧可靠，门的开启角度应不小于120°。

（6）柜上的连接片、压板、把手、按钮、尾纤、光缆、网线等各类标志应正确完整清晰、并与图纸和运行规程相符。

（7）检查光纤熔接盒稳固，光纤引出、引入口应可靠连接，光纤应无打折、破损现象。

（8）现场无遗留杂物，所设的临时设施已拆除，永久设施已恢复。

（9）智能组件柜内应至少配置两套加热器，一套用于驱潮，一套用于温度控制。当加热回路断线时，应有告警指示。

（10）智能组件柜宜采用自然通风方式。柜内空气循环为下进风，上出风，底座高度应大于或等于100mm，以确保空气流入畅通。进、出风口内侧应配置可拆卸滤网。柜内IED等设备布置时应预留风道。必要时，可配置换气扇进行主动换气，换气扇应采用AC220V供电，振动、噪声及电磁干扰不影响柜内IED的可靠性。

（11）对于双层结构柜体，外壁宜上下不封口，形成自然风冷风道。

（12）柜体框架和可拆卸门等部件均应有专用接地点，以保证可靠接地。

（13）柜内宜设置截面不小于100mm^{2}的接地铜排两个，并使用截面不小于100mm^{2}的铜缆和接地网连接。柜内各IED接地端子应使用截面不小于4mm^{2}的多股铜线和柜内接地铜排连接。接地线应为黄绿双色导线，或在接地导体上套黄绿双色的套管。

（14）柜内应设有照明设施。在不中断设备正常运行的情况下应便于更换照明设备。

四、智能控制柜故障及异常处理

智能控制柜温度越限、湿度越限、上传数据异常；风扇、加热器不能正常工作或频繁启动，应立即汇报检修部门，及时处理。

第七节　智能变电站继电保护及安全自动装置运行与维护

一、基本要求

（1）正常运行时，保护装置的检修硬连接片应退出。

（2）退出全套保护装置时，应先退出保护装置跳闸出口、失灵启动和联跳等GOOSE输出软连接片。在投入时应后于其他连接片，并需先确认保护无异常异常信息后再投入。

（3）退出保护装置的一种保护功能时，只需退出该保护的功能软连接片；如该保护功能设有独立的跳闸出口等GOOSE输出，也应退出相应的GOOSE输出软连接片。

（4）由多支路电流构成的保护及安全自动装置，如变压器差动保护、母线差动保护、3/2接线的线路保护等，由于间隔一次设备停运影响保护的和电流回路及保护逻辑判断，在确认该一次设备为冷备用或检修后，应先退出保护对应该间隔智能终端的跳闸、失灵启动等GOOSE输出软连接片，退出接收该间隔报文的GOOSE接收软连接片，再退出保护装置中该间隔的 SV 接收软连接片。对于 3/2 接线的线路单断路器检修方式，其线路保护还应投入对应该断路器的检修软连接片。

（5）检修范围包含智能终端、合并单元、间隔保护装置时，应退出与之相关联的运行设备（如母线保护、断路器保护等）对应的 GOOSE 发送/接收、间隔投入、SV 接收软连接片。

（6）拉合保护装置直流电源前，应先退出保护装置所有 GOOSE 输出软连接片，并投入检修硬连接片。

（7）当无法通过上述方法进行可靠隔离（如运行设备侧未设置接收软连接片时）或保护和安全自动装置处于非正常工作的紧急状态时，可采取断开 GOOSE、SV 光纤的方式实现隔离，但不得影响其他保护设备的正常运行。

（8）双重化配置的保护装置如果各自组屏（柜），则在保护装置退出、消缺或试验时，宜整屏（柜）退出；如果组在一面保护屏（柜）内，保护装置退出、消缺或试验时，应做好防护措施。

二、巡视与检查

（1）保护装置外壳应保持清洁，外盖无松动、破损、裂纹现象。

（2）保护装置工作状态应正常，液晶面板和各指示灯显示正确，无异常响声、冒烟、烧焦气味，面板无模糊。

（3）保护装置面板循环显示的运行参数、定值区均正确。

（4）核对保护装置液晶面板显示时间，对时应正常。

（5）保护装置应无异常告警或报文，无可能导致装置不正确动作的信号或报文，如：SV 采样数据异常、SV 链路中断、GOOSE 数据异常、GOOSE 链路中断、通讯故障、插件异常、对时异常、重合整定方式出错、通道故障、CT 断线、PT 断线、开入异常、差流越限、长期有差流、投入状态不一致、过负荷、装置长期启动、复合电压开放、定值校验错误等。应加强记录与分析，如发现问题应及时通知检修人员，并向主管部门汇报。

（6）定期用红外热成像仪进行测温检查，重点检查并记录保护装置背板插件、光纤接口、直流回路的空开等温度。

（7）检查各光纤接口、网线接口应连接正常，网线端口处通讯闪烁灯正常，尾纤、网线无破损和弯折。

（8）检查保护装置软、硬连接片应投退正确，重点核对保护功能、SV 接收、GOOSE 输出和接收等软连接片。

（9）若需要对保护屏柜及光纤回路进行清扫，必须做好相应的安全措施，避免因清扫工作造成回路通讯故障。

（10）检查打印机是否处于正常的打印状态，打印纸是否充足，对异常情况应及时处理。

三、运行注意事项

（1）运维人员不得随意拉扯保护屏柜内尾纤和网线。

（2）运行的母线保护装置，其备用间隔的 SV 和 GOOSE 软连接片不得投入。

（3）未运行保护装置的 SV 及 GOOSE 软连接片不得投入。

（4）运行中的继电保护及安全自动装置，严禁投入检修连接片。

四、检修后验收

（1）智能变电站继电保护及安全自动装置的屏眉命名应清晰、规范且无损坏，检修连接片、远方操作连接片应采用黄色底板，标识应清晰、准确，并设置在连接片下方或其本体上，屏后空气开关及连接片的标识应有双重名称（即名称和编号）。

（2）各设备的光纤回路和网线标牌应清晰、齐全。

（3）检查试验设备、仪表及一切试验连接线已拆除，备用尾纤及光端接口具有防尘措施。

（4）检查所有装置及辅助设备的插件是否扣紧，所有光纤、网线、二次线缆及连片等应连接良好。检查保护装置的通信链路与二次回路应无异常告警信号。

（5）核对检修、远方操作硬连接片与各软连接片位置是否与许可时状态一致。

五、故障及异常处理

（1）现场运维人员负责记录并向主管调度汇报智能变电站保护装置（包括安全自动装置、信息子站及试运行的保护装置）动作、告警等情况，记录保护及故障录波装置动作后的打印报告，全部记录正确后，方可复归。要求记录和向调度报告的内容有：

1）故障时间；

2）跳闸断路器的编号、相别；

3）完整的保护动作信息；

4）安全自动装置动作信号及动作结果；

5）合并单元、智能终端动作及告警情况；

6）电流、电压、功率变化波动情况；

7）录波器动作情况。

（2）如发现下列情况时应立即向有关调度汇报，必要时可申请将有关保护及自动装置停运，并及时通知有关检修部门处理：

1）装置出现异常发热、冒烟着火；

2）装置内部出现放电或异常声响；

3）装置出现严重故障信号且不能复归；

4）其他明显能引起误动或拒动危险的情况。

（3）一次设备运行中，需要退出保护装置（或部分功能）进行缺陷处理时，相关保护未退出前不得投入合并单元检修连接片，防止保护误闭锁。

（4）“检修不一致”告警且不能复归。应检查保护装置与相关保护、合并单元、智能终端检修硬连接片状态是否一致。若检查为保护装置的检修状态连接片误投入，应立即退出。若非误投入则汇报值班调度员，申请退出相关保护，并通知检修人员处理。

（5）“SV 通道异常”、“SV 断链”等告警且不能复归。检查装置有关 SV 光纤连接是否正常；若仍无法处理，应立即报告值班调度员，申请退出相关保护，并通知检修人员处理。

（6）“SV 采样无效”告警且不能复归。结合装置面板信息检查合并单元有无告警信号，同时汇报值班调度员，并通知检修人员进行处理。

（7）“SV 品质异常”、“双 AD 不一致”告警且不能复归。立即报告值班调度员，申请退出相关保护，并通知检修人员处理。

（8）“GOOSE 通道异常”、“GOOSE 断链”等告警且不能复归。检查装置 GOOSE 连接光纤是否正常；若仍无法处理，应立即报告值班调度员，并通知检修人员处理。

（9）运行灯或电源灯熄灭。检查电源回路有无异常，如空开跳闸，应向值班调度员申请退出保护后试送一次。电源恢复后装置无异常信号，应向值班调度员汇报将保护投入。若异常无法恢复，应通知检修人员处理。

（10）PT 断线。检查其他相关保护及母线合并单元的告警信息，若同时告警，可参照母线合并单元异常处理。若只是本间隔告警，检查至该侧合并单元两端光纤连接是否可靠；若仍无法处理，应立即报告值班调度员，并通知检修人员处理。

（11）长期有差流。汇报当值调度，在现场检修人员到现场后申请退出该保护装置。

六、主变压器保护的运行注意事项

（1）巡视中如发现差流过大，应将记录巡视结果并通知检修人员检查处理。

（2）主变压器保护检修工作前，应退出 SV 接收、启动失灵、解母差复压、闭锁备自投，联跳母联（分段）及相关运行设备的连接片。

七、母线（失灵）保护运行注意事项

（1）单个间隔停电检修，应将母差保护装置中对应间隔（支路）的“电流 SV 接收”、“间隔投入”、“GOOSE 跳闸出口”、“启动失灵开入”软连接片退出。

（2）进行母线倒闸操作时，每项操作后应对隔离开关开入告警信息复归，如隔离开关开入信息不能复归应停止操作，将隔离开关位置强制，汇报调度并通知检修人员处理。

（3）对于由主、子单元构成的母差保护装置，如果发生主单元与子单元通信中断，应立即汇报调度，并通知检修人员进行处理。

（4）双母线分列运行时，应投入母差保护“母联分列软连接片”，该连接片应在母联开关操作完毕后投入，在母联开关恢复热备用前退出。

（5）双母线接线倒母线操作前，应投入母线互联软连接片，并拉开母联开关智能终端控制电源，确保母联开关在合位；倒母线操作结束后退出母线互联软连接片。

（6）停用母差保护时，应先停用所有支路的跳闸出口及 GOOSE 失灵发送软连接片，再根据要求退出其他软连接片。母差保护投入运行，操作顺序与上述相反（失灵保护与母差保护共用出口，当母差保护退出时，失灵保护同时退出）。

（7）双母线运行，母线 PT 停电前，应将停电母线 PT 并列开关切至另一母线运行，强制使用运行母线 PT 二次电压。

八、母联（分段）保护运行注意事项

（1）正常运行时，母联（分段）充电保护应停用。

（2）倒母线操作时，先投入母差保护“母线互联”软连接片，将母联开关控制电源取下，操作完毕后恢复正常。

（3）双母线分列运行时，应投入母差保护“母联分列软连接片”，该连接片应在母联开关操作完毕后投入，在母联开关恢复热备用前退出。

（4）母联（分段）开关智能终端设有跳闸出口连接片，母联（分段）保护、变压器后备保护、母差保护、失灵保护均通过此出口连接片跳闸，正常运行时应投入。

九、线路保护运行注意事项

（1）线路纵联/差动保护投入前，应检查保护通道正常后，方可将两侧纵联保护投入。

（2）线路纵联/差动保护出现光纤通道告警。

1）配置双通道的纵联保护其中一个通道告警：可不退出保护但应加强监视，在检查通道光纤插头无松动、光纤无弯曲或破损，通道切换装置、复用通道接口装置无异常后，应通知检修人员处理；

2）配置双通道的纵联保护双通道均告警（或配置单通道的纵联保护通道告警）：在检查通道光纤插头无松动、光纤无弯曲、破损及通道切换装置、复用通道接口装置无异常后，汇报相关调度并在得到允许后，退出通道告警的纵联/差动保护，并通知检修人员处理；

3）在2）的条件下，应同时退出线路两侧的纵联保护及共通道的远跳及过电压保护；

4）应根据调度的要求投入或退出其线路保护重合闸 GOOSE 出口软连接片。

（3）线路重合闸停用。

1）停用两套重合闸：应分别将两套线路保护的停用重合闸软连接片投入，并退出其重合闸 GOOSE 出口软连接片；

2）停用一套重合闸：当停用其中一套线路保护的重合闸功能时，只需将对应保护的重合闸 GOOSE 出口软连接片退出，不得将其停用重合闸软连接片投入。

（4）线路保护停用时，应同时退出共通道的线路远跳及过电压保护。

第八节　其他设备运行与维护

一、过程层设备运行注意事项

（1）合并单元、过程层网络交换机不单独投退，必要时，投退相应的继电保护。

（2）智能终端可单独投退，必要时，还要投退相应的继电保护装置。双套配置的间隔智能终端可单独投退，但宜在对应的一次设备停电状态下进行间隔智能终端检修工作；单套配置的间隔智能终端应在对应的一次设备停电状态下进行检修工作；母线智能终端，单独投退，还应投退其影响到的主要功能（如电压并列功能）；变压器本体智能终端，单独投退。集成非电量保护功能的，单独下令投退。未集成非电量保护的，不单独下令投退。

二、过程层交换机运行注意事项

（1）正常运行中，除巡视外，禁止对交换机进行其他操作。

（2）正常运行中，禁止外带计算机或其他网络设备接入 GOOSE 网络、SV 网，禁止对交换机参数进行设置。

三、录波器、录波子站、信息子站、网络分析仪运行注意事项

（1）正常情况下，录波器、录波子站、信息子站、网络分析仪应投入运行。若需退出，应向相应的调控机构办理申请和许可手续。

（2）不得使用后台计算机进行与录波、信息收发、报文分析无关的工作。现场拷贝数据时，要采取措施（如使用专用磁盘、及时“写保护”等），防止病毒进入录波器、录波子站、信息子站、网络报文分析仪。

（3）不得擅自删除装置中的录波文件、报文记录。

（4）暂态录波启动记录期间不得人为进行干预操作，以免丢失数据，待录波完成后方可对装置进行操作。

第六章　智能变电站异常及事故处理

一、合并单元异常分析及处置

（一）合并单元信号

1. 合并单元公用信号

合并单元公用信号释义，见表6-1。

表6-1　合并单元公用信号释义

序　号	信号名称	释　义
1	检修	指示装置是否处于检修状态
2	配置错	装置内部配置解析错误
3	光耦异常	装置开入模件正电源消失
4	模块异常	装置模件故障
5	对时异常	GPS对时不成功
6	GOOSE接收中断	合并单元接收智能终端等GOOSE中断

2. 间隔合并单元信号

间隔合并单元公用信号释义，见表6-2。

表6-2　间隔合并单元公用信号释义

序　号	信号名称	释　义
1	SV接收中断	间隔合并单元接收母线合并单元SV中断
2	PT切换位置无效	隔离开关位置存在00或11无效状态
3	切换于Ⅰ母/Ⅱ母	该间隔PT切换至Ⅰ/Ⅱ母运行
4	同时动作	PT切换中Ⅰ、Ⅱ母隔离开关均为合位
5	同时返回	PT切换中Ⅰ、Ⅱ母隔离开关均为分位

3. 母线合并单元信号

母线合并单元公用信号释义，见表6-3。

表6-3　母线合并单元公用信号释义

序　号	信号名称	释　义
1	Ⅰ母并Ⅱ母	Ⅰ母和Ⅱ母均使用Ⅰ母电压
2	Ⅱ母并Ⅰ母	Ⅰ母和Ⅱ母均使用Ⅱ母电压
3	Ⅰ、Ⅱ母不并	Ⅰ、Ⅱ母分别使用各自电压
4	Ⅱ母并Ⅲ母	Ⅱ母和Ⅲ母均使用Ⅱ母电压
5	Ⅲ母并Ⅱ母	Ⅱ母和Ⅲ母均使用Ⅲ母电压

续表 6-3

序　号	信 号 名 称	释　义
6	Ⅱ、Ⅲ母不并	Ⅱ母和Ⅲ母分别使用各自电压
7	PT 并列异常	PT 并列条件出现异常，如把手位置矛盾，PT 并列中母联断路器与隔离开关位置出现 00 或 11 等无效状态
8	PT 并列指示灯异常	母联/分段断路器等相关位置异常，需检查报文中位置是否存在 00 或 11 等无效状态

（二）合并单元异常告警报文处理措施

1. SV 接收中断

检查 SV 级联光纤连接是否正常，是否有出现断线、脱落现象，如发现光纤连接问题，更换备用光纤。二级合并单元间隔合并单元对级联光纤通讯状态进行监视，通讯状态异常时 SV 接收状态指示灯闪烁。合并单元级联示意图，如图 6-1 所示。

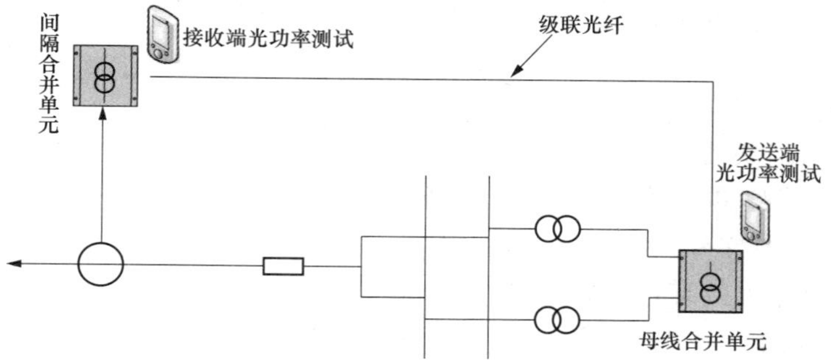

图 6-1　合并单元级联示意图

合并单元级联通讯状态异常的本质原因是光纤传输衰耗大，导致数据通讯中断。衰耗过大的原因包括：光纤折损、光纤曲率半径过大、光纤溶解质量不合格、光纤与装置光口连接松动等。光纤弯曲过大是光衰耗大的常见原因，光纤常规要求大于 45°的弯曲走线，禁止折叠或大于 45°的弯曲走线。

2. GOOSE 接收中断

检查 GOOSE 通讯光纤连接是否正常，是否有出现断线、脱落现象，如发现光纤连接问题，更换备用光纤。以双母线间隔合并单元为例，其接收的 GOOSE 信息较少，一般为从组网口接收智能终端隔离开关位置，需检查四个点的光功率，如图 6-2 所示。

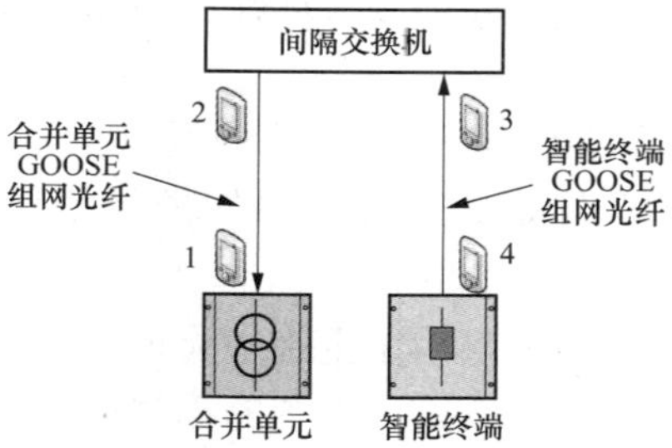

图 6-2　双母线间隔合并单元 GOOSE 接收中断示意图

3. PT 切换隔离开关同时动作/返回

确认现场隔离开关位置是否与报文一致。如前所述，PT 切换逻辑是根据间隔隔离开关位置判断的，主要是在双母线接线时间隔对所在母线的识别。在倒闸操作中，两把隔离开关同时挂在母线上，装置报警“同时动作”，两把隔离开关同时分开，装置报警“同时返回”，两把隔离开关位置任一出现 00 或 11 状态时，装置报警“位置异常”。

4. PT 隔离开关位置异常

确认现场隔离开关位置是否正确，检查报文中隔离开关位置是否存在 00 或 11 等无效状态。装置报警“位置异常”时，PT 切换逻辑仍按上一正常位置状态逻辑保持，此时不可对合并单元断电，因断电后因初始上电不能获取正确的位置状态，发送的电压值品质无效，保护装置有失压危险，必须将“位置异常”信号消除后，才可对合并单元进行断电操作。

5. PT 并列指示灯异常

确认现场母联或分段断路器和隔离开关位置是否正确，检查报文中位置是否存在 00 或 11 等无效状态。母联或分段断路器和隔离开关三者位置出现无效态时，不可对 PT 合并单元进行断电操作，PT 合并单元初始上电不能获得正确的位置状态，不能完成并列功能，对 PT 检修的母线上间隔有失压危险。

6. 对时异常

检查对时装置是否运行正常，对时光纤连接是否正常，是否有出现断线、脱落现象，如发现光纤连接问题，更换备用光纤。保护采样采用直采方式时，对时异常不会影响保护功能。

7. 检修连接片状态

确认现场是否需要处于检修状态，对于与现场运行状态不一致的应确认影响。智能变电站检修的含义有了很大的改变，检修不一致会闭锁保护，现场不能轻易投退检修连接片。

(三) 合并单元异常处置

（1）间隔合并单元异常，退出其对应的保护装置。

（2）任一线路间隔合并单元故障后母差保护将被闭锁，母线合并单元故障不闭锁母差保护。

（3）母联以及单母分段、双母单分段的分段开关合并单元异常，退出其对应的母联、分段保护；220kV 及以上双重化运行的母联、分段合并单元单套异常，退出其对应的母线保护；220kV 及以上双重化配置的两套母联、分段合并单元同时异常，母线保护投对应的“互联”方式；110kV 及以下母联、分段合并单元异常，如系统稳定和设备安全运行无特殊要求，且母线保护能部分有选择性切除故障时，母线保护运行方式不变，否则母线保护投对应的“互联”方式。

（4）分段开关并列运行的双母双分主接线，其分段开关合并单元异常，退出其对应的分段保护，退出对应的母线保护；双重化配置的两套分段合并单元同时异常，停用分段开关。

（5）仅用于重合闸检定用的电压合并单元异常，停用对应的重合闸。

（6）双重化配置的母线电压合并单元异常，需要消缺时再退出对应的保护装置。单套配置的母线电压合并单元异常，使线路失去主保护的，按线路无主保护处置；仅母线保护和变压器保护失去电压闭锁、线路保护失去部分后备功能（如配置纵差保护的线路），可停运相应线路、变压器。

二、智能终端异常分析及处置

(一) 智能终端信号

智能终端信号释义，见表 6-4。

表 6-4　智能终端信号释义

序号	信号名称	释　义
1	检修	指示装置是否处于检修状态
2	配置错	装置内部配置解析错误
3	光耦异常	装置开入模件正电源消失
4	模块异常	装置模件故障
5	对时异常	GPS 对时不成功
6	GOOSE 接收中断	智能终端接收保护、测控等装置 GOOSE 中断
7	位置指示信号	间隔智能终端断路器（A、B、C 分相及三相）、隔离开关、接地隔离开关；PT 智能终端 PT 隔离开关、接地隔离开关位置；本体智能终端中性点接地隔离开关位置
8	保护用 GOOSE 信号	闭锁重合闸、开关压力低禁止重合闸、KKJ 合后位置、SHJ、STJ、TJR、TJF 等
9	监视信号	控制回路断线、操作电源失电、事故总、另一套合并单元闭锁（告警）、另一套智能终端闭锁（告警）
10	间隔层五防闭锁状态	间隔五防满足条件，测控装置五防节点闭合，通过 GOOSE 发送智能终端，智能终端收到命令后转发闭锁状态 GOOSE 信号
11	命令确认信号	智能终端收到 GOOSE 命令时，相应确认命令置位，通过 GOOSE 发送给测控等装置
12	继电器返校信号	智能终端接收到保护跳合闸命令，跳合闸继电器动作后，相应返校信号置位，通过 GOOSE 发送给测控等装置
13	温湿度信号	监视户外柜内环境温度和环境湿度，这些信号通过传感器接入到装置终端中，再由智能终端上送给测控等装置
14	本体智能终端中非电量跳闸、告警信号	非电量跳闸、告警信号动作时，相应 GOOSE 信号置位

（二）智能终端 GOOSE 断链异常分析处理

GOOSE 断链时 GOOSE 接收状态指示灯异常。

检测 GOOSE 通讯链路。智能终端的 GOOSE 数据集有多个，每个 GOOSE 数据集均有对应的中断告警信号，如智能终端组网 GOOSE 中断，智能终端接收线路保护跳闸 GOOSE 中断，智能终端接收母线保护跳闸 GOOSE 中断等。因此智能终端 GOOSE 中断，需要根据后台信号名称，依据装置背面标签所示，找到通讯异常的端口，进行通讯故障排查。

检测故障光纤回路。检查 GOOSE 通讯光纤连接是否正常，是否出现断线、脱落、松动、光口发送、接收功率是否异常。

（三）智能终端异常处置

（1）间隔智能终端异常，退出该智能终端。需要消缺时，宜停运相应的一次设备。不停运相应一次设备消缺时，应退出其对应的保护装置。

（2）母线智能终端异常，退出该智能终端。

（3）变压器本体智能终端异常，退出该智能终端。

三、光纤断链异常处置及分析

光纤断链全部以某一装置接收不到对方相应的报文来反映判断断链问题。

（一）SV 光纤断链

1. 110kV 线路保护测控收 110kV 线路合并单元 SV 光纤断链

表示 110kV 线路保护测控装置与 110kV 线路合并单元之间的 SV 光纤回路故障，导致

110kV 线路保护测控装置收不到 110kV 线路合并单元提供的电流电压数据，有可能造成保护拒动，测控装置采集的交流电流、电压不正确，造成测控装置内有功、无功、电流、线路抽取电压异常，无法监视设备负荷情况，影响设备状态估计分析。

案例：110kV 甲乙线 124 保护测控装置 SV 直采断链。

后台监控告警信息显示：110kV 甲乙线 124 保护测控装置“SV 网通信中断”、“Ⅱ类告警总”、“采样无效告警”。

后台 110kV 甲乙线 124 间隔“保护收合并单元采样断链”、“Ⅱ类告警总（装置异常）”、“保测装置失电及告警”光字点亮。

处理：110kV 甲乙线 124 间隔停电。注意一次设备停电后将 110kV 母线保护中对应该间隔的 SV 接收软连接片退出。

2. 110kV 母线保护装置收 110kV 线路合并单元 SV 断链

表示 110kV 母线保护装置与 110kV 线路合并单元之间的 SV 光纤回路故障，导致 110kV 母线保护装置收不到 110kV 线路合并单元提供的电流数据，有可能造成母线保护拒动。

3. 110kV 母线保护装置收 110kV 母线 PT 合并单元 SV 断链

表示 110kV 母线保护装置与 110kV 母线 PT 合并单元之间的 SV 光纤回路故障，导致 110kV 母线保护装置收不到 110kV 母线 PT 合并单元提供的母线电压数据，造成母线保护失去电压闭锁。

4. 保护及安全自动装置 SV 总告警

监视保护装置接收 SV 报文是否正常的信号，主要接收本间隔合并单元传递的母线电压、线路抽取电压、间隔电流以及采样链路中断等信息，SV 产生告警表示保护及安全自动装置接收的 SV 报文出现异常，同时报出保护或安自装置异常。

有可能的原因：

（1）合并单元采集模块、电源模块、CPU 等内部元件损坏。

（2）合并单元电源失电。

（3）合并单元发光模块异常。

（4）合并单元采样数据异常。

（5）保护装置至合并单元链路中断。

造成的后果有：

（1）保护或安自装置采集的交流电流、电压不正确。

（2）保护或安自装置采集的交流电流、电压不同步，影响距离保护正确动作。

（3）保护或安自装置采集的交流电流、电压各相之间、主变压器各侧之间不同步，影响距离保护、零序保护、间隙保护，纵差（差动）保护正确动作。

（4）线路、母线，主变压器等保护装置失去相关保护功能。

（5）自投装置、低频减载装置、过负荷联切装置，测控装置功能异常。

5. 测控装置 SV 总告警

监视测控装置接收 SV 报文是否正常的信号，主要接收本间隔合并单元传递的母线电压、线路抽取电压、间隔测量回路电流以及采样链路中断等信息，SV 产生告警表示测控装置接收的 SV 报文出现异常，同时报出测控装置异常。

有可能的原因：

（1）合并单元采集模块、电源模块，CPU 等内部元件损坏。

（2）合并单元电源失电。

（3）合并单元发光模块异常。

（4）合并单元采样数据异常。

（5）测控装置至合并单元链路中断。

造成的后果：

（1）测控装置采集的交流电流、电压不正确，造成测控装置内有功、无功、电流、线路抽取电压异常，无法监视设备负荷情况，影响设备状态估计分析。

（2）采集线路电压异常时，影响开关同期合闸操作。

6. 合并单元 SV 总告警

监视合并单元接收的 SV 报文是否正常的信号，主要接收母线合并单元发送的母线电压、本间隔光电流互感器 SV 断链，SV 产生告警表示保护及安自装置接收的 SV 报文出现异常，同时报合并单元异常。

有可能的原因：

（1）母线合并单元采集模块、电源模块，CPU 等内部元件损坏。

（2）母线合并单元电源失电。

（3）母线合并单元发光模块异常。

（4）母线合并单元采样数据异常。

（5）本间隔合并单元装置异常。

（6）光纤支路接收采样链路异常、光纤损坏、中断，光纤误码较高。

造成的后果：

（1）向保护装置发出的 SV 信息无效，保护采样不正确，可能导致保护误动或拒动。

（2）测控装置接收遥测数值不正常，无法实时监视设备负荷情况，影响检同期合闸操作。

（3）保护装置失去需要电压值判断的相关保护功能。

（4）电压切换功能异常。

（二）GOOSE 光纤断链

1. 220kV 线路测控装置收 220kV 线路合并单元 AGOOSE 断链

表示 220kV 线路测控装置与 220kV 线路合并单元 A 之间的 GOOSE 组网回路故障，220kV 线路测控装置收不到 220kV 线路合并单元 A 提供的合并单元异常告警信息。

2. 220kV 线路测控装置收 220kV 线路智能终端 A GOOSE 断链

表示 220kV 线路测控装置与 220kV 线路智能终端 A 之间的 GOOSE 组网回路故障，220kV 线路测控装置收不到 220kV 线路智能终端 A 提供的一次设备信息。

3. 220kV 线路保护装置 A 收 220kV 线路智能终端 A GOOSE 断链

表示 220kV 线路保护装置 A 与 220kV 线路智能终端 A 之间的 GOOSE 直连回路故障，220kV 线路保护装置 A 收不到 220kV 线路智能终端 A 提供的断路器位置信息。

4. 220kV 线路保护装置 A 收 220kV 母差保护 A GOOSE 断链

表示 220kV 线路保护装置 A 与 220kV 母差保护 A 之间的 GOOSE 组网回路故障，220kV 线路保护装置 A 收不到 220kV 母差保护 A 提供的远跳、闭锁重合闸命令。

5. 220kV 线路智能终端 A 收 220kV 线路测控装置 GOOSE 断链

表示 220kV 线路智能终端 A 与 220kV 线路测控装置之间的 GOOSE 组网回路故障，220kV 线路智能终端 A 收不到 220kV 线路测控装置提供的遥控命令，影响一次设备遥控操作。

6. 220kV 线路智能终端 A 收 220kV 线路保护 A GOOSE 断链

表示 220kV 线路智能终端 A 与 220kV 线路保护 A 之间的 GOOSE 直连回路故障，220kV 线路智能终端 A 收不到 220kV 线路保护 A 提供的跳合闸命令，影响保护跳合闸。

7. 220kV 线路智能终端 A 收 220kV 母线保护 A GOOSE 断链

表示 220kV 线路智能终端 A 与 220kV 母线保护 A 之间的 GOOSE 直连回路故障，220kV 线路智能终端 A 收不到 220kV 母线保护 A 提供的跳合闸命令，影响保护跳合闸。

8. 220kV 母线保护装置 A 收 220kV 线路保护装置 A GOOSE 断链

表示 220kV 母线保护装置 A 与 220kV 线路保护装置 A 之间的 GOOSE 组网回路故障，220kV 母线保护装置 A 收不到 220kV 线路保护装置 A 提供的启动失灵信息。

案例：110kV 甲乙线 124 保护组网 GOOSE 断链。

后台监控告警信息显示：110kV 甲乙线 124 保护测控装置“Ⅱ类告警总”、“过程层 GoCB5A 网中断”、“过程层 GoCB4A 网中断”、“过程层 GoCB3A 网中断”、“过程层 GoCB2A 网中断”。

后台 110kV 甲乙线 124 间隔“Ⅱ类告警总（装置异常）”、“保护收合并单元 GOOSE 断链”、“保护收智能终端 GOOSE 断链”光字点亮。

9. 保护及安自装置（间隔层 IED 设备）GOOSE 总告警

监视保护及安自装置接收 GOOSE 报文是否正常的信号，主要接收本间隔智能终端传递的开关、隔离开关位置、控制回路异常（如闭锁重合，位置不对应启动重合、永跳继电器启动远跳）、220kV 线路保护接收相应母差保护远跳，母差保护接收各间隔隔离开关位置等信息，GOOSE 产生告警表示保护及安自装置接收的 GOOSE 报文出现异常。

有可能的原因：

（1）保护及安自装置与本间隔智能终端之间 GOOSE 断链。

（2）本间隔智能终端电源失电。

（3）本间隔智能终端异常或闭锁。

（4）本间隔智能终端发光模块异常。

（5）保护及安自装置异常。

（6）保护及安自装置与本间隔智能终端 GOOSE 配置不一致报警。

造成的后果：

（1）如线路保护接收不到开关位置，线路故障时影响保护正常动作，可能造成开关拒动。

（2）220kV 线路保护接收母差保护 GOOSE 告警，母线故障时，造成相应开关未能跳闸，可能扩大事故范范围（此处主要是指远跳，目前有两种虚端子连接形式，一种是母差保护动作与线路保护 GOOSE 连接起远跳，一种是母差保护直跳间隔智能单元，由智能单元永跳接点起线路保护远跳）保护及安自装置隔离开关开入异常，进而影响 TV 断线异常判别、电压切换、重合闸、闭锁自投等保护功能。

10. 测控装置 GOOSE 总告警

监视测控装置接收 GOOSE 报文是否正常的信号，主要接收本间隔智能终端传递的开关、隔离开关位置、开关机构异常（如 SF_6 气压低告警、闭锁、控制回路断线）等信息，GOOSE

产生告警表示测控装置接收的GOOSE报文出现异常。

有可能的原因：

（1）测控装置与本间隔智能终端之间GOOSE断链。

（2）本间隔智能终端电源失电。

（3）本间隔智能终端异常或闭锁。

（4）本间隔智能终端发光模块异常。

（5）测控装置异常。

（6）测控装置与本间隔智能终端GOOSE配置不一致报警。

造成的后果：

（1）无法在测控装置、站端监控系统和主站监控系统进行开关和隔离开关操作，操作开关时需在机构就地进行。

（2）站端和主站监控系统开关、隔离开关位置可能和实际位置不一致。

（3）开关机构异常时，无法接收设备异常信号。

11. 合并单元GOOSE总告警

监视合并单元接收的隔离开关、开关位置，将切换后电压以通信的方式传送给保护装置，同时报合并单元异常。

有可能的原因：

（1）合并单元收智能终端GOOSE链路中断或发送与接收不匹配。

（2）隔离开关辅助接点接触不良。

造成的后果：保护装置失去接收电压功换功能，造成保护装置失去需要电压值判断的相关保护功能。

12. 智能终端装置GOOSE总告警

监视智能终端接收GOOSE报文是否正常的信号，主要接收母差保护跳本间隔、保护及安自装置跳合闸、主变压器保护跳闸、备自投装置跳合闸、测控装置遥控分合闸等信息，GOOSE产生告警表示智能终端接收的GOOSE报文出现异常，同时报合并单元异常。

有可能的原因：

（1）智能终端与母差保护之间GOOSE断链。

（2）智能终端与保护及安自装置之间GOOSE断链。

（3）智能终端与主变压器保护之间GOOSE断链（内桥接线）。

（4）智能终端与备自投装置之间GOOSE断链。

（5）智能终端与测控装置之间GOOSE断链。

（6）本间隔智能终端异常或闭锁。

（7）母差保护、保护及安自装置、主变压器保护、备自投装置，测控装置之间的发光模块异常。

（8）母差保护、保护及安自装置、主变压器保护、备自投装置，测控装置与本间隔智能终端GOOSE配置不一致报警。

造成的后果：

（1）站端和主站无法实现远方开关分合闸操。

（2）设备故障时，保护动作时开关不能跳闸，造成事故扩大。

四、交换机异常处置

（1）过程层网络交换机不单独投退，必要时投退相应的继电保护。

（2）按间隔配置的交换机故障，当不影响保护正常运行时（如保护采用直采直跳方式）可不停用相应保护装置；当影响保护装置正常运行时（如保护采用网络跳闸方式），应视为失去对应间隔保护，应停用相应保护装置，必要时停运对应的一次设备。

（3）公用交换机异常和故障若影响保护正确动作，应申请停用相关保护设备，当不影响保护正确动作时，可不停用保护装置。

五、保护装置异常处置

（1）保护装置异常需要退出时，需退出该保护与所有运行设备并联的连接片，包括跳合闸出口、失灵启动、启动远跳等；同时退出与该保护对应运行的保护装置、智能终端 GOOSE 接收软连接片（主要指失灵接收软连接片）。

（2）保护装置异常，而退出保护的操作不能进行时，现场运行人员应报告值班调度员，退出与该保护装置对应的智能终端，退出其他智能电子设备上取用该保护装置开出量的开入量（如母线保护失灵启动开入）或保护功能或装置出口连接片。

第七章　智能变电站验收与投运

第一节　智能变电站后台监控系统的运维验收要点

智能变电站是统一坚强智能电网的重要基础和支撑。随着国家电网公司加大智能变电站建设力度，智能变电站投运越来越多，但是针对智能变电站后台监控系统的验收没有一个可以参考的细则或者要点，本节着重于智能变电站的投运实际问题，对生产实际的要点进行详细阐述。

智能变电站分为过程层、间隔层和站控层。智能变电站验收应结合变电站一次、二次设备现状及不同电压等级变电站的重要性，制订相应的验收计划。后台监控系统是智能变电站的核心，后台监控系统的正常运行与否直接关系到智能变电站是否投运成功。而运维人员面对的最多的就是后台监控系统，所以我们应该把后台监控系统的验收贯穿整个验收的始终。

一、验收准备

（1）对设备的熟悉、掌握是验收、投运工作开展的基础。编写操作票、巡视指导书、设备标识、现场运维规程都要求对设备清楚明了。智能站新设备较多，提出的新概念较多，智能终端、合并单元、GOOSE 网等，运维人员只有弄清楚了，才能开展其他工作。开展各种形式的培训，提高验收能力是验收工作的关键。投运前，尽量采取到厂家参与联调，请厂家到公司讲课，提前到现场边学习边验收、边验收边学习等方式，每次大大小小的培训都进行录像，不能参加现场培训的人员观看录像也能达到一样的效果。同时要求施工方提供书面技术交底。通过这些措施，验收人员水平得到提高，也为以后的智能站相关工作积累了资料。

（2）智能站对各专业都不熟悉，易造成投运前扎堆验收的局面，各项工作都应提前，尤其是涉及综自后台的相关工作。

（3）加强与施工方的沟通。智能站部分设备运维方式需与施工调试人员现场确定，比如直流支路分配、软连接片、设备标识等，需要向施工方提出要求，这建立在对智能站和现场了解的基础上。智能站新增加的验收项目应要求施工方人员的配合。智能站新增加的智能化系统，应主动提前与相关各方共同确定好验收内容，并积极督促智能化系统涉及各厂家的协同配合，避免问题停留搁置，延误时间。

二、验收要点

（1）验收阶段应重点明确，人员分工合理，重点内容及时跟进，甚至随工验收。

（2）后台监控系统增加的高级应用是验收的难点，包括顺控操作、事故分析决策系统等。

（3）智能变电站取消了硬连接片，所以后台机软连接片与各 IED 软连接片一致性验收就显得尤其重要。正常后台机软连接片状态应设置为红色连通表示投入，绿色断开表示退出，连接片颜色变白，表示和 IED 通讯中断。后台机和 IED 通讯正常后，后台机软连接片和 IED 软连接片可以自动对位。

（4）后台机软连接片可以进行“置检修”挂牌，挂牌后后台机、调控端不能进行软连接片的投退操作。

（5）后台机的光字牌和现场设备对应，GOOSE 断链光字应根据 SCD 文件进行设置。配合保护人员做好保护传动和异常光字发送验收。

三、验收具体标准

根据上述要点，制定相应的验收项目和标准，见表 7-1～表 7-5。

1. 信息分层分类应用及智能告警

表 7-1　验收项目和标准

验 收 项 目	验 收 标 准
后台机运行状态检查	后台机运行状态良好，显示正常。与各装置通讯正常，无通讯中端和死机现象
后台及相关状态量检查	后台机的各个遥测、遥信、开关位置、连接片状态，保护信号正常
后台软连接片图形状态与 IED 内部软连接片一致性验收	软连接片通、断与各 IED 内部软连接片位置一致，与各 IED 通讯中断恢复后，软连接片应能自动对位
进入分画面操作正确	在主接线画面点保护告警进入保护信号分画面，操作正确，并且在画面下方显示：所有类型、遥信、遥测、SOE、保护动作、保护告警、故障信息、操作记录、系统事件、未复归信号、检修报文、智能告警。画面上方有历史检索、暂停刷新，过滤和屏蔽等功能
功能试验及检索	从后台对应每种功能进行试验和分类检索，保护信号应正确，不得有缺项和多发、误发的现象。检索速度应快，并且应该有打印功能
分层检查	分别进入各个间隔，检查光字及各种采集信息应正确
厂家资料	使用说明书、出厂试验报告

2. 站域保护自投装置

表 7-2　验收项目和标准

验 收 项 目	验 收 标 准
后台机运维状态检查	后台机运行状态良好，显示正常。与各装置通讯正常，无通讯中端和死机现象
后台及相关状态量检查	自投所涉及的各相关开关（主进、分段）开关位置正常，与主变压器测控以及分段测控保护装置通讯正常，电压显示正常
进入分画面操作正确	在主接线画面点“进分段 502 分画面”，进入后左下角显示进入“站域保护自投分画面、站域保护主变压器联切分画面”。双击进入站域保护自投分画面
操作权限检查	进入分画面后，检查定值，应使用专业人员的密码才可以对定值进行操作，运维及保护专业人员可以对连接片进行投退。每次操作后台应有操作记录
功能检查	在分画面里分别投退“自投总投入软连接片”、“自投方式 1、2、3、4 投入软连接片”、“自投总闭锁软连接片”、“自投方式 1、2、3、4 闭锁软连接片。连接片投退正确，操作顺畅，显示正常
逻辑试验	在无闭锁的情况下，模拟主进开关跳开，保护能按设定的逻辑正确动作，开关动作正确。在有闭锁开入的情况下，逻辑能正确放电，闭锁保护
闭锁功能试验	投入闭锁连接片，对各种闭锁开入条件进行模拟，如后备保护动作、母差保护动作、手跳主进开关、电压小开关断开等情况下，保护能可靠闭锁
信号回路检查	自投保护动作后，检查后台、保护子站、录波器、远动信号正确，无异常现象发生
施工资料	安装记录、竣工报告
厂家资料	使用说明书、出厂试验报告、合格证

3. 站域保护联切装置

表 7-3　验收项目和标准

验收项目	验收标准
后台机运维状态检查	后台机运行状态良好，显示正常。与各装置通讯正常，无通讯中端和死机现象
后台及相关状态量检查	自投所涉及的各相关开关开关位置正常，与两个主变压器测控以及分段测控保护装置通讯正常，主变压器的电流电压及功率显示正常显示正常
进入分画面操作正确	在主接线画面点“进分段 502 分画面”，进入后左下角显示进入“站域保护自投分画面、站域保护主变压器联切分画面”。双击进入站域保护联切分画面
操作权限检查	进入分画面后，检查定值，应使用专业人员的密码才可以对定值进行操作，运维及保护专业人员可以对连接片进行投退。每次操作后台应有操作记录
功能检查	在分画面里分别投退“联切总投入软连接片”、“××支路投入过负荷联切投入软连接片”操作顺畅，显示正常
逻辑试验	在主变压器高压侧根据定值加相应的模拟量，根据不同的级次和时限跳开投入的相应开关
信号回路检查	自投保护动作后，检查后台、保护子站、录波器、远动信号正确，无异常现象发生
施工资料	安装记录、竣工报告
厂家资料	使用说明书、出厂试验报告、合格证

4. 高级应用顺控操作

表 7-4　验收项目和标准

验收项目	验收标准
设备态	各设备态符合调度规程对设备状态的定义
	系统当前设备态有颜色标示，与其他设备态明显区分
口令校验	执行顺控应经操作人、监护人口令校验
闭锁规则	闭锁规则符合现场和《安规》操作顺序要求，与五防共用同一闭锁规则
	顺控操作拉开开关后，待遥信显示该开关分位，遥测无电流，才可执行下一步顺控操作；顺控操作拉隔离开关前，应同时检查开关分位，遥测无电流
过程控制	顺控执行过程有步骤执行监视窗
	待上一步顺控操作执行成功后才可执行下一步操作
	每执行一步顺控操作成功后，执行下一步前间隔时间可以设置，满足监视要求
	执行不成功有相应提示并中断
	顺控执行中可随时人工中断
	顺控执行中设备状态不符，应有相应提示并中断
	顺控执行中违反设备闭锁规则应有相应提示并中断
	禁止同时执行多张顺控票
其他功能	开关、电动隔离开关、软连接片等后台可遥控设备均可纳入顺控操作
	顺控票库可保存、调阅
	顺序控制可与智能操作票系统结合使用

5. 智能操作票系统（五防装置）

表 7-5 验收项目和标准

验收项目	验收标准
后台五防一体化	后台、五防共用主机，不设单独五防主机
	后台、五防共用一套软件系统，不安装、启动单独五防软件
	后台、五防共用数据库中的设备、设备信息，后台、五防界面中设备及设备信息一致
与顺序控制结合	智能操作票系统可引用顺序控制流程
图形开票	模拟图接线正确符合色标标准
	模拟图开关、隔离开关，接地隔离开关名称编号齐全正确
	模拟图临时地线接地桩、网门，开关柜门锁点名称编号齐全正确
	模拟图保护连接片、空气断路器、熔断器，切换把手名称编号齐全正确
	各模拟图切换正确
	操作项不符合闭锁规则时有相应提示，拒绝开票
	执行正确操作连贯、无死循环
	打印出的操作票格式正确规范
	操作票可保存、调用
模拟预演	有自动预演功能
	有分项手动预演功能
	预演画面设备状态信息与后台系统及现场实时一致
	预演过程中有设备状态不符或闭锁规则不符有相应提示
五防程序起到技术制约能力	所有锁具进入编程
	开锁程序符合现场和《安规》操作顺序要求
	锁具编码无重复
	一个锁点的控制程序不能出现另外一个锁点的双位制约
	与综自系统联机起到闭锁作用，采用计算机监控系统时，远方、就地操作均应具备防止误操作闭锁功能
	后台监控机解锁密码有自动恢复功能
锁具	锁牌齐全、标准
	断路器、隔离开关、接地隔离开关操作把手锁具齐全
	网门锁具齐全（电容器组网门可设一个总锁分控普通锁）
	临时地线接地桩锁具齐全
	锁具已可靠闭锁设备
	室外挂锁有防尘罩
接地桩	接地隔离开关侧有临时地线接地桩
	特殊接线（无设置接地隔离开关、3/2 接线的出串引线）的地方有临时地线接地桩
	应用蝶形螺母，蝶形螺母可旋转到螺杆底端，接触完全
	焊接处应去除焊渍，做防腐处理

续表 7-5

验收项目	验　收　标　准
隔离开关机械闭锁	机械闭锁完善，主刀、地刀对应传动闭锁良好
	断路器与隔离开关的电气闭锁完善（微机五防可不要求）
开关柜体机械闭锁	柜体隔离开关机械闭锁完善（微机五防可不要求）
	线路侧联动接地刀闸拆除
电脑钥匙	电脑钥匙有语言提示、夜光，防雨等功能
解锁钥匙	电编码锁有防护管理
	电气解锁、联锁钥匙作为解锁钥匙管理
	解锁钥匙管理有专用保管盒并上锁贴封条或使用解锁钥匙管理机
备品备件	数量及品种齐全、符合要求，与书面清单一致
电源	五防应有可靠不间断电源
资料报告	厂家提供的产品使用说明书、出厂试验报告、合格证及安装图纸，备品备件移交清单齐全

第二节　智能变电站的投运

智能变电站的运行管理明显有别于常规变电站。一次设备智能化，二次设备网络化，后台监控自动化是智能变电站的最大特点，根据这些特点就确定了智能变电站检修试验重点是过程层网络检验、智能电子设备检验和配置文件检验。

常规站中站控层网络的各项要求适应于智能变电站，过程层的网络检验则是智能变电站特有的。在智能变电站中，光纤、交换机构成的过程层网络承担了二次回路的功能。光纤连接正确，参数匹配合理，交换机工作正常就成为了检修试验的一项重要工作。检修试验整体传动必须在交换机、IED 都投入正常运行后进行，以此检验网络上设备互相影响的结果。

智能电子设备检验包括保护装置、智能终端，合并单元等。各智能电子设备不但要进行单体检验，更要进行智能电子设备间配合的检验，并需要进行 GOOSE 报文检验和整组传动试验。如拔出光纤检验相关智能电子设备的报文，并检验后台机对此反应和能否进行相关操作。智能终端内的“GOOSE 测试连接片”、保护装置的“检修状态连接片”停投由检修人员根据工作需要投退，验收前恢复开工前状态。

智能变电站使用网络通信，各电子设备的配置文件定义了网络通信的具体内容，如全站 SCD 文件、各智能电子设备的 CID 和 ICD 文件、交换机配置文件等，配置文件的正确与否决定了各功能正常与否。配置文件检验应成为继电保护系统检验的重要内容，检修试验现场通过整组传动进行检验。如后台机监控系统操作软连接片，操作过程中检验连接片动作的唯一性。

同时也暴露出 220kV 分路启动失灵连接片、检修主变压器联跳母联开关连接片从后台操作退出后，在检修的分路保护、主变压器保护屏无法做安措，需提醒检修人员在作业指导书中列为危险控制点；GOOSE 断链验收需重启智能电子设备；保护装置与后台机连接片的一致性验收，由运行人员在后台机按连接片明细表进行投退，检修人员在保护装置核对动作行为正确；交换机的验收等问题。

一、智能变电站的安全管控

智能变电站检修试验安全管控的很重要的一个环节就是安全措施的布置，与常规变电站不同，数字站独有智能终端，而且其后台机功能强大，是自动化控制的核心。

（1）全体工作人员要充分熟悉检修试验措施和停电范围、运行方式。按照措施要求列出工作重点和危险点、控制点，并制定相应的措施。

（2）分路启动失灵连接片、投远跳、检修主变压器联跳母联开关连接片从后台操作退出后，在检修的分路保护、主变压器保护屏无法做安措，提醒检修人员在作业指导书中列为危险控制点。后台机技术条件具备的情况下，在后台机软连接片画面上设置“禁止投退”标志，或者对此类连接片实行密码闭锁操作，检修试验结束时解锁。

（3）检修设备联跳运行开关的连接片，运行人员交代工作现场时，由检修试验人员在保护装置核对确实与后台机状态相符。

（4）在每日工作完毕后及时对电缆孔洞进行封堵，防止小动物进入。

二、智能变电站投运注意事项

验收流程图如图 7-1 所示，根据验收流程图确定每个步骤的验收目的和重点，从而确保验收顺利，项目完整。

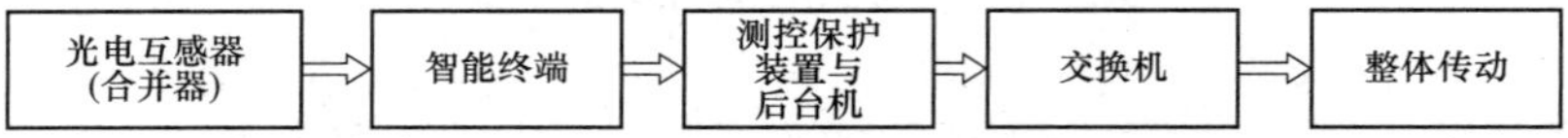

图 7-1 验收流程

（1）光电互感器的合并器应视为一次设备的一部分，验收时重点检查电源投入，装置运行正常，尾纤连接正常，防尘帽盖齐。合并器尾纤拔插后，重启合并器。液晶显示屏内容包括采集器工况、采样相关信息（基波有效值、相位）、显示通道配置、采样值、版本信息及电源状态等信息。

（2）智能终端的电源投入，装置运行正常，出口硬连接片投退正确，光纤连接正常，“GOOSE 测试”连接片必须退出。尾纤拔插后，重启智能终端，确保光纤断链告警信息正常发出。合上智能终端装置电源开关、开关操作电源开关后，接收该智能终端 GOOSE 报文的保护或测控装置均应有相关的遥信变位。智能终端的温、湿度控制器运行正常。

（3）测控、保护装置的验收，重点是保证装置内部连接片与后台机连接片状态一致，后台能正确反应装置的连接片操作，后台操作软连接片装置内部连接片应正确动作。验收前应重启相关装置，确保通讯正常，无光纤断链告警信息。装置“检修状态”软连接片退出。在某 220kV 智能变电站检修试验过程中就曾发现保护装置软连接片与后台机软连接片位置不一致的现象，后台机无法操作位置不一致的连接片，后重启保护装置后恢复正常。

（4）后台机的验收。

1）检查后台机主、备电源正常，能正常切换，UPS 工作正常；

2）后台机散热良好，进风口清理干净，工作环境通风防尘；

3）检查后台机操作系统运行正常，无感染病毒，监控系统软件运行正常。建立数据备份恢复机制，尤其是建立健全数据容灾预案；

4）验收前确保与各智能电子设备间的通讯正常，无光纤断链告警信息，必要时重启相关智能电子设备，尤其需要注意的是后台机无相关智能电子设备的“检修状态”告警信息；

5）后台机连接片状态与装置连接片状态相符，后台操作软连接片装置内部连接片正确动作。

验收表见表 7-6。

表 7-6　后台机验收表

变电站监控后台遥控连接片验收表

回路编号：2 号主变压器 A 屏　　　　　　　　　　核对日期：

序　号	遥控连接片名称	核对标记		核对人	备　注
		后台	装置		
1	主保护连接片				正常运行投入
2	高后备保护				正常运行投入
3	高电压投入				正常运行投入
4	中后备保护				正常运行投入
5	中电压投入				正常运行投入
6	低后备保护				正常运行投入
7	低电压投入				正常运行投入
8	跳 212 开关连接片				正常运行投入
9	跳 112 开关连接片				正常运行投入
10	跳 312 开关连接片				正常运行投入
11	跳 201 开关连接片（备用）				不投
12	跳 101 开关连接片				主变压器检修时退出
13	跳 302 开关连接片				主变压器检修时退出
14	212 开关启动失灵连接片				主变压器检修时退出
15	解除失灵电压闭锁				正常运行投入
16	闭锁 302 备自投连接片				正常运行投入
17	112 开关检修连接片				正常运行不投
18	312 开关检修连接片				正常运行不投
连接片状态信息					
序号	遥信名称				
1	检修状态				
2	远方控制 GOOSE				
3	远方修改定值				

（5）交换机的验收，GOOSE 网络交换机是全站遥信、遥控、跳闸指令的传输（主变压器本体保护除外）核心。交换机端口 LED 灯指示设备的工作状态，LED 指示灯颜色说明：绿表示电源工作正常，红表示电源故障（中断）。PS1/PS2 表示电源 1/电源 2 指示灯，指示灯“灭”未安装电源模块，Alarm 红灯表示有告警，需登录交换机查看报警代码；告警灭表示无

告警。交换机单个端口无法正常工作，可通过观察此交换机端口的通讯灯是否仍在正常闪烁，或者可以通过此端口所连接的终端设备的 GOOSE 中断告警信息来判断。端口故障发生时，影响仅是此端口相连的终端设备或交换机。当故障端口连接的是终端设备时，仅影响本终端设备的 GOOSE 通讯；而当故障端口连接的是其他交换机时，应根据 GOOSE 交换机网络图，对影响范围做出分析再进行处理。

（6）全站设备整体传动，合上所有开关，传动某一保护，验收开关跳闸的唯一性。确认全站 SCD 文件、各智能电子设备的 CID 和 ICD 文件、交换机配置文件的正确性。

（7）编写符合智能站实际的典型操作票，并经上级部门领导批准使用。

参 考 文 献

［1］刘振亚，等. 国家电网公司输变电工程通用设计 110（66）～750kV 智能变电站部分［M］. 北京：中国电力出版社，2011.

［2］陈安伟，等. 智能变电站继电保护技术问答［M］. 北京：中国电力出版社，2014.

［3］黄新波，等. 智能变电站原理与应用［M］. 北京：中国电力出版社，2013.